全国高职高专电子信息类专业规划教材

数字电子技术（第二版）

刘海江　吴万国　主　编
张玉龙　齐　珂　副主编
　　　常桂兰　主　审

中国铁道出版社
CHINA RAILWAY PUBLISHING HOUSE

内 容 简 介

《数字电子技术（第二版）》是在第一版的基础上改版而成的，全书共分为 9 章，分别为数字电路基础、逻辑门电路、组合逻辑电路、集成触发器、时序逻辑电路、脉冲的产生与整形、数/模和模/数转换器、半导体存储器、可编程逻辑器件。

本书不仅适合作为高职高专电子、自动化、通信、计算机、汽车电子和机电一体化等类专业的专业基础教学用书，而且适用于职工大学、业余大学的同类专业，也可以供有关技术人员自学与参考。

图书在版编目（CIP）数据

数字电子技术 / 刘海江，吴万国主编. —2 版. —
北京：中国铁道出版社，2011.8 （2017.1重印）
全国高职高专电子信息类专业规划教材
ISBN 978-7-113-13062-6

Ⅰ.①数… Ⅱ.①刘… ②吴… Ⅲ.①数字电路—电
子技术-高等职业教育—教材 Ⅳ.①TN79

中国版本图书馆 CIP 数据核字（2011）第 104658 号

书　　名：	数字电子技术（第二版）
作　　者：	刘海江　吴万国　主编

策划编辑：	秦绪好　　王春霞	
责任编辑：	翟玉峰	
编辑助理：	陈　庆	
封面设计：	刘　颖	版式设计：刘　颖
责任印制：	李　佳	

出版发行：中国铁道出版社（北京市宣武区右安门西街 8 号　　　邮政编码：100054）
印　　刷：虎彩印艺股份有限公司
版　　次：2005 年 8 月第 1 版　2011 年 8 月第 2 版　2017 年 1 月第 7 次印刷
开　　本：787mm×1092mm　1/16　印张：17.75　字数：424 千
书　　号：ISBN 978-7-113-13062-6
定　　价：39.00 元

第二版前言

自《数字电子技术》第一版出版以来已经过去6年了。针对高职高专教学的实际情况与发展，我们在第一版基础上进行了以下修订：

一、第二版进一步完善了某些章节的内容，使章节之间的联系更加合理。

二、为使读者自学和自我检测方便，我们修订了习题与答案。

三、为了满足学生对数字系统进一步学习与提高的需要，在书中适当的章节增加了一些简单易懂的硬件描述语言。

四、为使读者学习方便，在附录中增加了（GB 3430—1989）《半导体集成电路型号命名方法》。

经修定后，全书内容较好地体现了课程的基础性、先进性与实践性，内容丰富，具有很强的实用性。本书不仅适合作为高职高专电子、自动化、通信、计算机、汽车电子和机电一体化等类专业的专业基础教学用书，而且适用于职工大学、业余大学的同类专业，也可以供有关技术人员自学与参考。

本书仍然以现代电子技术的基本知识与基本理论为主线，以应用为目的，删繁就简。使理论分析重点突出、实践性强。在内容安排上，以岗位需求和培养学生工作能力为目的，以应用为原则。编写内容与深度符合高职高专数字电子技术课程教育基本要求。在编写思路上注重知识更新，以小规模集成电路开始，逐步向大规模迈进，淡化内部结构与工作原理，注重器件外部功能特性和应用。本书的逻辑符号采用国家最新标准，在附录中有新旧符号对照表。书中每章后附有一定数量的习题，有利于组织教学与学生自学。为提高学生识图能力，附录中有识图指导。本教材的参考学时为60~70学时。

全书共分9章：第1章 数字电路基础，介绍数的进制及转换，主要讲解逻辑代数及逻辑代数的化简；第2章 逻辑门电路，主要介绍各种门电路的组成及工作原理、门电路的应用及注意事项；第3章 组合逻辑电路，着重讲解组合逻辑电路的分析方法与设计方法，介绍几种常用的组合逻辑电路及其应用；第4章 集成触发器，主要讲解几种触发器的逻辑功能及特性；第5章 时序逻辑电路，着重讲解时序电路的分析方法，介绍几种实际应用的时序电路。随着EDA技术的出现，根据专业不同，时序电路的设计，可以作为选讲内容；第6章 脉冲的产生与整形，重点介绍常用的整形电路和脉冲产生电路及其应用；第7章 数/模和模/数转换器，主要介绍数/模和模/数转换器的工作原理和技术指标，简单介绍集成DAC和ADC；第8章 半导体存储器，主要介绍各种存储器的工作原理；第9章 可编程逻辑器件，根据数字电子技术的发展和应用，主要介绍可编程逻辑阵列PAL和通用逻辑阵列GAL。全书各章节内容，各院校可根据专业不同，灵活取舍。

修订版由常桂兰教授主审，由刘海江副教授和吴万国副教授任主编，张玉龙、齐珂任副主编。吴万国修订编写第1章，曹显奇、洪晓静修订编写第2章、第3章，张玉龙、白龙修订编写第4章、第5章与附录A、B，齐珂修订编写第6章、第7章，刘海江修订编写第8章、第9章。吴迪编写附录C，参加修订编写的人员还有金晓晨、程瑶、鲍力，他们对修订工作提出了很好的建议。

本课程在2006年被辽宁省教育厅评为辽宁省精品课，本书第一版在2009年被辽宁省教育厅评为辽宁省精品教材。由于编者水平有限，时间紧迫，书中难免还会存在不足，望读者批评指正。

编　者
2011年5月

第一版前言

本书是在贯彻执行教育部《高职高专教育专业人才培养目标及规划》的教改中，积累了多年的教学改革与实践的经验，根据高职高专教育数字电子技术基础课程教学基本要求而编写的。可作为高职高专电气、电子、自动化、计算机、汽车电气、机电一体化等专业技术基础课教材，也可供从事电子技术的工作技术人员自学和参考。

为适应高职高专培养目标及现代科学技术的发展需求，本书以现代电子技术的基本知识与基本理论为主线，以应用为目的，删繁就简。使理论分析重点突出、实践性强。在内容安排上，以岗位需求和培养学生工作能力为目的，以应用为原则。编写内容与深度符合高职高专数字电子技术课程教育基本要求。在编写思路上注重知识更新，以小规模集成电路开始，逐步向大规模迈进，淡化内部结构与工作原理，注重器件外部功能特性和应用。本书的逻辑符号采用国家最新标准，在附录中有新旧符号对照表。书中每章后附有一定数量的习题，书后附有部分习题答案，有利于组织教学与学生自学。为提高学生识图能力，附录中有识图指导。本教材的参考学时为 60～70 学时。

全书共分 8 章。第 1 章数字电路基础，介绍数的进制及转换，主要讲解逻辑代数及逻辑代数的化简。第 2 章逻辑门电路，主要介绍各种门电路的组成及工作原理、门电路的应用及注意事项。第 3 章组合逻辑电路，着重讲解组合逻辑电路的分析方法与设计方法，介绍几种常用的组合逻辑电路及其应用。第 4 章集成触发器，主要讲解几种触发器的逻辑功能及特性。第 5 章时序逻辑电路，着重讲解时序电路的分析方法，介绍几种实际应用的时序电路。随着 EDA 技术的出现，根据专业不同，时序电路的设计，可以作为选讲内容。第 6 章介绍脉冲的产生与整形，重点介绍常用的整形电路和脉冲产生电路及其应用。第 7 章介绍数/模转换器和模/数转换器，主要介绍 D/A 和 A/D 转换器的工作原理和技术指标，简单介绍集成 DAC 和 ADC。第 8 章半导体存储器及可编程逻辑器件，主要介绍各种存储器的工作原理，可编程逻辑阵列 PAL 和通用逻辑阵列 GAL。全书各章节内容，各院校可根据专业不同灵活取舍。

本书由常桂兰编写第 1、2 章；由任桂兰主持编写第 3、4 章及附录 2，吴建军、王晓红参编；蒋新民编写第 5、6 章及附录 3；王成安编写第 7、8 章及附录 1，天津滨海职业技术学院任志娟参加了编写工作。全书由辽宁省 2004 年精品课主讲人常桂兰统稿。

本书在编写过程中，得到鞍山科技大学、辽宁机电职业技术学院、辽宁石油化工大学、沈阳师范大学等院校的有关领导和同行的帮助与支持，并提出了宝贵意见，另外，还得到中国铁道出版社的支持与帮助，在此，一并表示感谢。

尽管我们在编写过程中做了很多努力，但由于编者水平有限，加之时间仓促，书中难免会有许多疏漏和不妥之处，恳请使用本教材的师生和读者给予批评指正。

使用本教材者，中国铁道出版社计算机图书中心可提供电子教案。

编　者
2005 年 5 月

目录

数字电路基础

数字电路所讨论的是对数字量信息进行数值运算和逻辑加工的各种电路，它们是构成数字系统的基础。数字电路中的数字量信息是一种仅有两个可能取值的二值离散信号。因此，在学习数字电路之初，必须具备有关数字电路的基础知识。

本章首先介绍数字电路中常用的二进制数及其运算规律，然后阐明基本的逻辑概念、逻辑函数的表示方法以及逻辑代数的基本公式和常用公式等，最后以逻辑代数为工具讨论化简逻辑函数的几种方法。

1.1 数的进制及其转换

1.1.1 进位计数制

数是用来表示物理量的大小。一个多位数是由一些数字符号（数码）按照一定的进位规则排列而成的。人们最习惯使用的是十进制数，但数字系统中的数，常常表现为二进制的形式，有时还采用八进制和十六进制形式。同一个数值的数，在不同场合下可以用不同进制的形式表示。

1. 十进制数

十进制数采用 0，1，2，3，…，9 十个不同的数码来表示任何一位数，十进制数的基数是 10，进位规律是"逢十进一"，各数码处在不同数位时，所代表的数值是不同的。例如：

$$192.85=1\times10^2+9\times10^1+2\times10^0+8\times10^{-1}+5\times10^{-2}$$

其中，10^2、10^1、10^0、10^{-1}、10^{-2} 分别称为十进制数各数位的权，都是 10 的幂。因此，对于任何一个十进制数，其数值都可表示为

$$[N]_{10} = k_{n-1}\times10^{n-1}+k_{n-2}\times10^{n-2}+\cdots+k_0\times10^0+k_{-1}\times10^{-1}+$$
$$k_{-2}\times10^{-2}+\cdots+k_{-m}\times10^{-m}$$
$$= \sum_{i=-m}^{n-1}k_i\times10^i \tag{1-1}$$

式（1-1）中，k_i 为基数 10 的第 i 次幂的系数；m、n 为正整数；$k_i\times10^i$ 称为加权系数。

2. 二进制数

二进制数只有两个数码 0 和 1，基数是 2，进位规律是"逢二进一"，每个数位的权是 2 的幂，同样，二进制数也可以按权展开

$$[N]_2 = k_{n-1} \times 2^{n-1} + k_{n-2} \times 2^{n-2} + \cdots + k_0 \times 2^0 + k_{-1} \times 2^{-1} +$$
$$k_{-2} \times 2^{-2} + \cdots + k_{-m} \times 2^{-m}$$
$$= \sum_{i=-m}^{n-1} k_i \times 2^i \tag{1-2}$$

式（1-2）中，k_i 为基数 2 的第 i 次幂的系数；m，n 为正整数。

3. 八进制与十六进制

用二进制表示数时，数码串很长，书写和查错都很不方便，因此常用八进制和十六进制。

八进制数有 0，1，2，…，7 八个数码，基数是 8，进位规律是"逢八进一"，每个数位的权是 8 的幂。

十六进制数有 0，1，2，…，9，A，B，C，D，E，F 十六个数码，基数是 16，进位规律是"逢十六进一"，每个数位的权是 16 的幂。

八进制数和十六进制数都可以按权展开：

$$[N]_8 = k_{n-1} \times 8^{n-1} + k_{n-2} \times 8^{n-2} + \cdots + k_1 \times 8^1 + k_0 \times 8^0$$
$$= \sum_{i=0}^{n-1} k_i \times 8^i \tag{1-3}$$

$$[N]_{16} = k_{n-1} \times 16^{n-1} + k_{n-2} \times 16^{n-2} + \cdots + k_1 \times 16^1 + k_0 \times 16^0$$
$$= \sum_{i=0}^{n-1} k_i \times 16^i \tag{1-4}$$

1.1.2 不同进制之间的转换

1. 非十进制数转换成十进制数

正像上面讲述的那样，只要把 R 进制的数在十进制计数体制内展开，再按十进制规则计算这个展开式的和，就能把一个非十进制数转换成十进制数。

例如：$(101.01)_2 = 1 \times 2^2 + 0 \times 2^1 + 1 \times 2^0 + 0 \times 2^{-1} + 1 \times 2^{-2} = (5.25)_{10}$

$(721.6)_8 = 7 \times 8^2 + 2 \times 8^1 + 1 \times 8^0 + 6 \times 8^{-1} = (465.75)_{10}$

$(4FA.8)_{16} = 4 \times 16^2 + 15 \times 16^1 + 10 \times 16^0 + 8 \times 16^{-1} = (1274.5)_{10}$

2. 二进制和八、十六进制数之间的转换

八进制数中有八个数码 0～7，它的每一位数正好和一个三位二进制数相对应，即 $(000)_2 = (0)_{10} = (0)_8$，…，$(111)_2 = (7)_{10} = (7)_8$，一个二进制数要转换成八进制数时，只要把该二进制数按三位分为一组（从小数点处开始，分别向左、向右划分），每组就对应一位八进制数。按上述逆过程也可以把一个八进制数转换成二进制数，例如：

$$(10 \quad 110 \quad 001. \quad 001)_2$$
$$\big\updownarrow \qquad \big\updownarrow \qquad \big\updownarrow \qquad \big\updownarrow$$
$$(2 \qquad 6 \qquad 1. \qquad 1)_8$$

即 $(10110001.001)_2 = (261.1)_8$

十六进制中有 16 个数码 0～F，它的每一位正好和四位二进制数对应，即 $(0000)_2 = (0)_{16}$，$(1010)_2 = (A)_{16}$，…，$(1111)_2 = (F)_{16}$，因此二进制和十六进制数之间的转换也和上述二、八进制数的转换是类似的，例如：

$$(110\ 1010\ 0101. 01)_2 = (6A5.4)_{16}$$

3. 十进制数转换成二进制数

十进制数转换成任意进制数都可用基数乘除法。

十进制整数转换成二进制数可采用"除 2 取余，逆序排列"法，其操作步骤如下：

① 将给定的十进制数除以 2，余数便是二进制数的最低位。

② 将上一步的商再除以 2，余数便是二进制数的次低位。

③ 重复步骤②，直至商等于 0 为止。各次除得的余数，逆序排列，即可得到相应的二进制数。

【例 1-1】将十进制数 $(53)_{10}$ 转换成二进制数。

解：

```
2│53      ……1      ↑
 2│26     ……0      │
  2│13    ……1      │
   2│6    ……0      │
    2│3   ……1      │
     2│1  ……1      │
      0
```

最后，得 $(53)_{10}=(110101)_2$。

十进制小数可以用基数乘法转换成二进制小数，即所谓"乘 2 取整，顺序排列法"。下面通过一个例子说明具体的作法。

【例 1-2】将 $(0.872)_{10}$ 转换成二进制数（误差 $e < \dfrac{1}{2^4}$）。

解：

```
           0.872
        ×      2
       ┌─┐
       │1│ .744
       └─┘
        ×      2
       ┌─┐
       │1│ .488
       └─┘
        ×      2
       ┌─┐
       │0│ .976
       └─┘
        ×      2
       ┌─┐
       │1│ .952
       └─┘
```

最后，得 $(0.872)_{10}=(0.1101)_2$，转换到第四位则误差小于 $\dfrac{1}{2^4}$。

4. 二进制码

在数字系统的人机对话时，需要把十进制数值、不同的文字、符号用二进制数码来表示。建立这种与十进制数值、文字、符号一一对应的代码称为编码，常用的编码包括二–十进制码、格雷码以及字符代码等。

1）二–十进制码

用二进制代码来表示一个给定的十进制数，称为二–十进制编码，简称 BCD 码（Binary

Coded Decimal）。0 和 1 组成的四位二进制数有 2^4=16 种组合方式，可任选其中十种来表示十进制数的 0~9 这十个数码，因此，编码的方案很多。表 1-1 给出了几种常用的二–十进制编码。

因为四位二进制数代码共有 16 个不同的组合，用它对 0~9 十个十进制数编码，总有六个不用的状态，称为无关状态，又称伪码，例如，8421 码中的 1010~1111 为六个伪码。

表 1-1　常用的 BCD 码

十 进 制 数	8421 码	2421 码	5421 码	余 3 码	余 3 循环码
0	0000	0000	0000	0011	0010
1	0001	0001	0001	0100	0110
2	0010	0010	0010	0101	0111
3	0011	0011	0011	0110	0101
4	0100	0100	0100	0111	0100
5	0101	1011	1000	1000	1100
6	0110	1100	1001	1001	1101
7	0111	1101	1010	1010	1111
8	1000	1110	1011	1011	1110
9	1001	1111	1100	1100	1010

（1）8421 码、2421 码、5421 码。这几种代码的共同特点是，每一组代码中的每一位的权是固定不变的，称为恒权代码。其加权系数之和，即是所对应的十进制数，例如：

$$[1001]_{8421BCD}=[9]_{10}, \quad [1001]_{5421BCD}=[6]_{10}$$

（2）余 3 码。余 3 码所表示的十进制数比所对应的自然二进制码所代表的十进制数多"3"，余 3 码中的每一位没有固定的权，称为变权代码。余 3 码中，0 和 9 的代码，1 和 8 的代码，…，等都互为反码，是一种对 9 的自补代码。

（3）余 3 循环码。余 3 循环码也是一种变权代码，它从循环码（见表 1-2）的第四个状态开始取 10 个状态代表十进制数。

表 1-2　循环码编码表

十进制数	循 环 码				十进制数	循 环 码			
	G_3	G_2	G_1	G_0		G_3	G_2	G_1	G_0
0	0	0	0	0	8	1	1	0	0
1	0	0	0	1	9	1	1	0	1
2	0	0	1	1	10	1	1	1	1
3	0	0	1	0	11	1	1	1	0
4	0	1	1	0	12	1	0	1	0
5	0	1	1	1	13	1	0	1	1
6	0	1	0	1	14	1	0	0	1
7	0	1	0	0	15	1	0	0	0

2）循环码

循环码又称格雷（Gray）码，其编码表如表 1-2 所示。循环码的特点是任意两个相邻数所对应的代码之间仅有一位不同。

3）字符编码

常用的字母和字符编码有 ASCII 码和 ISO 码。ASCII 码是美国标准信息交换码的简称，其编码表如表 1-3 所示。这是一组八位二进制代码，用 $b_6 \sim b_0$ 七位表示 $2^7=128$ 个不同的信息，第八位 b_7 作为奇偶校验位。

表 1-3　ASCII 编码

字符 $b_6\,b_5\,b_4$ / $b_3\,b_2\,b_1\,b_0$	000	001	010	011	100	101	110	111
0000	NUL	DLE	SP	0	@	P	\	p
0001	SOH	DC1	!	1	A	Q	a	q
0010	STX	DC2	"	2	B	R	b	r
0011	ETX	DC3	#	3	C	S	c	s
0100	EOT	DC4	$	4	D	T	d	t
0101	ENQ	NAK	%	5	E	U	e	u
0110	ACK	SYN	&	6	F	V	f	v
0111	BEL	ETB	'	7	G	W	g	w
1000	BS	CAN	(	8	H	X	h	x
1001	HT	EM	)	9	I	Y	i	y
1010	LF	SUB	*	:	J	Z	j	z
1011	VT	ESC	+	;	K	[	k	{
1100	FF	FS	，| <	L	\	l		
1101	CR	GS	-	=	M	]	m	}
1110	SO	RS	·	>	N	∧	n	~
1111	SI	US	/	?	O	-	o	DEL

1.2　机　器　码

电子计算机普遍采用二进制。在机器中，数存放在由寄存单元组成的寄存器中。二进制的两个数码 1 和 0 是用寄存单元的两种稳定状态（如电位的高、低）来表示的。对于正号"+"或负号"－"，也只能用这两种不同状态来区别。因此，在机器中符号也就"数码化"了。并规定正数符号位用"0"表示，负数符号位用"1"表示，符号位放在一个数的最高位前面。符号位经"数码化"后的数称为机器码，因此，机器码是由符号位和数值两部分组成的。机器码有三种常见的表示方法，即原码、反码和补码。

1.2.1　原码

数的原码，其符号位表示该数的符号，而数值部分仍用原来的二进制数码表示。数 X 的原码记作$[X]_原$，例如：

$$X_1=+11001 \qquad [X_1]_原=[+11001]_原=0\ 11001$$

$$X_2=-11001 \qquad [X_2]_原=[-11001]_原=1\ 11001$$

1.2.2 反码

一个数如果是正数，其反码与原码相同。如果是负数，则除符号位仍为"1"外，将原码中的各位数码凡"1"换成"0"，凡"0"换成"1"即可。数 X 的反码记作$[X]_反$，例如：

$$X_1=+10011 \qquad [X_1]_原=0\ 10011 \qquad [X_1]_反=0\ 10011$$

$$X_2=-10011 \qquad [X_2]_原=1\ 10011 \qquad [X_2]_反=1\ 01100$$

显然$[[X]_反]_反=[X]_原$。因此，当已知一个数的反码，欲求其原码时，只要将其反码再求反即可。

1.2.3 补码

机器码用原码表示简单易懂，而且与数值换算方便。但是由于原码的符号位和数值是分别定义的，它们之间没有数值上的联系。所以运算结果的符号需要单独处理。例如，当两原码数进行加法运算时，首先要判别两数的符号，如果两数符号相同，则作加法运算，其结果的符号决定于参加运算的两数的符号；如果参加运算的两数为异号，则作减法运算，用绝对值大的数减去绝对值小的数，得到结果数，结果数的符号和两数中绝对值大的数的符号相同。减法运算电路比较复杂，而且运算速度也会降低。为了简化运算，人们研究了将符号和数值连在一起进行运算的方法，即将符号也看做一个数来进行运算，而不必单独处理。而且希望把减法运算变成加法运算，因而提出了补码。

1. 补码的概念

把减法化为加法来进行运算的例子，在日常生活中是经常遇到的。例如，校对时间，若标准时间是 6 点整，而时钟却指在 8 点整，快了 2 小时。为了将时间校准，很明显有两种校准方法。一是将表针倒拨 2 小时，这显然是一种减法运算，即

$$8-2=6$$

另一种办法是将表针正拨 10 小时，也同样可校准到 6 点，这种办法是加法运算，即

$$8+10=18=12+6 \xrightarrow{在钟面上} 6$$

在钟面上仍是 6 点整。这里减"2"化为加"10"是有一定条件的，因为在钟面上正拨 12 小时，时钟的指针又回到原处，即对时钟来说加 12 等于不加。用数学式子表示，即

$$X+12 \xrightarrow{在钟面上} X$$

于是

$$X+Y \xrightarrow{在钟面上} X+Y+12=X+(12+Y)=X+[Y]_补$$

称$(12+Y)$为$[Y]$对 12 的补码，记作$[Y]_补$，12 称为模数。上式中 Y 是包含符号的数，若 Y 为负数，则实为减法运算。在只有有限个数的条件下，引进补码以后，可使减法运算化为加法运算。在二进制中，可利用存放二进制数的寄存器的位数是有限的，运算时可丢失最高位以上数码的特点，引进二进制负数的补码，从而可将减法运算化为加法运算。

【例 1-3】设 $X=+10011$［即$(19)_{10}$］，$Y=-00101$［即$(-5)_{10}$］，求：$X+Y$（设寄存器为 6 位，即在运算中第 6 位以上数码都会自动丢失）。

解 1：直接采用减法运算。因 X、Y 异号，且 $X>Y$，故实际上是将数值部分作减法运算，

其结果与 X 符号相同，为正，即

$$X+Y=10011-00101=01110$$

结果为 +0110 即 $(14)_{10}$。

解 2：引进补码将减法变换为加法。如果将 $X+Y$ 加上 1000000，这对于 6 位寄存器来说等于不加，即

$$X+Y \xrightarrow{\text{在 6 位寄存器中}} X+Y+1000000=X+(1000000+Y)$$

因此，可将实际的减法运算变换成 $X+(1000000+Y)$ 的加法运算。$(1000000+Y)$ 称为 $[Y]$ 的补码，记作 $[Y]_{补}$。$(1000000)_2=(2^6)_{10}$ 为 6 位寄存器的模数。

$$[Y]_{补}=模数+Y \tag{1-5}$$

上例的减法，可变为先求在 6 位寄存器时的 $[Y]_{补}$，再求 $X+[Y]_{补}$。

$$[Y]_{补}=[-00101]_{补}=1000000+(-00101)$$

$$
\begin{array}{r}
1000000 \cdots\cdots 模 \\
-)\quad 00101 \cdots\cdots Y \\
\hline
111011 \cdots\cdots [Y]_{补}
\end{array}
$$

从上述负数求补过程看出，$[-00101]_{补}=1\,11011$，它的符号位为"1"表示是负数的补码，而且它是求补运算的结果，所以有

$$
\begin{array}{r}
X+[Y]_{补} \\
010011 \cdots\cdots X \\
+)\quad 111011 \cdots\cdots [Y]_{补} \\
\hline
\boxed{1}\quad 001110 \cdots\cdots [14]_{10}
\end{array}
$$

丢失

其结果与直接用减法运算结果相同。因此，引进补码后，运算结果的符号不用单独处理。符号位和数值一样同时参加运算，而且可将减法运算变成加法运算。这种变减为加的运算，只在寄存器具有有限位的条件下才成立。上例寄存器为 6 位，故 2^6 和零等效，其模数为 2^6。若寄存器为 n 位，则 2^n 和零等效，其模数为 2^n。

2. 补码的求法

直接按照补码的定义用式（1-5）求 $[Y]_{补}$ 时，需作 2^n+Y 运算，若 Y 为负数，实际上仍要作减法运算。

如上例中

$$[Y]_{补}=[-00101]_{补}=1000000-00101=1\,11011$$

为了避免作减法运算，将负数的求补公式（1-5）改写为

$$[Y]_{补}=1000000+Y=111111+1+Y=(111111+Y)+1$$

将 $Y=-00101$ 代入得

$$[Y]_{补}=(111111-00101)+1$$

而

$$
\begin{array}{r}
111111 \\
-)\quad 001101 \\
\hline
111010
\end{array}
$$

第 1 章　数字电路基础

从 111111+Y 的运算结果看，若 Y 为负数，其结果正好是 Y 的反码，即$(111111+Y)=[Y]_{反}$。故负数的求补运算为

$$[Y]_{补}=[Y]_{反}+1 \qquad\qquad (1-6)$$

如上例
$$Y=-00101$$
$$[Y]_{反}=1\ 11010$$
$$[Y]_{补}=[Y]_{反}+1=1\ 11010+0\ 00001=1\ 11011$$

这与直接按照补码定义求得结果相同。因此，对负数求补可用"求反加 1"的办法，即先求"反"，然后在反码的最低位加 1 即可。而在机器中实现一个数的反码和加 1 运算是很方便的。若 Y 是正数，从补码的定义用式（1-5）计算，显然正数的补码与原码相同。

【例 1-4】 设 $Y_1=+11001$，寄存器为 6 位，求$[Y_1]_{原}$、$[Y_1]_{反}$、$[Y_1]_{补}$。

解： 因 Y_1 为正数，则$[Y_1]_{原}=[Y_1]_{反}=[Y_1]_{补}=0\ 11001$。

【例 1-5】 设 $Y_2=-10110$，寄存器为 6 位，求$[Y_2]_{原}$、$[Y_2]_{反}$、$[Y_2]_{补}$。

解： $[Y_2]_{原}=1\ 10110$

$[Y_2]_{反}=1\ 01001$

$[Y_2]_{补}=[Y_2]_{反}+1=1\ 01010$

若已知负数的补码，则对补码求补可得原码。如例 1-5 中得到$[Y_2]_{补}=1\ 01010$，则$[[Y_2]_{补}]_{补}=[1\ 01010]_{补}=1\ 10110$，与$[Y_2]_{反}$相同。

3. 补码的加、减运算

若数码均以补码形式表示，称为补码系统。在补码系统中，加、减运算的结果也应是补码形式表示的数，并遵循两数之和的补码等于两数补码的和这一运算规则，即下列等式成立：

$$[X+Y]_{补}=[X]_{补}+[Y]_{补} \qquad\qquad (1-7)$$

现分 3 种情况证明如下（设寄存器为 6 位）：

第一种情况：$X\geqslant0$，$Y\geqslant0$。

证明：因为 $X\geqslant0$，$Y\geqslant0$，则$[X+Y]\geqslant0$。

由于正数的补码就是本身，故得

$$[X+Y]_{补}=X+Y$$
$$[X]_{补}=X$$
$$[Y]_{补}=Y$$

所以 $[X+Y]_{补}=[X]_{补}+[Y]_{补}$

第二种情况：$X<0$，$Y<0$。

证明：因为 $X<0$，$Y<0$，则 $X+Y<0$。

所以 $[X]_{补}=X+1000000$

$[Y]_{补}=Y+1000000$

$[X+Y]_{补}=X+Y+1000000$

$[X]_{补}+[Y]_{补}=X+Y+1000000+1000000$

$10000000 > X+Y+1000000+1000000 > 1000000$，丢失一个 1000000，

则 $[X]_{补}+[Y]_{补}=X+Y+1000000$

所以 $[X+Y]_{补}=[X]_{补}+[Y]_{补}$

第三种情况：X 和 Y 符号不同。

设 $X>0$，$Y<0$，则 $X+Y$ 有两种可能：

（1）当 $X+Y \geqslant 0$ 时。

证明： 因为　$X>0$，$Y<0$

所以　$[X]_{补}=X$

　　　　$[Y]_{补}=Y+1000000$

则　$[X]_{补}+[Y]_{补}=X+Y=1000000$

由于 $X+Y \geqslant 0$ 则 $X+Y+1000000 \geqslant 1000000$ 故丢失一个 1000000，得：$[X]_{补}+[Y]_{补}=X+Y$

而　$[X+Y]_{补}=X+Y$

所以　$[X+Y]_{补}=[X]_{补}+[Y]_{补}$

（2）当 $X+Y<0$ 时。

证明： 因为　$X>0$，$Y<0$

所以　$[X]_{补}=X$

　　　　$[Y]_{补}=Y+1000000$

　　　　$[X]_{补}+[Y]_{补}=X+Y+1000000$

因为　$X+Y<0$，$[X+Y]_{补}=X+Y+1000000$

所以　$[X]_{补}+[Y]_{补}=[X+Y]_{补}$

从以上三种情况分析可知，无论 X、Y 是正还是负，也不论是加法还是减法运算，式（1-7）均成立。两数运算的结果，应按符号位来识别数的正、负，若符号位为 0 表示为正数，若符号位为 1 表示是负数的补码。

【例 1-6】 设 $X=+1011$ 即 $(11)_{10}$，$Y=-0101$ 即 $(-5)_{10}$。设寄存器为 6 位，求 $X+Y$。

解： $[X]_{补}=0\ 1011$　$[Y]_{补}=1\ 1011$

$$
\begin{array}{r}
[X]_{补}\quad 01011 \\
+)\ [Y]_{补}\quad 11011 \\
\hline
[X]_{补}+[Y]_{补}=\boxed{1}\ 0\ 0110\ 即\ (6)_{10} \\
丢失
\end{array}
$$

所以　$[X+Y]_{补}=[X]_{补}+[Y]_{补}=0\ 0110$

符号位为 0，结果为正数。

$$[X+Y]_{补}=[X]_{补}+[Y]_{补}=0\ 0110$$

【例 1-7】 设 $X=+0101$ 即 $(6)_{10}$，$Y=-1011$ 即 $(-11)_{10}$，求 $X+Y$。

解： $[X]_{补}=0\ 1011$　$[Y]_{补}=1\ 1011$

$$
\begin{array}{r}
[X]_{补}\quad 01011 \\
+)\ [Y]_{补}\quad 11011 \\
\hline
[X]_{补}+[Y]_{补}=11010
\end{array}
$$

所以　$[X+Y]_{补}=[X]_{补}+[Y]_{补}=1\ 1010$

符号位为 1，结果为负数的补码，再对其补码求补得到原码。

$$[X+Y]_{补}=[[X+Y]_{补}]_{补}=[1\ 1010]_{补}=1\ 0110\ 即\ (-6)_{10}$$

1.3 逻辑代数

逻辑代数（又称布尔代数[①]）是一种描述事物逻辑关系的数学方法，是研究逻辑电路的数学工具。

1.3.1 逻辑变量及基本运算

1. 逻辑变量

事物的发展变化都有一定的因果关系。如图 1-1 所示的指示灯控制电路，字母 Y 表示指示灯，A、B 表示两个开关。指示灯 Y 亮、灭两种状态取决于开关 A、B 的通、断两种状态。将 A、B 称为输入变量，Y 称为输出变量。

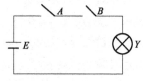

可见逻辑变量和普通代数中的变量一样，都是用字母表示的。但是，逻辑变量描述的是事物对立的逻辑状态（如上例中开关的通、断，指示灯的亮、灭），采用的是仅有两个数值的变量。在逻辑代数中，通常用逻辑 0 和 1 来表示事物的两种状态，所以逻辑变量与普通代数变量不同的是它的取值只有 0 和 1 两种可能，是一种二值变量，逻辑变量用字母表示。

图 1-1 指示灯控制电路

2. 三种基本逻辑运算

逻辑代数中有与、或、非三种基本逻辑运算。下面结合具体实例分别进行讨论。

1）与运算

由图 1-1 给出的指示灯控制电路可知，如果有一个开关不接通或两个均不接通，指示灯不亮。只有当两个开关全部接通时，指示灯才会亮。指示灯的亮灭与开关的通断间存在一种"与"逻辑关系，即只有决定事物结果（灯亮）的几个条件（开关 A、B 接通）全都具备时，结果才会发生。表 1-4 为这种灯控电路的与逻辑关系表。

如果用二值量 0 和 1 来表示逻辑状态，设开关断开和灯不亮用 0 表示，而开关接通和灯亮用 1 表示，则可得到表 1-5。这种用逻辑变量的真正取值反映逻辑关系的表格称为逻辑真值表。

若用逻辑表达式来描述与逻辑，则可写为

$$Y=A \cdot B$$

$A \cdot B$ 读作 A 与 B。与逻辑关系也可用逻辑符号表示。图 1-2 所示为与逻辑符号。

VHDL 语言描述：　　　　　　$Y <=A$ and B

表 1-4　与逻辑关系表

开关 A	开关 B	灯 Y
断	断	灭
断	通	灭
通	断	灭
通	通	亮

表 1-5　与逻辑真值表

A	B	Y
0	0	0
0	1	0
1	0	0
1	1	1

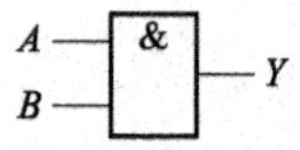

图 1-2　与逻辑符号

[①] 布尔代数是英国数学家 G.Boole 提出的。

2）或运算

图 1-3（a）所示为一简单或逻辑电路。只要开关 A、B 中一个接通或两个都接通，则灯亮，而当开关 A、B 均不接通时，则灯不亮。其或逻辑关系表和真值表如表 1-6 和表 1-7 所示。

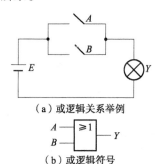

（a）或逻辑关系举例

（b）或逻辑符号

图 1-3 或逻辑关系和符号

表 1-6 或逻辑关系表

开关 A	开关 B	灯 Y
断	断	灭
断	通	亮
通	断	亮
通	通	亮

表 1-7 或逻辑真值表

A	B	Y
0	0	0
0	1	1
1	0	1
1	1	1

由此，可总结出或逻辑关系：在决定事物结果的几个条件中，只要一个或一个以上条件得到满足时，结果就会发生；否则，结果不会发生。

逻辑变量间的逻辑或关系，也称或运算、逻辑加运算，用符号"+"表示（曾用符号 V、U 表示或运算）。A、B 和 Y 的或逻辑关系表达式为

$$Y=A+B \tag{1-8}$$

$A+B$ 读作 A 或 B。图 1-3（b）所示为或逻辑符号。

VHDL 语言描述：$\qquad Y <= A \text{ or } B$

3）非运算

由图 1-4（a）所示电路可知，当开关 A 接通时，指示灯 Y 不亮；而当开关 A 断开时，指示灯亮。其逻辑关系表和真值表如表 1-8 和表 1-9 所示。由此可总结出非逻辑关系：当条件满足时，结果不会发生；而条件不满足时，结果才会发生。

在逻辑代数中，逻辑非称为非运算，也称作求反运算，通常在变量上方加一短横线表示非运算。所以逻辑表达式为

$$Y=\overline{A} \tag{1-9}$$

$\overline{A}$ 读作 A 非。非逻辑符号如图 1-4（b）所示。图中小圆圈表示非运算。在硬件描述语言 VHDL 中，非逻辑的运算符表示为：NOT，表示取反。

VHDL 语言描述：$\qquad Y <= \text{not } A$

表 1-8 非逻辑关系表

开关 A	灯 Y
断	亮
通	灭

表 1-9 非逻辑真值表

A	Y
0	1
1	0

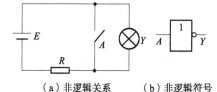

（a）非逻辑关系 （b）非逻辑符号

图 1-4 非逻辑关系与符号

3. 逻辑函数、逻辑函数的表示方法及相互转换

1）逻辑函数的定义

在逻辑电路中，输出变量和输入变量之间存在着一定的对应关系，当输入变量取任意一组确定的值后，输出变量的值就唯一地被确定了，我们称输出变量是输入变量的逻辑函数，

简称函数。与门、或门、非门电路的输出就是其对应输入变量的与、或、非逻辑函数，这是最基本的三种逻辑函数，利用它们的不同组合，可以组成各种复杂的逻辑函数。下面举个实例，说明如何由给定的实际问题，经过分析，建立起逻辑函数关系。

为了控制楼梯上的电灯，常常在楼上、楼下各装一只单刀双掷开关。上楼时先在楼下开灯，上去后顺手把电灯关掉。同样，也可以在楼上开灯，楼下关灯。图 1-5 为完成上述要求的电路示意图。若用 A 表示楼上开关 S_1 的状态，B 表示楼下开关 S_2 的状态，L 表示电灯的状态，显然，当 S_1、S_2 两个开关同时扳到上面或扳到下面时灯亮；一个扳到上面，另一个扳到下面时灯灭。用逻辑代数来描述这个逻辑关系，假设 $L=1$ 表示灯亮，$L=0$ 表示灯灭；$A(B)$ 为 1 表示开关 $S_1(S_2)$ 扳在上面，$A(B)$ 为 0 表示开关 $S_1(S_2)$ 扳在下面。那么，电灯的状态 L 和开关的状态 A、B 的关系可表示为

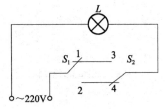

图 1-5　两地控制电灯的电路

$$L=A \cdot B + \overline{A} \cdot \overline{B} \tag{1-10}$$

当 A、B 都为 1 或都为 0 时，L 的值为 1；其他情况下 $A \cdot B$ 及 $\overline{A} \cdot \overline{B}$ 都等于 0，所以 L 也等于 0。由此可见，当 A、B 取一组值后，L 就有一个确定的值与之相对应，所以 L 是 A、B 的函数，记作

$$L=f(A, B) \tag{1-11}$$

式（1-11）中，L 为输出逻辑变量；A、B 为输入逻辑变量。

在一个逻辑函数中，往往包含有几种基本逻辑运算，在执行这些运算时应按照一定的顺序进行。逻辑运算的优先顺序规定如下：当式中有括号时，先进行括号里的运算；没有括号时，按非、与（乘）、或（加）的次序依次运算。

2）逻辑函数的表示方法

表示逻辑函数的方法有逻辑真值表（简称真值表）、逻辑函数表达式（又称表达式）、逻辑图、工作波形图和卡诺图。

这里结合上一个实例，介绍前四种表示方法以及它们之间的相互转换方法。用卡诺图表示逻辑函数的方法将在后面专门介绍。

（1）真值表。在两地控制电灯的实例中，设灯亮为逻辑 1，灯不亮为逻辑 0，S 上掷为 0，下掷为 1。S_1 设为 A，S_2 设为 B，很容易列出输入变量 A、B 的不同取值与函数 L 的值的对应关系，即逻辑真值表（见表 1-10）。可见，逻辑真值表是将输入变量的各种可能取值和相应的函数值排列在一起组成的表格。一个确定的逻辑函数只有一个逻辑真值表。

逻辑真值表能够直观、明了地反映变量取值和函数值的对应关系，但变量多时列写比较繁琐。

在列写真值表时，输入变量的取值组合按照二进制递增（或递减）的顺序排列较好，因为这样做既不易遗漏，也不会重复。

（2）逻辑函数表达式。由真值表 1-10 可知，在 A、B 状态的四种组合中只有第一种（$A=0, B=0$）

表 1-10　两地控制灯真值表

A	B	L
0	0	1
0	1	0
1	0	0
1	1	1

和第四种（$A=1$，$B=1$）两种状态组合才能使函数值 L 为 1。A、B 之间相与，而这两种状态组合之间相或，不论变量 A、B 或函数 L，凡取 1 值的用原变量表示，取 0 值的用反变量表示，则可写出 L 的函数表达式

$$L=\overline{A}\cdot\overline{B}+AB \qquad (1-12)$$

由此可见，逻辑函数式是一种用与、或、非等逻辑运算组合起来的表达式。用它表示逻辑函数、形式简洁，书写方便，便于推演、变换，但是它不能直接表示出变量取值与函数间的对应关系，而且同一逻辑函数可以有不同的逻辑函数表达式。

（3）逻辑图。将逻辑函数表达式中各变量间的与、或、非等运算关系用相应的逻辑符号表示出来，就是函数的逻辑图。

式（1-12）的逻辑关系，可用图 1-6 所示的逻辑图来表示。

逻辑图与数字电路的器件有明显的对应关系，便于制作实际电路。但它不能直接进行逻辑推演和变换。

（4）波形图。反映输入和输出波形变化规律的图形，称为波形图，也称时序图。

图 1-7 为给定 A、B 波形后所画出的上述函数 Y 的波形图。

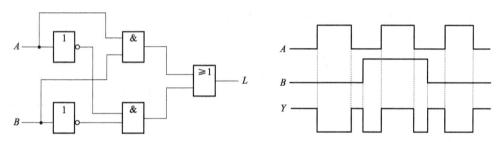

图 1-6 式（1-12）的逻辑图   图 1-7 式（1-12）的波形图

波形图能直接反映与时间的关系和函数值变化的规律，与实际电路中的电压波形相对应。

（5）卡诺图

卡诺图可以描述一个逻辑函数，将在下面逻辑函数的化简方法中介绍。

（6）语言描述

表 1-10 所示的函数关系可用语言描述：有一个含两个输入变量 A、B 的逻辑函数 L，当输入变量 A、B 的取值相同时，函数 L 为 1；当输入变量 A、B 的取值相异时，函数 L 为 0。利用语言所描述的逻辑关系，可写出对应的逻辑表达式并列出真值表。

3. 逻辑函数不同表示方法间的相互转换

同一逻辑函数可以用几种不同的方式来表示，这几种表示方法之间必然可以互相转换。下面举例说明转换方法。

【例 1-8】某逻辑函数的真值表如表 1-11 所示，试将它转换成逻辑表达式，并画出逻辑图。

解：（1）由真值表转换成逻辑表达式。将真值表中使 $Y=1$ 的各乘积项进行逻辑加，可得

$$Y=\overline{A}\,\overline{B}\,\overline{C}+ABC$$

（2）根据函数表达式，可画出图 1-8 所示的逻辑图。

表 1-11　某逻辑函数真值表

A	B	C	Y
0	0	0	1
0	0	1	0
0	1	0	0
0	1	1	0
1	0	0	0
1	0	1	0
1	1	0	0
1	1	1	1

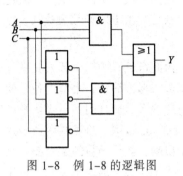

图 1-8　例 1-8 的逻辑图

【例 1-9】已知函数的逻辑表达式为 $Y=A+\overline{B}C$，求它对应的真值表，已知输入波形，画出输出波形图。

解：将输入变量 A、B、C 的各种取值逐一代入表中计算，即可得到函数 Y 的真值表，如表 1-12 所示。

根据输入 A、B、C 的波形画出输出 Y 的波形如图 1-9 所示。

表 1-12　例 1-9 的真值表

A	B	C	Y
0	0	0	0
0	0	1	1
0	1	0	0
0	1	1	0
1	0	0	1
1	0	1	1
1	1	0	1
1	1	1	1

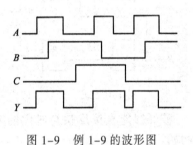

图 1-9　例 1-9 的波形图

【例 1-10】已知函数 Y 的逻辑图如图 1-10 所示，写出函数 Y 的逻辑表达式。

解：逐级写出输出端函数表达式如下：

$Y_1=\overline{A}BC$

$Y_2=A\overline{B}C$

$Y_3=AB\overline{C}$

$Y_4=ABC$

最后得到函数 Y 的表达式：

$Y=Y_1+Y_2+Y_3+Y_4=\overline{A}BC+A\overline{B}C+AB\overline{C}+ABC$

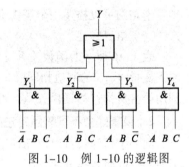

图 1-10　例 1-10 的逻辑图

1.3.2　逻辑代数的基本定律和规则

1. 基本公式

下面几组等式，又称为公式，反映了逻辑运算的基本规律。其中有些与普通代数相似，有的则完全不同。

1）变量和常量的关系

公式 1 $\qquad\qquad A+0=A$ $\qquad\qquad$ （1-13）

公式 1′ $\qquad\qquad A\cdot 0=0$ $\qquad\qquad$ （1-14）

公式 2 $\qquad\qquad A+1=1$ $\qquad\qquad$ （1-15）

公式 2′ $\qquad\qquad A\cdot 1=A$ $\qquad\qquad$ （1-16）

公式 3 $\qquad\qquad A+\overline{A}=1$ $\qquad\qquad$ （1-17）

公式 3′ $\qquad\qquad A\cdot \overline{A}=0$ $\qquad\qquad$ （1-18）

2）与普通代数相似的规律

（1）交换律：

公式 4 $\qquad\qquad A+B=B+A$ $\qquad\qquad$ （1-19）

公式 4′ $\qquad\qquad A\cdot B=B\cdot A$ $\qquad\qquad$ （1-20）

（2）结合律：

公式 5 $\qquad\qquad (A+B)+C=A+(B+C)$ $\qquad\qquad$ （1-21）

公式 5′ $\qquad\qquad (A\cdot B)\cdot C=A\cdot (B\cdot C)$ $\qquad\qquad$ （1-22）

（3）分配律：

公式 6 $\qquad\qquad A\cdot (B+C)=A\cdot B+A\cdot C$ $\qquad\qquad$ （1-23）

公式 6′ $\qquad\qquad A+(B\cdot C)=(A+B)\cdot (A+C)$ $\qquad\qquad$ （1-24）

3）逻辑代数的特殊规律

（1）重叠律：

公式 7 $\qquad\qquad A+A=A$ $\qquad\qquad$ （1-25）

公式 7′ $\qquad\qquad A\cdot A=A$ $\qquad\qquad$ （1-26）

（2）反演律（摩根定理）：

公式 8 $\qquad\qquad \overline{A+B}=\overline{A}\cdot \overline{B}$ $\qquad\qquad$ （1-27）

公式 8′ $\qquad\qquad \overline{A\cdot B}=\overline{A}+\overline{B}$ $\qquad\qquad$ （1-28）

（3）否定律（还原律）：

公式 9 $\qquad\qquad \overline{\overline{A}}=A$ $\qquad\qquad$ （1-29）

对于上面基本公式的正确性，都可以用列真值表的方法证明。下面只对反演律加以证明，其余公式读者可以自己去证明。表 1-13 列出了反演律的真值表。

表 1-13　反演律的真值表

A	B	$\overline{A+B}$	$\overline{A}\cdot \overline{B}$	$\overline{A\cdot B}$	$\overline{A}+\overline{B}$
0	0	1	1	1	1
0	1	0	0	1	1
1	0	0	0	1	1
1	1	0	0	0	0

由表 1-13 可知：$\overline{A+B}=\overline{A}\cdot \overline{B}$ 和 $\overline{A\cdot B}=\overline{A}+\overline{B}$ 成立。这里要特别注意的是：

① $\overline{A+B}\neq \overline{A}+\overline{B}$

② $\overline{A\cdot B}\neq \overline{A}\cdot \overline{B}$

2. 三个重要规则

逻辑代数中有三个重要规则，即代入规则、反演规则和对偶规则。运用这些规则，可以利用已知的基本公式推导出更多的等式（即公式）。

1）代入规则

代入规则可以扩展公式和证明恒等式。

在任何一个逻辑等式中，如果将等式两边所出现的某一变量 A，代之以一个函数 Z，则等式仍然成立。

代入规则的证明很简单。既然原等式对变量 A 成立，即 $A=0$ 和 $A=1$ 两种情况下都成立。现在代换成逻辑函数 Z，而逻辑函数 Z 的取值也只有 0 和 1 两种情况，那么，等式在代换逻辑函数后必定也是成立的。

例如，已知等式 $\overline{A \cdot B}=\overline{A}+\overline{B}$，若用 $Z=CD$ 代替等式中的 A，则等式 $\overline{CD \cdot B}=\overline{CD}+\overline{B}$ 仍成立，即得

$$\overline{CDB}=\overline{CD}+\overline{B}=\overline{C}+\overline{D}+\overline{B}$$

这样就将反演律的正确性推广到三个变量，同理可以证明，对于 n 个变量，反演律也是成立的。

2）反演规则

反演规则可用以求一个逻辑函数的反函数。

对于任意一个逻辑表达式 L，如果将 L 中所有的 "$\cdot$" 换成 "$+$"，"$+$" 换成 "$\cdot$"；0 换成 1，1 换成 0；原变量换成反变量，反变量换成原变量，那么所得的表达式称为 L 的反函数 $\overline{L}$。

【例 1-11】 求函数 $L=A+B+C$ 的反函数。

解： 利用反演规则可得

$$\overline{L}=\overline{A} \cdot \overline{B} \cdot \overline{C}$$

这显然是正确的，因为根据反演律知

$$\overline{L}=\overline{A+B+C}=\overline{A+B} \cdot \overline{C}=\overline{A} \cdot \overline{B} \cdot \overline{C}$$

【例 1-12】 求函数 $L=AB\overline{C}+\overline{A}B(C+\overline{D})$ 的反函数。

解： 利用反演规则可得

$$\overline{L}=(\overline{A}+\overline{B}+C)(A+\overline{B}+\overline{C}D)$$

下面利用反演律证明上述结果是正确的。证明过程为

$$\overline{L}=\overline{AB\overline{C}+\overline{A}B(C+\overline{D})}$$

$$=\overline{AB\overline{C}} \cdot \overline{\overline{A}B(C+\overline{D})}=(\overline{A}+\overline{B}+C) \cdot (A+\overline{B}+\overline{C}D)$$

其运算结果与直接利用反演规则时的运算结果相同。

【例 1-13】 求函数 $L=A+\overline{B+\overline{C}+D}+\overline{\overline{E}}$ 的反函数。

解： 利用反演规则得

$$\overline{L}=\overline{A+\overline{B+\overline{C}+D}+\overline{\overline{E}}}$$

$$\overline{L}=\overline{A} \cdot \overline{\overline{B} \cdot C \cdot \overline{D}} \cdot E$$

下面利用反演律证明上述结果是正确的。证明过程为

$$\overline{L} = \overline{\overline{A} + B + \overline{\overline{C} + D + \overline{E}}}$$

$$= \overline{\overline{A}} \cdot \overline{B + \overline{\overline{C} + D + \overline{E}}}$$

$$= \overline{A} \cdot \overline{\overline{B} + \overline{\overline{C} \cdot \overline{D} + \overline{E}}}$$

$$= \overline{A} \cdot \overline{\overline{B} \cdot \overline{C} \cdot \overline{D} \cdot E}$$

其运算结果与直接利用反演规则时的运算结果相同。

由以上三个例子可以看出：

① 反演规则是反演律的推广。利用反演规则能更快地求出一个函数的反函数。

② 利用反演规则求一个函数的反函数时，对于逻辑表达式中的多层"反"号，除单个变量的反变量（如例 1-13 中的 $\overline{C}$、$\overline{E}$）应变成原变量外，其他的"反"号应保留不变。

③ 在运用反演规则时，要特别注意运算的优先顺序。例如，求函数 $L = \overline{A} \cdot B + \overline{C} \cdot D$ 的反函数时，应先做 $\overline{A} \cdot B$ 和 $\overline{C} \cdot D$ 的逻辑乘运算，然后再做两者的逻辑加运算，这样就得到 $\overline{L} = (A + \overline{B})(C + \overline{D})$。如不注意运算的优先顺序，则可能出现 $\overline{L} = A + \overline{B} \cdot C + \overline{D}$ 的错误。

3）对偶规则

对偶规则可用以证明恒等式。对于任何一个逻辑函数表达式 L，如果将其中所有的"+"换成"·"，"·"换成"+"；1 换成 0，0 换成 1，那么就可以得到一个新的表达式，记作 L'，称 L' 是 L 的对偶式，例如：

$L = A \cdot (B+C)$	$L' = A + B \cdot C$
$L = A + B\overline{C}$	$L' = A \cdot (B + \overline{C})$
$L = A \cdot \overline{B} + A \cdot (C+0)$	$L' = (A + \overline{B}) \cdot (A + C \cdot 1)$
$L = (A + \overline{B}) \cdot (A + C \cdot 1)$	$L' = A \cdot \overline{B} + A \cdot (C+0)$
$L = \overline{\overline{A} + B + \overline{C}}$	$L' = \overline{\overline{A} \cdot B \cdot \overline{C}}$
$L = \overline{\overline{A} \cdot B \cdot \overline{C}}$	$L' = \overline{\overline{A} + B + \overline{C}}$

由这些例子可以看出，如果 L 的对偶式是 L'，那么 L' 的对偶式就是 L，即 $(L')' = L$，也就是说 L 和 L' 互为对偶式。

分析一下前面给出的基本公式，把不带撇的公式和带撇的公式作个对比，则不难看出，带撇公式等号两边的表达式，都是不带撇公式两边表达式的对偶式。由此可知，如果两个逻辑表达式相等，那么它们的对偶式也一定相等，这就是对偶规则。

例如，已知 $A \cdot (B+C+D) = A \cdot B + A \cdot C + A \cdot D$，根据对偶规则有：

$$A + B \cdot C \cdot D = (A+B)(A+C)(A+D)$$

使用对偶规则或求一个逻辑表达式的对偶式时，同样要遵照逻辑运算的优先顺序的规定。

有了对偶规则，使需要证明的公式数目减少了一半，当证明了其两个逻辑表达式相等之后，它们的对偶式也必然相等。因此下面介绍若干常用公式时，就不再给出它们对偶式等式的公式了。

3. 若干常用公式

运用基本公式和上述三个重要规则，可以得到更多的公式。下面只介绍一些常用公式。

公式 10 $\qquad A\cdot B+A\cdot\overline{B}=A \qquad$ （1-30）

证明： $\qquad A\cdot B+A\cdot\overline{B}=A(B+\overline{B})=A$

该公式说明在与-或表达式中，若两个乘积项分别包含了"互反"的因子（如 B 和 $\overline{B}$，而其他因子都相同时，则可以将这两项合并，消去"互反"的因子，合并项由公式的因子组成。

公式 11 $\qquad A+AB=A \qquad$ （1-31）

证明： $\qquad A+AB=A(1+B)=A\cdot 1=A$

该公式说明在与-或表达式中，如果某一项的部分因子（如 AB 项中的 A）恰好等于另一项（如 A）的全部，则这一项（如 AB 项）是多余的。

公式 12 $\qquad A+\overline{A}B=A+B \qquad$ （1-32）

证明： $\qquad A+\overline{A}B=(A+AB)+\overline{A}B$

$$=A+(A+\overline{A})B$$

$$=A+B$$

该公式说明在与-或表达式中，如果某一项的部分因子（如 $\overline{A}B$ 项中的 $\overline{A}$）恰好等于另一项（如 A）的"反"，则这一项的部分因子（$\overline{A}$）是多余的。

公式 13 $\qquad AB+\overline{A}C+BC=AB+\overline{A}C \qquad$ （1-33）

证明： $\qquad AB+\overline{A}C+BC=AB+\overline{A}C+(\overline{A}+A)BC$

$$=(AB+ABC)+(\overline{A}C+\overline{A}BC)$$

$$=AB+\overline{A}C$$

推论： $\qquad AB+\overline{A}C+BCD=AB+\overline{A}C$

证明：利用公式 13 可得

$$AB+\overline{A}C+BCD=(AB+\overline{A}C+BC)+BCD$$

$$=AB+\overline{A}C+BC(1+D)$$

$$=AB+\overline{A}C$$

该公式及其推论说明在一个与-或表达式中，如果两项中的部分因子"互反"，则凡包含这两项里除去"互反"因子后的全部因子项是多余的。

1.3.3 逻辑函数的代数化简法

1. 逻辑函数的五种表达式

在逻辑功能相等的条件下，一个逻辑函数可以有五种不同的表达式，除了与-或表达式外，还有或-与表达式，与非-与非表达式，或非-或非表达式，与-或-非表达式等。

例如：

$$L=AB+\overline{A}C \qquad \text{与-或表达式}$$

$$=(A+C)(\overline{A}+B) \qquad \text{或-与表达式}$$

$$=\overline{\overline{AB}\cdot\overline{\overline{A}C}} \qquad \text{与非-与非表达式}$$

$$=\overline{\overline{A+C}+\overline{\overline{A}+B}} \qquad \text{或非-或非表达式}$$

$$=\overline{\overline{A}\cdot\overline{C}+A\cdot\overline{B}} \qquad \text{与-或-非表达式}$$

究竟使用哪种表达式，要看组成逻辑电路时使用什么形式的基本门电路。由于实际工作中，常使用与非门、或非门及与或非门等复合门电路作为基本单元来组成各种逻辑电路，为此必须把一个已知逻辑函数的与-或表达式，转换成便于用这些复合门实现的与非-与非、或非-或非、与或-非表达式。

以 $L=AB+\overline{A}C$ 为例说明将与-或表达式转换为其他几种表达式的方法。

1）将与-或表达式转换为与非-与非表达式

将函数 $L=AB+\overline{A}C$ 两次求"反"，并利用反演律得

$$L=\overline{\overline{AB+\overline{A}C}}$$

$$=\overline{\overline{AB} \cdot \overline{\overline{A}C}}$$

如图 1-11（a）所示为用与非门实现函数 $L=AB+\overline{A}C$ 的逻辑图。

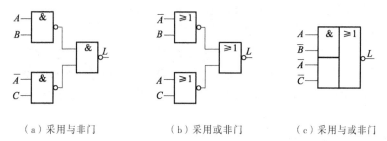

（a）采用与非门　　　　　（b）采用或非门　　　　　（c）采用与或非门

图 1-11　$L=AB+\overline{A}C$ 的逻辑图

2）将与-或表达式转换为或非-或非表达式

（1）首先求函数 $L=AB+\overline{A}C$ 的对偶式 L' 的与-或表达式，有

$$L'=(A+B)(\overline{A}+C)$$

$$=A\overline{A}+AC+\overline{A}B+BC$$

$$=AC+\overline{A}B$$

（2）再求 L' 的对偶式，即得 L 的或-与表达式

$$L=(L')'=(A+C)(\overline{A}+B)$$

$$=AB+\overline{A}C+BC$$

$$=AB+\overline{A}C$$

（3）然后对 L 的或-与表达式进行两次求"反"，得

$$L=\overline{\overline{(A+C)(\overline{A}+B)}}$$

$$=\overline{\overline{A+C}+\overline{\overline{A}+B}}$$

图 1-11（b）为用或非门实现此函数的逻辑图。

（3）将与-或表达式转换为与-或-非表达式

将函数 $L=AB+\overline{A}C$ 的或非-或非表达式运用反演律进一步变换，得到该函数的与-或-非表达式为

$$L=\overline{\overline{A+C}+\overline{\overline{A}+B}}$$

$$=\overline{\overline{A} \cdot \overline{C}+A\overline{B}}$$

用与或非门组成的该函数的逻辑图如图 1-11（c）所示。

2. 化简的意义和最简的概念

一个逻辑函数，当写成某一类型的表达式时，得到的表达式并不是唯一的。例如上例中的与-或表达式有多种形式：

$$L=AB+\overline{A}C \qquad\qquad\qquad\qquad a$$
$$=AB+\overline{A}C+CB \qquad\qquad\qquad b$$
$$=ABC+AB\overline{C}+\overline{A}BC+\overline{A}\overline{B}C \qquad c$$
$$=\cdots \qquad\qquad\qquad\qquad (1-34)$$

图 1-12 为用与门和或门实现式（1-34）的逻辑图。

从图 1-12 可以清楚地看出，逻辑表达式越简单，相应的逻辑电路也越简单，表达式复杂，相应的逻辑电路也复杂。因此，在设计一个用小规模集成电路组成的逻辑电路时，为了使所用的元件最少，设备简单合理，工作可靠，就必须对逻辑函数进行化简，以求得"最简"的逻辑表达式。

在逻辑函数的各种表达式中，最基本的是与-或表达式，为此下面主要讨论与-或表达式的化简方法。所谓"最简"，就是在不改变逻辑关系的情况下，首先乘积项的个数应该最少；其次在满足乘积项个数最少的条件下，要求每一个乘积项中变量的个数最少。

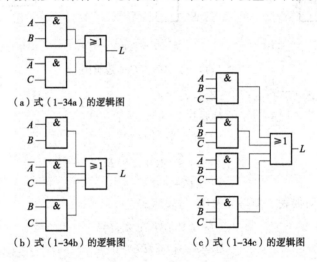

（a）式（1-34a）的逻辑图 （b）式（1-34b）的逻辑图 （c）式（1-34c）的逻辑图

图 1-12　对应于式（1-34）的逻辑图

下面将陆续介绍化简与或表达式的两种方法：代数法和图解法。

3. 代数法化简与或表达式

代数法又称公式法，就是运用逻辑代数的基本公式、常用公式和三个重要规则，对逻辑函数进行化简。

1）合并项法

利用公式 10：$AB+A\overline{B}=A$，将两个乘积项合并成一项，并消去一个"互反"变量。

例如：
$$A\overline{B}CD+A\overline{B}\overline{C}D=A\overline{B}D(C+\overline{C})=A\overline{B}D$$

又如：
$$A\overline{B}C+ABC+\overline{A}BC+\overline{A}\overline{B}C=AC(\overline{B}+B)+\overline{A}C(\overline{B}+B)$$
$$=(A+\overline{A})C=C$$

2）吸收法

利用公式 11：$A+AB=A$，吸收多余的乘积项。

例如：
$$\overline{A}B+\overline{A}B\overline{C}(DE+F)=\overline{A}B$$

又如：
$$\overline{A}\,\overline{B}+AB+\overline{A}\,\overline{B}C+ABC=(\overline{A}\,\overline{B}+\overline{A}\,\overline{B}C)+(AB+ABC)$$
$$=\overline{A}\,\overline{B}+AB$$

3）消去法

利用公式 12：$A+\overline{A}B=A+B$，消去多余的因子。

例如：
$$\overline{A}+AC+B\overline{C}D=\overline{A}+C+B\overline{C}D$$
$$=\overline{A}+C+BD$$

又如：
$$A\overline{B}+\overline{A}C+BC=A\overline{B}+(\overline{A}+B)C$$
$$=A\overline{B}+(\overline{\overline{A}+B})C$$
$$=A\overline{B}+\overline{\overline{A}\cdot\overline{B}}\cdot C$$
$$=A\overline{B}+C$$

4）配项法

当表达式不能直接用上述公式化简时，有时可利用 $A+\overline{A}=1$，去乘某个缺少一个或几个变量的乘积项，然后将其拆成两项，再与其他项合并化简。

例如：
$$L=A\overline{B}+B\overline{C}+\overline{B}C+\overline{A}B$$
$$=A\overline{B}(C+\overline{C})+(A+\overline{A})B\overline{C}+\overline{B}C+\overline{A}B$$
$$=A\overline{B}C+A\overline{B}\,\overline{C}+AB\overline{C}+\overline{A}B\overline{C}+\overline{B}C+\overline{A}B$$
$$=(A+1)\overline{B}C+A\overline{C}(\overline{B}+B)+\overline{A}B(\overline{C}+1)$$
$$=\overline{B}C+A\overline{C}+\overline{A}B$$

假如采用 $(A+\overline{A})$ 去乘 $\overline{B}C$，用 $(C+\overline{C})$ 去乘 $\overline{A}B$，然后用代数法化简，则可得：
$$L=A\overline{B}+B\overline{C}+\overline{A}C$$

从此例可见，经代数法化简得到的最简与-或表达式，有时不是唯一的。

实际上，利用代数法化简与或表达式时，往往需要综合运用上述几种方法，灵活运用学过的所有公式及运算规则，才能迅速地获得最简与-或表达式。

【例 1-14】将下式化简为最简与-或表达式：
$$L=AD+A\overline{D}+AB+\overline{A}C+BD+ACEF+\overline{B}EF+DEFG$$

解：（1）首先，利用公式 10 将表达式中的 $AD+A\overline{D}$ 合并成 A，于是
$$L=A+AB+\overline{A}C+BD+ACEF+\overline{B}EF+DEFG$$

（2）其次，L 的表达式中有一项为 A，所以 AB、$ACEF$ 都可以被吸收，因而
$$L=A+\overline{A}C+BD+\overline{B}EF+DEFG$$

（3）由于 L 的表达式中有一项为 A，所以 $\overline{A}C$ 中的因子 $\overline{A}$ 可以消去，从而得出
$$L=A+C+BD+\overline{B}EF+DEFG$$

（4）又由于 L 的表达式中 BD 和 $\overline{B}EF$ 项，有部分因子（B，$\overline{B}$）互反，则除去互反因子后的全部因子所组成的项是多余的。故 $DEFG$ 可以消去，最后得到
$$L=A+C+BD+\overline{B}EF$$

代数化简法没有一定的规律可循，而且结果是否最简有时也难以确定，只有多做练习，才能较好地掌握这一方法。

1.3.4 逻辑函数的卡诺图化简

这一节介绍另一种逻辑函数的化简方法——卡诺图化简法，运用卡诺图化简逻辑函数可以比较方便地得到最简的逻辑函数式。

1. 逻辑函数的最小项及其表达式

1）最小项及其性质

在 n 变量的逻辑函数中，如果一个乘积项包含有 n 个变量，而且每个变量或以原变量或以反变量的形式在该乘积项中仅出现一次，则该乘积项称为 n 变量的最小项。

例如，A、B、C 是三个逻辑变量，由这三个变量可以构成许多乘积项，根据最小项的定义，只有八个乘积项：$\overline{A}\,\overline{B}\,\overline{C}$，$\overline{A}\,\overline{B}C$，$\overline{A}B\overline{C}$，$\overline{A}BC$，$A\overline{B}\,\overline{C}$，$A\overline{B}C$，$AB\overline{C}$，$ABC$ 是三变量 A、B、C 的最小项。可见，三个变量共有 $2^3=8$ 个最小项。对 n 个变量来说，共有 2^n 个最小项。

三变量所有最小项的真值表，如表 1-14 所示。

表 1-14　三变量所有最小项的真值表

变量	m_0	m_1	m_2	m_3	m_4	m_5	m_6	m_7
ABC	$\overline{A}\,\overline{B}\,\overline{C}$	$\overline{A}\,\overline{B}C$	$\overline{A}B\overline{C}$	$\overline{A}BC$	$A\overline{B}\,\overline{C}$	$A\overline{B}C$	$AB\overline{C}$	ABC
000	1	0	0	0	0	0	0	0
001	0	1	0	0	0	0	0	0
010	0	0	1	0	0	0	0	0
011	0	0	0	1	0	0	0	0
100	0	0	0	0	1	0	0	0
101	0	0	0	0	0	1	0	0
110	0	0	0	0	0	0	1	0
111	0	0	0	0	0	0	0	1

由表 1-14 可以归纳出最小项有如下性质：

（1）对于任意一个最小项，只有一组变量取值使它的值为 1，而在变量取其他各组值时，这个最小项的值都为 0。

（2）对于变量的任一组取值，任意两个最小项的乘积为 0。

（3）对于变量的任一组取值，全体最小项之和为 1。

为叙述方便，通常都要对最小项进行编号，以 $A\overline{B}C$ 为例，因为它与变量取值 101 相对应，而 101 相当于十进制数 5，所以把 $A\overline{B}C$ 记作 m_5。按此规则，三变量的最小项编号如表 1-14 所示。

2）逻辑函数的最小项表达式

任何一个逻辑函数都可以写成与或表达式。只要在不是最小项的乘积项中乘以 $(x+\overline{x})$，补齐所缺的因子，便可得到这个函数的最小项表达式。

【例 1-15】将函数 $Y=AB+A\overline{C}$ 化成最小项表达式。

解：将 AB 和 $A\overline{C}$ 分别乘以 $(C+\overline{C})$、$(B+\overline{B})$ 补齐各乘积项所缺的因子，可得

$$Y=AB(C+\overline{C})+A\overline{C}(B+\overline{B})$$
$$=ABC+AB\overline{C}+A\overline{B}\,\overline{C}$$

也可写成： $$Y(A,B,C)=m_4+m_6+m_7=\sum m(4,6,7)$$

【例 1-16】将函数 $Y=\overline{\overline{AC}+\overline{\overline{BC}}}+\overline{A}\ \overline{B}C$ 化成最小项表达式。

解： 利用反演规则先将函数化为与或式，然后展开成最小项表达式，得

$$Y=\overline{\overline{AC}+\overline{\overline{BC}}}+\overline{A}\ \overline{B}C$$

$$=\overline{\overline{AC}}\cdot\overline{\overline{\overline{BC}}}+\overline{A}\ \overline{B}C$$

$$=(\overline{A}+\overline{C})B\overline{C}+\overline{A}\ \overline{B}C$$

$$=\overline{A}B\overline{C}+B\overline{C}+\overline{A}\ \overline{B}C$$

$$=\overline{A}B\overline{C}+(A+\overline{A})B\overline{C}+\overline{A}\ \overline{B}C$$

$$=\overline{A}B\overline{C}+AB\overline{C}+\overline{A}\ \overline{B}C$$

$$=\sum m(1,2,6)$$

由真值表可直接写出最小项表达式。对一个逻辑函数来说，真值表和最小项表达式都是唯一的。

2. 用卡诺图表示逻辑函数

1）最小项的卡诺图

在有 n 个变量的逻辑函数中，如果两个最小项中只有一个变量不相同（互为反变量），而其余变量都相同，则称这两个最小项为逻辑相邻项。例如：三变量 A、B、C 的两个最小项 $AB\overline{C}$ 与 $A\overline{B}\ \overline{C}$ 就是逻辑相邻的。逻辑相邻的项可合并，并消去不相同的变量，即

$$AB\overline{C}+A\overline{B}\ \overline{C}=A\overline{C}(B+\overline{B})=A\overline{C}$$

可见，利用相邻项的合并可以对逻辑函数进行化简，但在真值表和函数表达式中不易找出这种相邻关系。美国贝尔实验室工程师卡诺(Karnaugh)设计了一种方格图，能直观地表示出最小项的逻辑相邻关系，这种方格图称为卡诺图。

二变量 AB 有四个最小项：$\overline{A}\ \overline{B}$，$\overline{A}B$，$A\overline{B}$，$AB$，分别记作 m_0，m_1，m_2，m_3。它们的卡诺图如图 1-13（a）所示。为画图简便，一般将变量标注在图的左上角，用 1，0 表示原变量和反变量。变量的取值与方格图中的最小项编号一一对应，二变量的简化形式卡诺图如图 1-13（b）所示。

图 1-14 中分别画出了三、四变量最小项的卡诺图。图中不仅相邻方格的最小项是逻辑相邻项，而且相对的方格也是逻辑相邻项。例如，四变量的最小项 m_0 与 m_8，m_{12} 与 m_{14} 等。

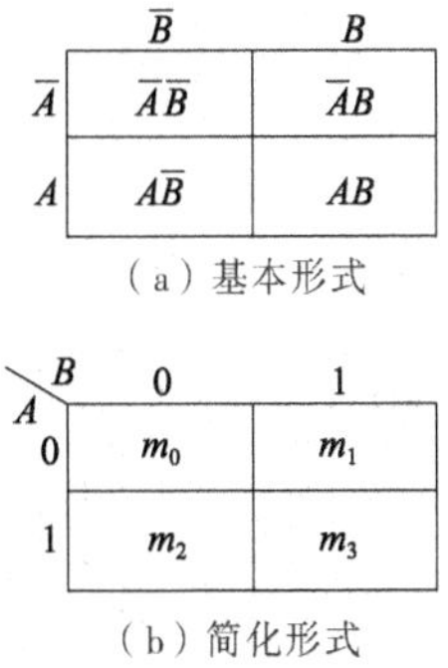

图 1-13　二变量卡诺图

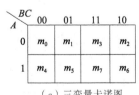

图 1-14　三、四变量卡诺图

图 1–15 所示画出了五变量的最小项卡诺图。它由两个四变量卡诺图组成，分别对应 A=0 和 A=1。它的逻辑相邻项除与四变量卡诺图相同外，两图对应位置的最小项也是相邻项，如 m_4 与 m_{20}，m_5 与 m_{21} 等。

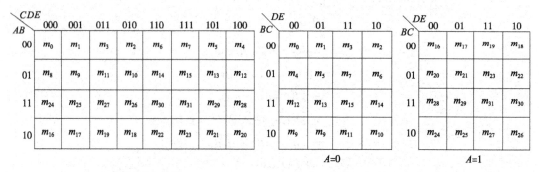

AB \ CDE	000	001	011	010	110	111	101	100
00	m_0	m_1	m_3	m_2	m_6	m_7	m_5	m_4
01	m_8	m_9	m_{11}	m_{10}	m_{14}	m_{15}	m_{13}	m_{12}
11	m_{24}	m_{25}	m_{27}	m_{26}	m_{30}	m_{31}	m_{29}	m_{28}
10	m_{16}	m_{17}	m_{19}	m_{18}	m_{22}	m_{23}	m_{21}	m_{20}

（a）五变量卡诺图

BC \ DE	00	01	11	10
00	m_0	m_1	m_3	m_2
01	m_4	m_5	m_7	m_6
11	m_{12}	m_{13}	m_{15}	m_{14}
10	m_9	m_9	m_{11}	m_{10}

A=0

BC \ DE	00	01	11	10
00	m_{16}	m_{17}	m_{19}	m_{18}
01	m_{20}	m_{21}	m_{23}	m_{22}
11	m_{28}	m_{29}	m_{31}	m_{30}
10	m_{24}	m_{25}	m_{27}	m_{26}

A=1

（b）五变量卡诺图由两个四变量卡诺图组成

图 1–15　五变量卡诺图

卡诺图形象直观地反映了最小项之间的逻辑相邻关系，但变量数增多，卡诺图变得更为复杂，要直接识别相邻项就比较困难。

2）逻辑函数的卡诺图

既然任何一个逻辑函数均可用最小项表达式表示，那么只要把函数中包含的最小项在卡诺图中填 1，没有的项填 0（或不填），就得到函数卡诺图。

【例 1-17】用卡诺图表示下列函数：

$$Y_1=\overline{A}B+A\cdot\overline{B+\overline{C}}$$

$$Y_2=AB+C+\overline{A}B\overline{C}$$

解：（1）Y_1 是三变量函数，先画出三变量的卡诺图，再将 Y_1 展开成最小项表达式：

$$Y_1=\overline{A}B+A\cdot\overline{B+\overline{C}}=\overline{A}B(C+\overline{C})+A\overline{B}C=\overline{A}BC+\overline{A}B\overline{C}+A\overline{B}C=\sum m(2,3,5)$$

在 Y_1 包含的最小项方格中填 1，如图 1–16 所示。

A \ BC	00	01	11	10
0			1	1
1		1		

图 1–16　Y_1 的卡诺图

（2）Y_2 是四变量的函数。画好四变量最小项卡诺图后，可由与或表达式直接填写卡诺图。图 1–17 所示为直接填写的步骤和最后结果。先填写 AB 项，把 A、B 取 1 的所有方格填 1，如图 1–17（a）所示；再填写 C 项，把 C 取 1 的所有方格填 1，如图 1–17（b）所示；最后填 $\overline{A}B\overline{C}$ 项，把 A 取 0，B 取 1，D 取 0 的所有方格填 1，如图 1–17（c）所示，最后的结果如图 1–17（d）所示。注意，当两项都包含同一方格时，只填一个 1 就可以了。

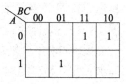

AB \ CD	00	01	11	10
00				
01				
11	1	1	1	1
10				

（a）填 AB 项

AB \ CD	00	01	11	10
00			1	1
01			1	1
11			1	1
10			1	1

（b）填 C 项

AB \ CD	00	01	11	10
00				
01	1			1
11				
10				

（c）填 $\overline{A}B\overline{D}$ 项

AB \ CD	00	01	11	10
00			1	1
01	1		1	1
11	1	1	1	1
10			1	1

（d）结果

图 1–17　Y_2 的卡诺图

3. 用卡诺图化简逻辑函数

1）化简的依据

根据卡诺图的特点，在卡诺图中相邻小方格所对应的最小项具有相邻性，即在两个相邻的小方格中仅有一个变量"互反"，其他变量都相同。因此，可利用 $AB+A\overline{B}=A$ 公式，把"互反"的变量消去，将两项复合为一个乘积项。

2）化简的方法

下面以四变量函数为例，说明复合最小项的规律。

（1）相邻两个最小项为 1 时，可消去一个互反的变量复合为一个乘积项，此乘积项由两个最小项中公有的变量组成。如图 1-18 中 m_5，m_{13} 相邻，消去"互反"的变量 A，乘积项由公共的变量 B、$\overline{C}$、D 组成，即复合成 $B\overline{C}D$ 项。注意，两个处在轴对称位置的"1"格，即处在卡诺图的上与下及左与右的"1"格也是相邻的，如图 1-18（b）所示，有

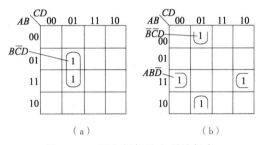

图 1-18　两个相邻最小项的复合

$$\overline{A}\,\overline{B}\,\overline{C}D+A\,\overline{B}\,\overline{C}D=\overline{B}\,\overline{C}D（上下两个相邻最小项的复合）$$

$$AB\overline{C}\,\overline{D}+ABC\overline{D}=AB\overline{D}（左右两个相邻最小项的复合）$$

（2）相邻四个小方格均为 1 时，可消去二个互反的变量复合为一个乘积项，此乘积项由四个最小项中公有的变量组成。如图 1-19（a）、图 1-19（b）、图 1-19（c）所示。

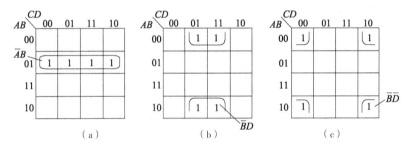

图 1-19　四个相邻最小项的复合

图 1-19（a）中：$\overline{A}\,\overline{B}\,\overline{C}\,\overline{D}+\overline{A}\,\overline{B}\,\overline{C}D+\overline{A}\,\overline{B}CD+\overline{A}\,\overline{B}C\overline{D}=\overline{A}B$

图 1-19（b）中：$\overline{A}\,\overline{B}\,\overline{C}D+\overline{A}\,\overline{B}CD+A\,\overline{B}\,\overline{C}D+A\,\overline{B}CD=\overline{B}D$

图 1-19（c）中：$\overline{A}\,\overline{B}\,\overline{C}\,\overline{D}+\overline{A}\,\overline{B}C\overline{D}+A\,\overline{B}\,\overline{C}\,\overline{D}+A\,\overline{B}\,C\,\overline{D}=\overline{B}\,\overline{D}$

 注意

处于四个角上的四个小方格也具有相邻性。

（3）相邻八个小方格均为 1 时，可消去三个互反的变量复合为一个乘积项，此乘积项由八个最小项的公有变量组成，如图 1-20（a）、图 1-20（b）、图 1-20（c）所示。

3）化简的步骤

（1）画出逻辑函数的卡诺图。

（2）按复合最小项的规律将相邻的"1"格圈起来。画圈时应注意下列几点：

① 圈的个数越少越好。

② 圈中包围的"1"格越多越好，但圈内"1"格的个数应满足 2^i（$i=0$，1，2，$\cdots$，n）。

③ 一个"1"格可被多个圈所公有，但每画一个圈应至少包含一个新的最小项。

④ 不能漏掉任何一个"1"格。当某个"1"格与其他"1"格都不相邻时，要单独把它圈起来。

⑤ 从卡诺图"读出"最简式。将每个圈复合的乘积项进行逻辑加，即得到最简的与-或表达式，此过程又称从卡诺图"读出"。

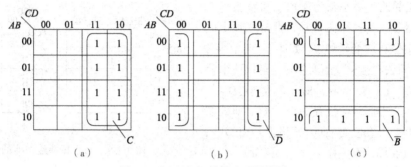

图 1-20　八个相邻最小项的复合

【例 1-18】化简函数 $Y(A，B，C，D)=\sum m(0,2,6,7,8,10,14,15)$。

解：（1）画出函数的卡诺图，如图 1-21（a）所示。

（2）画卡诺圈。

（3）合并最小项，写出函数的最简与或式如下

$$Y=BC+\overline{B}\,\overline{D}$$

【例 1-19】化简函数 $Y(A，B，C)=\sum m(1,3,4,5,6,7)$。

解：本函数卡诺图中含 0 较少，可以用圈 0 的方法求出 $\overline{Y}$，再求 Y。如图 1-21（b）所示，得

$$\overline{Y}=\overline{A}\,\overline{C} \qquad\qquad Y=\overline{\overline{Y}}=\overline{\overline{A}\,\overline{C}}=A+C$$

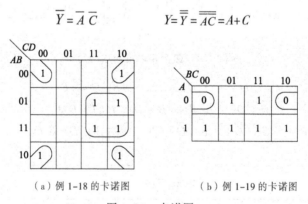

（a）例 1-18 的卡诺图　　　　（b）例 1-19 的卡诺图

图 1-21　卡诺图

4. 具有无关项逻辑函数的化简

1）无关项

前面所讨论的逻辑函数，对于每一组输入变量的状态，总有一个确定的输出逻辑函数值与之对应。而在有些情况下，逻辑函数的某些输入变量的组合是不可能出现或不允许出现的，

它们与逻辑函数无关，因此，这些输入变量的组合通常称为无关项或称约束项。

例如，用变量 A、B、C 分别表示红、绿、黄三种交通控制信号灯，用 1 表示灯亮，0 表示灯灭，因为在某一时刻只能有一个灯亮，所以变量 A、B、C 的取值只能有三种情况：

$$001（准备停止）$$
$$010（允许通行）$$
$$100（禁止通行）$$

而 000,011,101,110,111 五种组合是不允许出现的，它们所对应的最小项 $\overline{A}\ \overline{B}\ \overline{C}$，$\overline{A}BC$，$\overline{A}B\overline{C}$，$AB\overline{C}$，$ABC$ 即为无关项，可表示为

$$\overline{A}\ \overline{B}\ \overline{C}+\overline{A}BC+A\overline{B}C+AB\overline{C}+ABC=0$$

这就是所谓的约束条件。约束条件也可用最小项的编号来表示，即

$$m_0+m_3+m_5+m_6+m_7=0$$
$$\sum d(0,\ 3,\ 5,\ 6,\ 7)=0$$

2）具有无关项逻辑函数的化简

化简具有无关项的逻辑函数时，合理利用其中的无关项，通常可以得到更为简单的逻辑表达式。

因为无关项在客观上是不会出现的，它不影响函数的取值，所以无关项在函数的卡诺图中既可看作 1 也可看作 0。在化简函数、圈相邻项时，可以把某些无关项"×"当 1 对待，以使卡诺圈尽可能大，而所画圈数目又最少。凡未被圈的无关项则应当作 0，以免增加多余项。

例如，列出前述交通控制允许通行函数 Y 的真值表 1-15，画出允许通行函数 Y 的卡诺图如图 1-22 所示，化简后表达式为 $Y=B$，如果不利用无关项，其表达式为 $Y=\overline{A}B\overline{C}$。

表 1-15　允许通行函数 Y 的真值表

ABC	Y	说　明
000	×	约束项
001	0	准备停止
010	1	允许通行
011	×	约束项
100	0	禁止通行
101	×	} 约束项
110	×	
111	×	

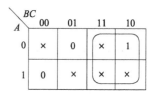

图 1-22　函数 Y 的卡诺图

【例 1-20】化简具有约束项的逻辑函数。

$$Y(A,\ B,\ C,\ D)=\overline{B}\ \overline{C}D+BCD+A\overline{B}\ \overline{C}\overline{D}$$
$$\overline{B}\ \overline{C}\ \overline{D}+\overline{A}\ \overline{B}\ \overline{D}+B\overline{C}D=0 \quad\cdots\cdots\quad 约束条件$$

解：首先画出函数的卡诺图如图 1-23 所示。注意，该例的约束条件是用简化式的形式表示出来的。

利用约束条件化简，可得到函数的最简与或式为

$$Y=BD+\overline{C}\overline{D}+\overline{B}\ \overline{D}$$

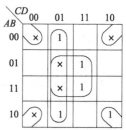

图 1-23　例 1-20 的卡诺图

【例 1-21】设输入 A、B、C、D 是一位十进制数 x 的二进制编码，当 x 为奇数时，输出 L 为 1，求 L 的最简与-或表达式。

解：列出 L 的真值表，如表 1-16 所示。

当 x 为十进制奇数时，即 $ABCD$ 输入变量组合为 0001、0011、0101、0111 及 1001 时，输出 $L=1$，其余 $L=0$；当输入变量组合为 1010~1111 六种不允许出现的约束项时，可以是 0 或 1，记成"×"号。

所以，L 的表达式可写成

$$L=\sum m(1，3，5，7，9)$$

$$\sum d(10，11，12，13，14，15)=0 \quad \cdots\cdots \quad 约束条件$$

画出函数 L 的卡诺图，如图 1-24 所示，约束项所对应的小方格内填入"×"。

表 1-16　一位十进制奇数判别电路真值表

十进制数	输　入	输　出
	$A\ B\ C\ D$	L
0	0 0 0 0	0
1	0 0 0 1	1
2	0 0 1 0	0
3	0 0 1 1	1
4	0 1 0 0	0
5	0 1 0 1	1
6	0 1 1 0	0
7	0 1 1 1	1
8	1 0 0 0	0
9	1 0 0 1	1
—	1 0 1 0	×
—	1 0 1 1	×
—	1 1 0 0	×
—	1 1 0 1	×
—	1 1 1 0	×
—	1 1 1 1	×

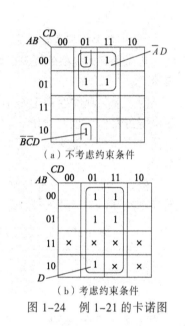

（a）不考虑约束条件

（b）考虑约束条件

图 1-24　例 1-21 的卡诺图

如果不考虑约束条件，只化简：$L=\sum m(1,3,5,7,9)$ 那么由函数的卡诺图 1-24（a）可以得到

$$L=\overline{A}D+\overline{B}\ \overline{C}D \qquad (1-35)$$

如果考虑约束条件，因约束项不会出现，其对应的函数值可以任意地当作 0 或者 1，则可以根据化简的需要，将填入的小方格当作 0 或 1 进行化简，如图 1-24（b）所示，其结果为

$$L=D \qquad (1-36)$$

比较式（1-35）和式（1-36）可以看出，利用约束条件后得到的结果要简单得多。

必须指出，考虑了约束条件化简得到的函数式，与不考虑约束条件化简得到的函数式，在所包含的约束项不出现的正常情况下，两函数式是相等的，如式（1-35）和式（1-36）在正常情况下是相等的。但当电路万一受到干扰而出现函数值当做 1 的约束项时，两函数就不再相等。因此，考虑了约束条件可使函数式变得简单，但其对应的逻辑电路的抗干扰能力有所下降。

本 章 小 结

这一章主要介绍了数字电路的基础知识，其主要内容是：

1. 数字系统中常用的二进制数及其运算规律。八进制数和十六进制数可以认为是二进制数的简化读写形式。

2. 建立二值逻辑概念，其中包括逻辑状态、逻辑变量和"与"、"或"、"非"三种基本逻辑关系。

3. 逻辑问题是用逻辑函数描述的，其表现形式有真值表、卡诺图、函数表达式和逻辑图等，它们各具特点且可以互相转换。

4. 逻辑代数是用数学方法研究逻辑问题的工具，是分析和设计逻辑电路的理论基础。必须掌握逻辑代数的基本定律，特别是用它来指导逻辑函数的化简。

5. 本章介绍了用代数法和卡诺图法化简逻辑函数。函数卡诺图实质上是真值表的另一种作法。其主要特点是使逻辑相邻项在图中位置上相邻，因此，它能直观地化简函数。

6. 填变量卡诺图是一般卡诺图的扩展形式，它的概念和作图方法将广泛地用在数字电路的分析和设计中。

思考题与练习题 1

1-1. 把 15，846，123，115.75，349.125 各十进制数转换成二、八、十六进制数。

1-2. 把 $(110011)_2$，$(100110)_2$，$(1011.1011)_2$ 各二进制数转换成八、十、十六进制数。

1-3. 把 $(37)_8$，$(1FE)_{16}$，各数转换成二–十进制 8421BCD 码。

1-4. 有一数码 10010111，作为自然二进制数或 8421BCD 码时，其相应的十进制数各为多少？

1-5. 下图 1-25（a）中给出了两种开关电路，写出反映 Y 和 A、B、C 之间逻辑关系的真值表、函数式，画出逻辑图。若 A、B、C 的变化规律如图 1-25（b）所示，画出 Y_1、Y_2 的波形。

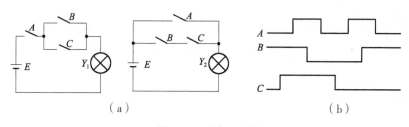

（a）　　　　　　　　　　　　　　　　（b）

图 1-25　题 1-5 图

1-6. 一个电路有三个输入端 A、B、C，当其中两个输入端有 1 信号时，输出 Y 有信号，试列出真值表，写出 Y 的函数式。

1-7. 试画出下列逻辑表达式的逻辑图（提示：将逻辑式中的逻辑运算用相应的门电路来实现，且用逻辑符号表示）：

（1）$L=AB+CD$

（2）$L=\overline{\overline{AB} \cdot \overline{CD}}$

（3）$L=(A+B)(C+D)$

（4）$L=A \oplus B \oplus C$

（5）$L=(X+Y)XY+AB+AC$

1-8. 假设 A 代表小王乘坐公共汽车；B 代表小王乘坐电车；C 代表小王去参加文艺晚会。问 $(A+B)C$ 代表什么意义？ABC 有没有意义？

1-9. 已知函数的真值表如表 1-17 所示，试写出其逻辑表达式。

表 1-17

输	入		输	出
A	B	C		L
0	0	0		0
0	0	1		0
0	1	0		0
0	1	1		1
1	0	0		0
1	0	1		1
1	1	0		0
1	1	1		0

1-10. 用真值表证明下列恒等式：

（1）$A\overline{B}+\overline{A}B=(\overline{A}+\overline{B})(A+\overline{B})$

（2）$A \oplus 0=A$

（3）$A \oplus 1=\overline{A}$

（4）$(A \oplus B) \oplus C=A \oplus (B \oplus C)$

1-11. 用逻辑代数基本公式和常用公式将下列逻辑函数化为最简与或式：

（1）$Y=A\overline{B}+B+\overline{A}B$

（2）$Y = AB + \overline{A}C + BC$

（3）$Y=\overline{A}\ \overline{B}\ \overline{C}+\overline{A}\ \overline{B}C+A\overline{B}\ \overline{C}+A\overline{B}C$

（4）$Y = \overline{D} + A\overline{B}D\overline{C} + \overline{B}C$

1-12. 求下列函数的对偶式及反函数：

（1）$Y=A(B+C)$

（2）$Y=AB+\overline{C+D}$

（3）$Y=A\overline{B}+B\overline{C}+C(\overline{A}+D)$

（4）$Y=\overline{\overline{A}\ \overline{B}+ABC}(B+\overline{C}D)$

1-13. 用代数法将下列各逻辑式化简成最简与或式：

（1）$L=AB\overline{C}+\overline{A}B+ABC$

（2）$L=A\overline{B}+BC+ACD$

（3）$L=\overline{\overline{AB+\overline{A}B}\ \overline{BC+\overline{B}C}}$

（4）$L=\overline{C} \cdot \overline{\overline{AB}\ \overline{C}+\overline{AB}\overline{C}}$

（5）$L=(\overline{A}\ \overline{B}+AB)C+ACD+(A\overline{B}+\overline{A}B)D+\overline{B}CD$

1–14. 求下列函数的最简与或表达式：

（1）$L=A(A+B)(\overline{A}+C)$

（2）$L=A(A+B)(\overline{A}+D)(\overline{B}+D)(A+C+E+H)$

1–15. 用卡诺图法化简下列函数，画出最简与非逻辑图：

（1）$Y_1(A,B,C)=\sum m(0,2,4,5,6)$

（2）$Y_2(A,B,C)=\sum m(0,1,2,3,5,7)$

（3）$Y_3(A,B,C,D)=\sum m(0,1,2,,3,4,5,8,10,11,12)$

（4）$Y_4(A,B,C,D)=\sum m(0,2,4,5,6,7,8,10,12,14,15)$

（5）$Y_5(A,B,C,D)=\sum m(2,3,6,7,8,9,10,11,13,14,15)$

（6）$Y_6(A,B,C,D)=\sum m(2,3,5,6,7,8,9,12,13,15)$

（7）$Y_7(A,B,C,D)=\sum m(1,2,3,4,6,8,9,10,11,12,14)$

1–16. 用卡诺图将下列函数化简为最简与或式：

（1）$L(A,B,C)=\sum m(2,3,4,6)$

（2）$L(A,B,C)=\sum m(3,5,6,7)$

（3）$L(A,B,C,D)=\sum m(0,1,2,3,4,6,7,8,9,11,15)$

（4）$L(A,B,C,D)=\sum m(0,1,2,6,8,9,10,11,12,13,14,15)$

（5）$L(A,B,C,D)=\sum m(3,4,5,7,9,13,14,15)$

（6）$L(A,B,C,D)=\sum m(0,2,7,8,13,15)$

约束条件：$\sum d(1,5,6,9,10,11,12)=0$

（7）$L(A,B,C,D)=\sum m(3,8)$

约束条件：$\sum d(10,11,12,13,14,15)=0$

1–17. 已知某逻辑函数 $Y=A\overline{B}+B\overline{C}+\overline{A}C$，试用真值表、卡诺图和逻辑图表示。

本章系统地讲述数字电路的基本逻辑单元——门电路。

因为门电路中的三极管和三极管经常工作在开关状态，所以首先介绍它们在开关状态下的工作特性，然后再集中讨论目前广泛使用的 TTL 门电路和 CMOS 门电路。

2.1　二极管、三极管开关特性

2.1.1　二极管开关特性

一个理想的开关应具备以下几个基本条件：开关接通时阻抗为零；开关断开时阻抗为无穷大；开关在通、断两状态之间转换速度极快。二极管的主要特点是具有单向导电性，它在正向导通时，内阻很小，相当于开关接通；而在反向截止时，内阻很大，相当于开关断开。因此，二极管可作为开关元件使用。

1. 静态特性

由图 2-1 二极管的伏安特性曲线可知，当外加正向电压超过一定的数值 U_T 以后（U_T 称为死区电压，硅管的 U_T 约为 0.5 V），二极管导通，此后电流 i_D 随 u_D 的增加而急剧增加，而二极管的正向压降 u_D 不再有显著变化。因此，当二极管作为开关元件应用时，导通状态就工作在特性曲线的这一部分。硅二极管在导通状态时一般有 0.7 V 左右的管压降，而且一旦导通之后，就近似认为管压降保持 0.7 V 不变，如同一个具有 0.7 V 压降的闭合了的开关，有时甚至连 0.7 V 也忽略不计。

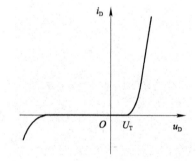

图 2-1　二极管的伏安特性曲线

当二极管外加反向电压且小于击穿电压时，二极管截止，相当于开关断开。但是，由于反向饱和电流 I_S 的存在，使硅二极管截止时绝缘电阻一般约在 10 MΩ 以上。在二极管开关电路中，二极管导通压降与外加电源电压相比及导通电阻与外电路电阻相比均可忽略时，则可近似地认为二极管具有理想开关的静态开关特性。在数字电路的分析与估算过程中，常把 $u_D < U_T = 0.7$ V，看成是硅二极管的截止条件，而且一旦截止之后，就近似认为 $i_D \approx 0$，如同断开了的开关。

2. 动态特性

在低速脉冲电路中，二极管开关由接通到断开，或由断开到接通所需要的转换时间通常是可以忽略的。然而在数字电路中，二极管开关经常工作在高速通断状态。由于 PN 结中存储电荷的存在，使二极管开关状态转换不能瞬间完成，因此，必须了解二极管开关两种状态之间的快速转换过程。

图 2-2 所示为了二极管开关的转换过程。当输入方波电压 u_i 为正时，二极管导通；当输入方波电压 u_i 为负时，二极管截止。当 u_i 由正值突变为负值时，二极管并不是立即截止，而是在外加反向电压 U_R 的作用下，首先形成较大的反向电流 I_R（$I_R \approx U_R/R$），此电流维持一段时间 t_s 之后开始下降，再经 t_f 时间二极管才进入截止状态。称 t_s 为存储时间，t_f 为下降时间，并把 $t_{re}=t_s+t_f$ 称为反向恢复时间。该现象说明，二极管在输入负跳变电压作用下，开始仍然是导通的，只有经过一段反向恢复时间 t_{re} 之后，才能进入截止状态。由此看出，由于 t_{re} 的存在，限制了二极管的开关速度，t_{re} 越长，二极管的开关速度越低，当脉冲电路的输入信号频率非常高乃至其负半周的宽度小于 t_{re} 的时候，电路的输出波形将近似于输入波形，二极管则失去其开关作用。

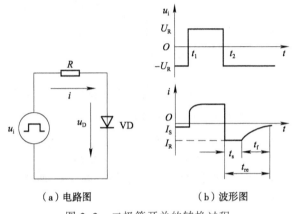

（a）电路图　　　　　（b）波形图

图 2-2　二极管开关的转换过程

为什么会出现 u_i 已跳变为 $-U_R$，而二极管 VD 仍然导通的情况呢？二极管 VD 的核心部分是一个 PN 结，PN 结加反向电压时，漂移电流是主要的，只是由于稳态时可以形成漂移电流的少数载流子数目很少，所以 PN 结不导通。而当 PN 结正向导通时，多数载流子不断向对方区域扩散，在 PN 结的两侧形成了相当数量的少数载流子的存储（P 区中空穴扩散到 N 区时就会成为 N 区中的少数载流子，而 N 区中的电子扩散到 P 区时就成为 P 区的少数载流子），因此，一旦外加电压反向时，它们就会形成较大的漂移电流。随着存储电荷的消散，PN 结厚度逐渐变宽，电阻增大，I_R 不断减小，经 t_f 时间后逐渐趋近于零，二极管才转换为截止状态。

2.1.2　单极型三极管的开关特性

单极型三极管简称三极管，其输出特性有三个区域——放大区、截止区、饱和区。在放大电路中，三极管作为放大元件，要求它能无失真地放大信号，故主要工作在放大区。在数字电路中，三极管主要工作在截止区和饱和区，并经常在截止区和饱和区之间通过放大区进行快速转换。三极管的这种工作状态称为开关工作状态。三极管工作于开关状态时，其动态范围遍及三极管输出特性的整个区域，如图 2-3（b）所示。现在首先通过总结三极管三种工作状态的特点，分析开关工作状态下三极管的静态特性。然后分析三极管的开关时间，了解它的动态特性。

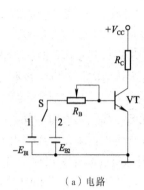 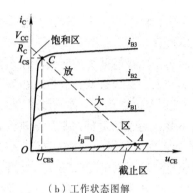

（a）电路　　　　　　　　　　（b）工作状态图解

图 2-3　三极管的开关工作状态

1. 三极管三种工作状态的特点

现以 NPN 硅三极管共射极电路为例进行分析，如图 2-3（a）所示。

截止状态：当开关 S 接位置 1 时，开关电路的输入电压 $u_i = -E_{B1}$，三极管的发射结和集电结均为反偏，$u_{BE} < 0$，$u_{BC} < 0$，可以认为

$$i_B \approx 0 \qquad i_C \approx 0$$

对应于图 2-3（b）中的 A 点，这时三极管的集电极与发射极之间近似于开路，有

$$u_{CE} = V_{CC} - i_C R_C \approx V_{CC}$$

三极管功耗　　　　　　　$P_C = u_{CE}\, i_C \approx 0$

放大状态：当开关 S 接位置 2，并调节 R_B 使 $u_{BE} > 0.5V$ 时，仍有 $u_{BC} < 0$，即三极管发射结为正偏，集电结为反偏，三极管处于放大状态。这时 $i_B > 0$，而且 $i_C = \beta i_B$ 满足放大规律。i_C 仅由 i_B 决定，与 V_{CC}、R_C 无关，有

$$u_{CE} = V_{CC} - i_C R_C = V_{CC} - \beta i_B R_C$$

输出电压随输入信号变化。三极管功耗 $P_C = u_{CE}\, i_C$，由于 u_{CE}、i_C 都比较大，所以 P_C 较大。

饱和状态：由于集电极电流 i_C 受 R_C 的限制，最大不能超过 $\dfrac{V_{CC}}{R_C}$，因此，当输入信号增加到使 i_C 接近最大值 $\dfrac{V_{CC}}{R_C}$ 时，工作点沿负载线移动到 C 点。再增加基极电流，集电极电流就不能像放大区那样随着 i_B 的增加而按比例地增加了，这时三极管工作于饱和状态，不再服从 $i_C = \beta i_B$ 的规律。因此，饱和时的特点是：

（1）集电极电流达到最大，称为集电极饱和电流，用 I_{CS} 表示。$I_{CS} \approx \dfrac{V_{CC}}{R_C}$ 仅决定于 V_{CC}、R_C，不再随基极电流的增加而按比例地变化，三极管失去放大能力。

（2）三极管刚进入饱和时的基极电流，称为临界饱和电流，用 I_{BS} 表示，$I_{BS} \approx \dfrac{V_{CC}}{\beta R_C}$。三极管的 $i_B \geqslant I_{BS} \approx \dfrac{V_{CC}}{\beta R_C}$，$i_B$ 值越大，饱和程度越深。

（3）发射结偏置电压为 0.7 V（锗管为 0.3 V）。集电极与发射极之间压降较小，称为饱和压降，用 U_{CES} 表示。饱和越深，饱和压降越小，一般认为 $U_{CES} \approx 0.3$ V（锗管为 0.1 V），故

集电极电位比基极电位低。因此，饱和时的重要特点是发射结、集电结均为正偏。

（4）三极管的功耗 $P_C=U_{CES}I_{CS}$，集电极电流虽然达到最大，但因 U_{CES} 很小，因此，P_C 仍然很小。

表 2-1 列出了三极管截止、饱和、放大三种工作状态的条件和特点。

从表 2-1 看出，当三极管作为开关使用时，为得到好的静态特性，希望工作在饱和、截止状态。要判断三极管是否截止，应从计算基极电位着手，对于硅管一般只要 $u_{BE}\leqslant 0.5V$ 就可截止；判断三极管是否饱和，则从计算基极电流着手，看是否满足条件 $i_B\geqslant I_{BS}=\dfrac{I_{CES}}{\beta}$，若 $i_B=I_{BS}$，则三极管处于临界饱和状态，i_B 比 I_{BS} 大得越多，饱和越深。

表 2-1　三极管截止、放大、饱和的工作条件及特点

工作状态		截　　止	放　　大	饱　　和
条件		$i_B\approx 0$	$0<i_B<\dfrac{I_{CS}}{\beta}\approx\dfrac{V_{CC}}{\beta R_C}$	$i_B\geqslant I_{BS}=\dfrac{I_{CS}}{\beta}$
工作特点	偏置情况	发射结、集电结均为反偏	发射结正偏、集电结反偏	发射结、集电结均为正偏
	集电极电流	$i_C\approx 0$	$i_C\approx\beta i_B$	$I_{CS}\approx\dfrac{V_{CC}}{R_C}$ 不随 i_B 的增加而变化
	管压降	$u_{CE}\approx V_{CC}$	$u_{CE}=V_{CC}-\beta i_B R_C$	$U_{CES}\approx 0.3V$（硅管） $U_{CES}\approx 0.1V$（锗管）
	C、E 间等值内阻	很大，约为数百千欧，相当于开关断开	可变	很小，约为数百欧，相当于开关闭合

2. 三极管的动态特性

三极管作为开关使用时，经常在饱和与截止两种状态之间交替转换，因而有必要研究在脉冲作用下三极管的转换过程——开关过程，和转换过程所需要的时间——开关时间。

图 2-4（a）所示为三极管的开关电路，在图 2-4（b）所示的理想矩形脉冲作用下，其输出电流 i_C 如图 2-4（d）所示（输出电压 u_{CE} 的波形与 i_C 相同而相位相反）。可见 i_C 已不是理想矩形波，与输入波形相比，在时间上有推移，而且上升沿和下降沿都变缓慢了。为了对三极管的开关过程作定量描述，通常引入以下几个时间参数来表征三极管开关的动态特性。

延迟时间 t_d：从输入信号正跳变的瞬间（t_1）开始，到集电极电流 i_C 上升到 $0.1I_{CS}$ 所需要的时间。

上升时间 t_r：从 $0.1I_{CS}$ 上升到 $0.9I_{CS}$ 所需要的时间。

存储时间 t_s：从输入信号下降瞬间（t_2）开始，到 i_C 降到 $0.9I_{CS}$ 所需要的时间。

下降时间 t_f：i_C 从 $0.9I_{CS}$ 下降到 $0.1I_{CS}$ 所需要的时间。

t_d 与 t_r 之和反映了三极管从截止到饱和所需要的时间，称为"开通时间"，用 t_{on} 表示；t_s 与 t_f 之和反映了三极管

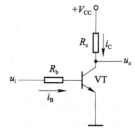

（a）电路

图 2-4　三极管的开关电路及波形

从饱和到截止所需要的时间，称为"关闭时间"，用 t_{off} 表示，即有

$$t_{on}=t_d+t_r$$

$$t_{off}=t_s+t_f$$

开通时间 t_{on} 和关闭时间 t_{off} 总称为三极管的开关时间，它们随管子类型的不同而有很大差别，一般在几十至几百 ns 的范围，可从手册中查到。通常 $t_{off} > t_{on}$，而且 $t_s > t_f$，这是因为三极管在饱和状态下 $i_B > I_{BS}$，过剩的电荷 Q_{bs} 在基区积累，当三极管脱离饱和状态时,这些电荷从基区消散需较长的时间。要减小存储时间 t_s，只能采用减轻三极管的饱和程度的方法或采用反向过驱动基极电流以使 Q_{bs} 加速消失。

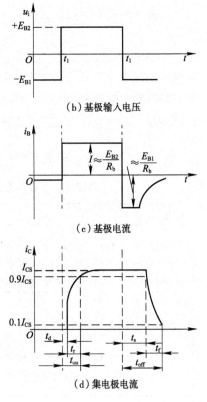

（b）基极输入电压

（c）基极电流

（d）集电极电流

图 2-4　三极管的开关电路及波形（续）

2.1.3　双极型三极管的开关特性

以绝缘栅型场效应管为例。

1. MOS 管的开关作用

MOS 管和三极管一样可以当作开关，如图 2-5 所示，R_D 为负载电阻，VT 为工作管。当输入电压 u_i 为高电平（大于开启电压）时，MOS 管导通，相当于开关闭合。当输入电压 u_i 为低电平时，MOS 管截止，相当于开关断开。

2. MOS 管的开关时间

双极型三极管由于饱和时有存贮电荷存在，所以它的开关时间较长。而 MOS 管只有一种载流子参与导电，不存在存贮电荷积累的问题，因此不存在存贮时间,因而它的开关时间极小。但由于 MOS 管的导通电阻比双极型三极管饱和电阻大得多，在导通后，为了得到低电平输出，漏极电阻 R_D 要相对于集电极电阻 R_c 大，所以 MOS 管分布电容的充放电时间比三极管的长。因此，MOS 管的开关时间主要取决于与电路有关的分布电容及下一级输入电容充放电所需的时间。

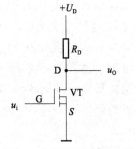

图 2-5　MOS 管开关电路

2.2　基本的与、或、非门电路

本节介绍三种简单的基本门电路和复合门电路，作为逻辑门电路的基础。

1. 与门电路

实现"与"逻辑关系的电路称为与门电路。

由二极管组成的与门电路如图 2-6（a）所示，图 2-6（b）为其逻辑符号。

A、B、C 为信号的输入端，Z 为信号的输出端。

功能分析：

（1）A、B、C 都是低电平，$U_A=U_B=U_C=0$ V，二极管 VD_1、VD_2、VD_3 都导通，则 Z 输出为低电平。若忽略二极管正向导通压降，则 $U_Z \approx 0$ V。

（2）A、B 是低电平，C 是高电平，$U_A=U_B=0$ V，$U_C=5$ V，二极管 VD_1、VD_2 导通，二极管 VD_3 截止，则 Z 输出低电平，$U_Z \approx 0$ V。

（3）A 为低电平，B、C 为高电平，$U_A=0$ V，$U_B=U_C=5$ V，二极管 VD_1 导通，二极管 VD_2、VD_3 截止，则 Z 输出低电平，$U_Z \approx 0$ V。

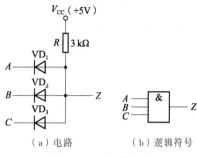

图 2-6　二极管与门

（4）A、B、C 都是高电平，$U_A=U_B=U_C=5$ V，二极管 VD_1、VD_2、VD_3 都截止，则 Z 输出高电平，$U_Z \approx 5$ V。

从上述分析可知，该电路实现的是与逻辑关系：只有所有输入信号都是高电平时，输出才是高电平，否则输出就是低电平，所以它是一种与门。

我们用列表的方式写出具有三个输入变量八种组合的输入输出电位关系表，如表 2-2 所示。在分析逻辑电路时常把高于某一电平值称为高电平，并用"1"表示。把低于某一电平值称为低电平，并用"0"表示。如果用"1"和"0"代表高、低电平，表 2-2 可以转换成表 2-3 所示的逻辑"真值表"。

在表 2-3 中，A、B、C 表示逻辑条件，又称输入变量，Z 表示逻辑结果。如果把结果与变量之间的关系用函数式表示，就得到与门的函数表达式

$$Z=A \cdot B \cdot C \qquad (2-1)$$

VHDL 语言描述：　　　　　　　　$Z<=A$ and B and C

表 2-2　图 2-6 电路的电位关系表

输　入			输　出
U_A/V	U_B/V	U_C/V	U_Z/V
0	0	0	0
0	0	5	0
0	5	0	0
0	5	5	0
5	0	0	0
5	0	5	0
5	5	0	0
5	5	5	5

表 2-3　与门的真值表

输　入			输　出
A	B	C	Z
0	0	0	0
0	0	1	0
0	1	0	0
0	1	1	0
1	0	0	0
1	0	1	0
1	1	0	0
1	1	1	1

2. 或门电路

实现或逻辑关系的电路称为或门电路。

由二极管组成的或门电路见如图 2-7（a）所示，图 2-7（b）所示为其逻辑符号。

功能分析：

（1）A、B、C 都是高电平，$U_A=U_B=U_C=5\ \text{V}$，二极管 VD_1、VD_2、VD_3 都导通，输出为高电平，$U_Z\approx5\ \text{V}$。

（2）A、B、C 中有一个或两个是高电平，$U_A=5\ \text{V}$，$U_B=U_C=0\ \text{V}$ 或者 $U_A=U_B=5\ \text{V}$，$U_C=0\ \text{V}$，与输入高电平相对应的二极管导通，而与输入低电平相对应的二极管截止，同样，输出为高电平，$U_Z\approx5\ \text{V}$。

（3）A、B、C 都是低电平，$U_A=U_B=U_C=0\ \text{V}$，二极管 VD_1、VD_2、VD_3 都截止，输出低电平，$U_Z\approx0\ \text{V}$。

通过上述分析可知，该电路实现的是或逻辑关系：只要输入有高电平，输出就是高电平，否则输出就是低电平，所以它是一种或门。

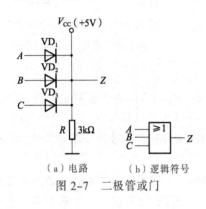

（a）电路　　（b）逻辑符号

图 2-7　二极管或门

表 2-4　或门逻辑真值表

输　　　入			输　　出
A	B	C	Z
0	0	0	0
0	0	1	1
0	1	0	1
0	1	1	1
1	0	0	1
1	0	1	1
1	1	0	1
1	1	1	1

其函数表达式为

$$Z=A+B+C \tag{2-2}$$

VHDL 语言描述：　　　　　　　Z<=A or B or C

3. 非门电路

实现非逻辑关系的电路称为非门电路。

非门电路只有一个输入端和一个输出端，输入高电平，输出为低电平；输入低电平，输出为高电平，实现非逻辑功能。因为它的输入与输出之间是反相关系，故又称为反相器。

三极管反相器电路如图 2-8（a）所示，图 2-8（b）所示为反相器的逻辑符号。

当输入信号为低电平时，三极管 VT 在基极偏置电源 $-V_{BB}$ 的作用下，发射结反向偏置，三极管充分截止，输出高电平；当输入信号为高电平时，它与基数电源 $-V_{BB}$ 共同作用产生足够的基极电流，三极管饱和导通，输出低电平。实现反相器的非逻辑功能。

三极管反相器在开关电路应用中，必须工作在饱和与截止状态。为了保证反相器能充分地饱和与可靠地截止，在 V_{CC} 与 $-V_{BB}$ 一定的前提下合理选择三极管的放大倍数 β 及 R_1、R_2、R_c 就能保证反相器可靠工作。增大 R_1，减小 R_2 对三极管的截止有利；减小 R_1、增大 R_2、选择 β 大一点的三极管对反相器的饱和有利。

非门电路的逻辑真值表如表 2-5 所示。它的函数表达式为

$$Z=\overline{A} \tag{2-3}$$

VHDL 语言描述：　　　　　　　Z<=not A

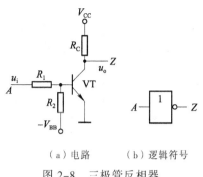

（a）电路 （b）逻辑符号

图 2-8 三极管反相器

表 2-5 非门逻辑真值表

输　　入	输　　出
A	Z
0	1
1	0

2. 复合门电路

采用二极管与门、或门组成的门电路，可以扩大其逻辑功能，它的优点是电路简单、经济。但它有一些缺点：① 不适合多级串联使用，因为有电平偏移会导致逻辑关系错误。② 二极管门电路负载能力和抗干扰能力都比较差。所以直接应用很少。采用二极管门电路与三极管非门电路组成的与非门和或非门，没有电平偏移问题，同时增强了负载能力和抗干扰能力，得到了广泛应用。

复合门电路由二极管与门和三极管非门串联而成，称为二极管–三极管逻辑门电路，简称 DTL（Diode Transistor Logic）电路。

DTL 与非门电路如图 2-9（a）所示。当输入端 A、B、C 都是高电平时，二极管 VD_1、VD_2、VD_3 均截止，而 VD_4、VD_5 和三极管导通，流入三极管的基极电流 i_B 足够大，三极管饱和导通，输出低电平，$U_Z \approx 0\,V$，当输入端 A、B、C 中有一个为低电平时，VD_4、VD_5 和三极管均截止，

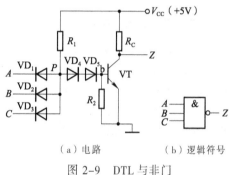

（a）电路 （b）逻辑符号

图 2-9 DTL 与非门

输出高电平，$U_Z \approx V_{CC}$。可见此逻辑门具有与非逻辑关系，它的函数表达式为

$$Z = \overline{A \cdot B \cdot C} \tag{2-4}$$

VHDL 语言描述： Z<=not (A and B and C)

从电路中可以看出，在二极管与门及非门之间串联了两个二极管 VD_4、VD_5，这是为了提高三极管导通时的 P 点电平而加入的。当输入端有一个处于低电平时，如果没有 VD_4、VD_5，三极管也处于导通状态，这是绝对不允许的。加入 VD_4、VD_5 以后，使三极管可靠地截止，输入端的干扰信号不易反映到三极管的基极，从而提高了电路的抗干扰能力，保证了该电路可靠地实现与非逻辑功能。

利用或门串联非门可构成或非门复合逻辑电路。表 2-6 为与非门逻辑真值表；表 2-7 为或非门逻辑真值表。或非门的函数表达式为

$$Z = \overline{A + B + C}$$

VHDL 语言描述： Z<=not (A or B or C)

表 2-6　与非门逻辑真值表			
输　　　入			输　出
A	B	C	Z
0	0	0	1
0	0	1	1
0	1	0	1
0	1	1	1
1	0	0	1
1	0	1	1
1	1	0	1
1	1	1	0

表 2-7　或非门逻辑真值表			
输　　　入			输　出
A	B	C	Z
0	0	0	1
0	0	1	0
0	1	0	0
0	1	1	0
1	0	0	0
1	0	1	0
1	1	0	0
1	1	1	0

2.3　TTL 逻辑门电路

TTL 电路即三极管-三极管逻辑电路（Transistor-Transistor Logic），在中、小规模集成电路中应用最为普遍。它们的基本单元电路大多由与非门组成。现通过典型 TTL 与非门电路的分析，了解 TTL 门电路的结构特点及外特性。

2.3.1　TTL 与非门的工作原理

1. 典型 TTL 与非门电路

典型 TTL 与非门电路如图 2-10（a）所示。该电路可分解为三部分：

（1）输入级：多射极三极管 VT_1 和电阻 R_1 构成输入级，VT_1 可用如图 2-9（b）所示电路来等效。加到各输入端的信号通过多发射极三极管的各个发射极与集电极实现"与"功能。

（2）中间倒相级：三极管 VT_2 和电阻 R_2、R_3 组成电路的中间级。这一级的主要作用是从三极管 VT_2 的集电极和发射极同时输出两个相位相反的信号，作为三极管 VT_3 和 VT_5 的驱动信号。具有这种作用的电路称为倒相电路。

（3）输出级：三极管 VT_3、VT_4、VT_5 和电阻 R_4、R_5 构成输出级。中间级提供两个相位相反的信号，使三极管 VT_4、VT_5 总是处于一个导通另一个截止的工作状态。因此，这种电路结构常称为推拉式输出电路或图腾输出电路。

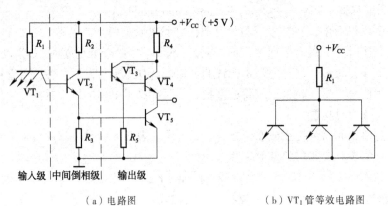

（a）电路图　　　　　　　　（b）VT_1 管等效电路图

图 2-10　典型 TTL 与非门电路

R_1=3 kΩ；R_2=750 Ω；R_3=360 Ω；R_4=100 Ω；R_1=3 kΩ

由于 TTL 电路的输入、输出级都是由三极管组成，故称为三极管–三极管逻辑电路。

2. TTL 与非门的工作原理

1）逻辑功能

输入全部为高电平 3.6 V 时的工作情况如图 2-11（a）所示。电源电压 V_{CC}，流过电阻 R_1 的电流 I_{R1}，只能通过多射极三极管的集电结给三极管 VT_2 提供基流，使其工作于饱和状态。三极管 VT_2 发射极电流的大部分又给三极管 VT_5 提供基流，使输出管 VT_5 饱和，输出低电平 $U_{OL}=0.3V$。由于输入全部为高电平，输出管 VT_5 饱和导通，输出低电平，故常称为导通状态或开态。

输入有低电平时，设输入端 A 为低电平 0.3 V，其他输入端为高电平 3.6 V，其工作情况如图 2-11（b）所示。

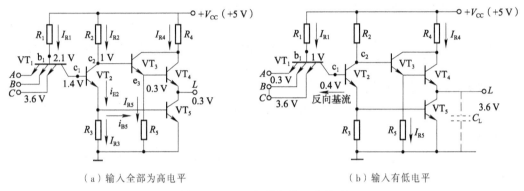

（a）输入全部为高电平　　　　　　（b）输入有低电平

图 2-11　TTL 与非门的工作情况

由于输入端 A 为低电平 0.3V，故与 A 端相连的发射结为正偏。流过 R_1 的电流 I_{R1} 通过此发射结流入输入端 A，即 VT_1 的基极电流 $i_{B1}=I_{R1}$。多射极三极管基极电位被箝位在 $u_{B1}=0.3\ V+0.7\ V=1\ V$。这时多射极三极管的集电极电阻为 R_2 和三极管 VT_2 反偏集电结电阻之和，其阻值很大，因此，电流 i_{C1} 很小，即 $i_{B1}>>\dfrac{i_{C1}}{\beta}$，多射极三极管处于深度饱和状态，其饱和压降 $U_{CES1}\approx0.1\ V$，则 $u_{C1}=u_{B2}=0.4\ V$，使三极管 VT_2、VT_5 截止，输出高电平。由于 $u_{C2}\approx V_{CC}$，故输出高平 $U_{OH}\approx V_{CC}-u_{BE3}-u_{BE4}\approx3.6\ V$。在此状态下输出管 VT_5 截止，故称为截止状态或关态。

由以上分析可知，此电路具有与非逻辑功能，其逻辑表达式为

$$L=\overline{ABC}$$

2）电压传输特性

（1）电压传输特性分析。当输入电压缓慢从零逐渐增加到高电平时，输出电平随输入电平变化的特性称为电压传输特性。若用输入电压和输出电压的关系曲线来反应这个特性，该曲线称为电压传输特性曲线，它基本上反映了电路的静态特性，并且能够从中确定主要的静态参数。图 2-12 所示的电压传输特性曲线有一个明显特点，在 B、C、D 各点

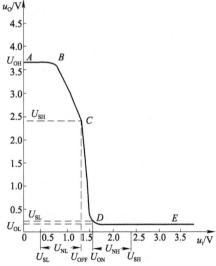

图 2-12　TLL 与非门的电压传输特性曲线

发生转折。按照转折点可将整个曲线分成 AB 段，BC 段、CD 和 DE 段进行分析。

① AB 段——截止区　对应于输入电压 $u_i < 0.6$ V 的区间。由于 $u_i < 0.6$ V，多射极三极管工作于深度饱和状态，其饱和压降 $u_{CES1} \approx 0.1$ V，$u_{C1} = u_{B2} = u_i + u_{CES1} < 0.7$ V，故三极管 VT_2、VT_5 截止，VT_3、VT_4 导通，输出高电平 $U_{OH} \approx 3.6$ V。由于在此区间输出管 VT_5 截止，所以叫截止区。

② BC 段——线性区。对应于输入电压 u_i 在 $0.6 \sim 1.3$ V 之间。在曲线的 B 点 $u_i = 0.6$ V，$u_{B2} \approx 0.7$ V，三极管 VT_2 开始导通进入放大状态，但输出管 VT_5 仍截止。由于三极管 VT_2 导通，I_{R1} 的一部分流到接低电平的 A 端发射结，一部分经多射极三极管 VT_1 的集电结而流入三极管 VT_2 的基极，VT_1 的发射结和集电结如同两个正向导通的二极管。

由于两个 PN 结导通压降相差甚微，可近似认为

$$u_{B2} \approx u_i$$

因三极管 VT_2 发射结已正向导通，故 u_{E2} 将跟随 u_{B2} 变化，亦即跟随输入电压 u_i 变化，即

$$\Delta u_i \approx \Delta u_{E2}$$

由于三极管 VT_3、VT_4 此时仍处于导通状态，故

$$u_o = u_{C2} - u_{BE3} - u_{BE4}$$

即

$$\Delta u_o \approx \Delta u_{C2}$$

而

$$\Delta u_{C2} = -\Delta i_{C2} R_2$$

$$\Delta u_{E2} = \Delta i_{E2} R_3$$

所以

$$\frac{\Delta u_o}{\Delta u_i} \approx \frac{\Delta u_{C2}}{\Delta u_{E2}} \approx \frac{R_2}{R_3}$$

可见在 BC 段，输出电压 u_o 随着输入电压 u_i 的变化而线性变化，负号表示 u_i 的增加使 u_o 下降，R_2/R_3 为 BC 段下降的斜率。所以 BC 段又称线性区。

③ CD 段——过渡区。在输入电压 $u_i > 1.3$ V 以后，输出管 VT_5 开始导通。随着 u_i 的增加，一方面输出管 VT_5 的基极电流急剧增加，另一方面三极管 VT_2 的集电极电位 $u_{C2}(u_{B3})$ 急剧下降，使三极管 VT_3、VT_4 趋于截止。这两个因素促使输出电压 u_o 急剧下降。当 u_i 达到 1.4 V 左右时，输出管 VT_5 进入饱和状态，输出低电平 $U_{OL} = 0.3$ V。CD 段是从 VT_5 开始导通到饱和为止，电路完成了从关态向开态的过渡，故 CD 段又称为过渡区。

④ CE 段——饱和区。输出管 VT_5 进入饱和状态后，输入电压 u_i 再继续增加，输出电压已不再变化，保持输出为低电平。但电路内部的工作状态仍在继续变化，随着输入电压 u_i 的升高，多射极三极管的发射结逐渐由正偏转入反偏，这时 I_{R1} 全部流入三极管 VT_2 的基极，VT_2 进入饱和状态，$u_{C2}(u_{B3})$ 下降到 1 V，三极管 VT_4 截止。由于在 DE 段三极管 VT_2、VT_5 均处于饱和状态，因此也称为饱和区。

（2）关门电平、开门电平、阈值电压及噪声容限。由电压传输特性不仅可以知道与非门输出高电平、低电平的值，而且还可以求出阈值电压、关门电平、开门电平和噪声容限。

① 关门电平和开门电平。使电路的输出电平达到标准高电平 U_{SH} 时，所对应的最大输入低电平，称为关门电平，用 U_{OFF} 表示。显然只有当 $u_i < U_{OFF}$ 时，输出才是高电平 U_{OH}。

使电路的输出电平达到标准低电平 U_{SL} 时，所对应的最小输入高电平称为开门电平，用 U_{ON} 表示。显然只有当 $u_i > U_{ON}$ 时，输出才是低电平 U_{OL} 相当于电压传输特性曲线中 D 点对应的输入电压值。

由于电压传输特性曲线中对应 U_{OFF} 和 U_{ON} 处是很陡的，所以 U_{OFF} 与 U_{ON} 不便于测量，此外，电源、温度的变化，也会影响 U_{OFF} 和 U_{ON} 值，再加上制造中工艺的离散性，在工厂不便通过这两个参数的准确测试来确定每个门是否合乎标准。因此，技术规范确定由"输入低电平最大值 U_{iLmax}"代替 U_{OFF}，由"输入高电平最小值 U_{iHmin}"代替 U_{ON}。当 $u_i < U_{iLmax}$ 时电路处于关态，输出高电平；当 $u_i > U_{iHmin}$ 时电路处于开态，输出低电平。

② 阈值电压 U_T。从电压传输特性看出 U_{OFF} 和 U_{ON} 是很接近的。有时为了分析简单，常常把它们看做近似相等，并用"门槛电平"或"阈值电压"即 U_T 表示。并定义为过渡区的中点所对应的输入电压值。

③ 噪声容限 (Noise Margin)。在集成门电路中，经常以噪声容限的数值来定量地说明门电路抗干扰能力的大小。

门电路在实际使用中，由于存在各种干扰电压，影响到输入低电平或高电平的数值，

当输入端干扰电压超过一定限度时，就可能造成输出状态的变化。为了保证电路的正常工作，输入干扰电压有一个最大允许值，此最大允许干扰电压称为噪声容限。

由于输入低电平和高电平的抗干扰能力不同，因此，有低电平噪声容限 U_{NL} 和高电平噪声容限 U_{NH} 之分。

由图 2-12 和以下分析可知：当输入为低电平时，虽有外来正向干扰，但只要不超过 U_{OFF}，电路的关态就不会受到破坏，故

$$U_{NL} = U_{OFF} - U_{SL}$$

当输入为高电平时，加上外来干扰，只要不低于 U_{ON} 就不会破坏电路的开态，则

$$U_{NH} = U_{SH} - U_{ON}$$

（3）开门电阻、关门电阻。当 $u_i \geq U_{ON}$ 时，电路处于开态，输出为低电平；当 $u_i \leq U_{OFF}$ 时，电路处于关态，输出为高电平。即电路的状态由输入电压决定。若与非门的输入端不接输入电压而通过电阻 R 接地（见图 2-13）时，R 的阻值不同，电路的状态也不同。当输入端直接接地即 $R=0$ 时，电路处于关态，输出高电平；当输入端悬空 $R=\infty$ 时，电路处于开态，输出低电平。可见当输入端不接输入电压时，电路的状态由输入端所接电阻阻值决定。

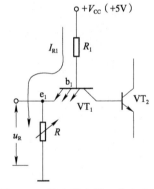

图 2-13　输入端电阻 R 的大小对与非门工作状态的影响

① 关门电阻 R_{OFF}。与非门处于关态，输出高电平时，输入端所接电阻 R 的最大值称为关门电阻。要保证与非门处于关态、三极管 VT_2、VT_5 截止，要求通过 R_1 的电流 I_{R1} 在 R 上产生的压降 u_R 小于或等于关门电平 U_{OFF}，即

$$u_R = \frac{V_{CC} - u_{BE1}}{R_1 + R} R \leq U_{OFF}$$

设 $U_{OFF} = 1\ V$，并把 $V_{CC} = 5\ V$、$u_{BE1} = 0.7\ V$、$R_1 = 3\ k\Omega$ 代入上式，求得 $R \leq 0.9\ k\Omega$，显然，当 $R \leq 0.9\ k\Omega$ 时，$u_R \leq U_{OFF}$，电路处于关态，所以关门电阻 $R_{OFF} = 0.9\ k\Omega$。

② 开门电阻 R_{ON}。与非门处于开态，输出低电平时输入端所接电阻 R 的最小值称为开门电阻。显然，R 值增大，I_{R1} 在 R 上的压降 u_R 上升，当 u_R 上升到开门电平 U_{ON} 时，电路处于开态，输出低电平，这时所对应的电阻就是开门电阻 R_{ON}。此刻电流 I_{R1} 的一部分要流到三

极管 VT_2 的基极，若忽略这部分电流，则有

$$u_R = \frac{V_{CC} - u_{BE1}}{R_1 + R} R \geq U_{ON}$$

设 $U_{ON}=1.8\ V$，并将 $V_{CC}=5\ V$、$u_{BE1}=0.7\ V$、$R_1=3\ k\Omega$ 代入上式，求得 $R \geq 2\ k\Omega$。显然，当 $R \geq 2\ k\Omega$ 时，$u_R \geq U_{ON}$，电路处于开态，输出低电平，所以开门电阻 $R_{ON}=2\ k\Omega$。

由于上面对开门电阻 R_{ON} 值的计算中忽略了流向三极管 VT_2 基极的电流，所以，为了保证与非门可靠地输出低电平，在实际应用中输入端所接电阻 R 需取得更大些。一般取 $R_{ON}=2.2\ k\Omega$。

3）与非门输出、输入端等效电路

为了便于定量分析，现介绍典型 TTL 与非门电路输出、输入端的近似等效电路。

（1）输出端等效电路：

① 开态 TTL 与非门输出端等效电路　此时输出管 VT_5 饱和，三极管 VT_4 截止。输出电阻为输出管 VT_5，饱和电阻约为 $10\sim20\ \Omega$，一般可忽略不计。因此，TTL 的输出可近似看做是内阻 $R_0=0$、电压为 0.3 V 的等效电源，其等效电路如图 2-14（a）所示。

② 关态 TTL 与非门输出端等效电路　此时输出管 VT_5 截止，三极管 VT_3、VT_4 导通。输出可以近似看做是内阻 $R_0=100\ \Omega$、电压为 3.6 V 的等效电源，其等效电路如图 2-13（b）所示。

（2）输入端等效电路：

① 输入为低电平时，TTL 射极三极管的发射结为正偏，有电流流出发射极，如图 2-15（a）所示。

② 输入为高电平时，TTL 射极三极管的发射结为反偏，近似无电流流出发射极，相当于开路，如图 2-15（b）所示。

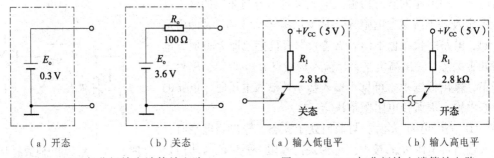

| （a）开态 | （b）关态 | （a）输入低电平 | （b）输入高电平 |

图 2-14　TTL 与非门输出端等效电路　　　图 2-15　TTL 与非门输入端等效电路

2.3.2　TTL 与非门的主要参数

1. 输入特性及有关参数

所谓输入特性是指门电路输入电流和输入电压之间的关系。它反映电路对前级信号源的影响并关系到如何正确地进行门电路之间以及门电路与其他电路之间的连接问题。

1）输入伏安特性

基本 TTL 与非门的输入伏安特性如图 2-16 所示。输入电流以流入输入端为正。

（1）输入短路电流 I_{IS}。$u_i=0$ 时的输入电流称为输入短路电流。由如图 2-17 所示电路有

$$I_{\text{IS}}=-\frac{V_{\text{CC}}-u_{\text{BE1}}}{R_1}=-\frac{5-0.7}{3}\ \text{mA}\approx-1.4\ \text{mA}_Z$$

测试时，被测的输入端接地，其他输入端悬空。I_{IS} 的典型值为 1.5 mA 左右，不得大于 2.2 mA。

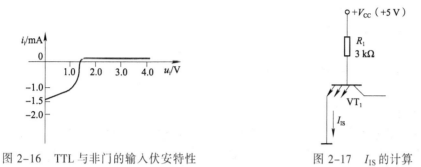

图 2-16　TTL 与非门的输入伏安特性　　　　　图 2-17　I_{IS} 的计算

（2）输入漏电流 I_{IH}。与非门一个输入端为高电平，其余输入端接地时，流入高电平输入端的电流称为输入漏电流。I_{IH} 的典型值为 10 μA，不得超过 70 μA。

这个电流可包含两部分：一是 VT_1 倒置状态下的发射极电流；二是 VT_1 各发射极之间的交叉漏电流。

2）输入负载特性

指当输入端对地接上电阻 R_i 时，u_i 随 R_i 变化的关系。在具体使用门电路时，往往需要在输入端与地之间或者输入端与信号之间接入电阻，TTL 门电路输入端接电阻时的等效电路如图 2-18 所示。TTL 与非门的输入负载特性如图 2-19 所示。

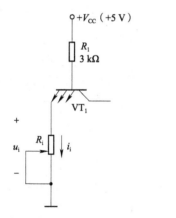

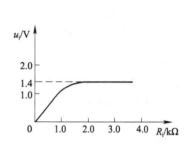

图 2-18　TTL 门电路输入端接电阻时的等效电路　　　　图 2-19　TTL 与非门的输入负载特性

由图 2-19 可见，当 R_i 较小时，u_i 较小。输出为额定高电平 90% 时，所允许的 R_i 的最大值称为关门电阻，用 R_{OFF} 表示，约为 0.8 kΩ。随着 R_i 的增加，u_i 上升，当 $u_i=1.4$ V 时，输出转换为低电平，即使 R_i 继续增加，因为 u_{B1} 已被钳位在 2.1 V，所以 u_i 保持 1.4 V 不变。保持输出为低电平电 R_i 的最小值称为开门电阻 R_{ON}，约为 2 kΩ。由此可见。输入端外接电阻的大小，可以影响门电路的工作状态。

2. 输出特性及有关参数

所谓输出特性是指门电路输出电压与输出电流之间的关系。

1）输出高电平时的输出特性

与非门输出为高电平 U_{OH} 时，其输出特性如图 2-20 所示。

当 $i_L < 5$ mA 时，VT_3、VT_4 管所组成的射极输出器工作在放大区，其输出电阻很小，随着 i_L 增大，U_{OH} 基本上恒定。

当 $i_L > 5$ mA 以后，VT_3 管已深度饱和，则有

$$U_{OH} \approx V_{CC} - (U_{CES3} + U_{BE4}) - i_L R_5$$

式中，U_{CES3} 在 VT_3 深饱和时，约为 0.1 V。上式说明，当 $i_L > 5$ mA 以后 U_{OH} 将随 i_L 的增加而呈线性下降。

2）输出低电平时的输出特性

输出低电平时输出特性如图 2-21 所示。因为 VT_5 管处于深度饱和状态，c、e 间的内阻很小，一般只有十几欧姆，所以当 i_L 增加时，U_{OH} 上升得很慢，而且 U_{OH} 与 i_L 基本上是线性关系。

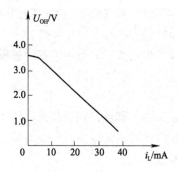 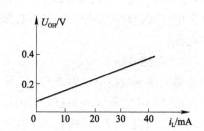

图 2-20　与非门输出高电平时的输出特性曲线　　图 2-21　与非门输出低电平时的输出特性曲线

3）有关参数

（1）输出高电平 U_{OH}。当输入端中任何一个接低电平时，输出均应得到高电平。因为这个数据是在空载下测出的，所以若从输出特性看，它位于输出特性曲线的起始点。

（2）输出低电平 U_{OL}。U_{OL} 表示输入端全部为高电平时，输出的低电平值。测定 U_{OL} 时，应当在额定的负载下进行，而且负载电流是从外部流入输出级 VT_5 管的。

3. 瞬时特性及有关参数

1）瞬时特性波形

所谓瞬时特性是指若在门电路的输入端加一个理想的矩形波，实验和理论分析都证明，在输出端得到的脉冲不但要比输入脉冲滞后，而且波形的边沿也要变坏。TTL 与非门的传输时间波形如图 2-22 所示。

这是因为在 TTL 电路中，二极管和三极管的状态转换都需要一定的时间，而且还有二极管、三极管以及电阻等元器件的寄生电容存在。

2）平均传输延迟时间 t_{pd}

通常规定：把从输入电压正跳变开始到输出电压下降为 1.5 V 这一段时间称为导通传输时间 t_{ph1}；从输入电压负跳变开始到输出电压上升到 1.5 V 这一段时间称为截止传输时间 t_{plh}。手册上则给出平均传输时间为

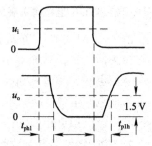

图 2-22　TTL 与非门的传输时间

$$t_{pd} = \frac{t_{phl} + t_{plh}}{2} \qquad (2-5)$$

电路的 t_{pd} 越小，说明它的工作速度越快，TTL 与非门的 t_{pd} 大约为 30 ns。

4. TTL 与非门的扇出系数和电源电流

1）扇出系数 N

N 表示同一型号的与非门作为负载时，一个与非门能够驱动同类与非门的最大数目。它表示门电路带负载的能力。

设额定灌电流为 I_L、输入短路电流为 I_{IS}，则

$$N = \frac{I_L}{I_{IS}} \qquad (2-6)$$

一般希望 N 越大越好。典型的数值为 $N \geqslant 8$。

2）电源电流 I_{CC}

与非门的逻辑状态不同，电源所供给的电流也不同。I_{CCL} 是指门电路输出为低电平 U_{OL} 时电源所提供的电流。I_{CCH} 是指门电路输出为高电平 U_{OH} 时电源所提供的电流。

表 2-8 列出了 TTL 与非门的主要指标的一组典型数据。由于 TTL 与非门的产品种类繁多，所以不同型号的产品，乃至同一型号而不同产地的产品，在主要指标上都有一定的差异，使用时应以生产单位的产品说明为准。

表 2-8　TTL 与非门的主要指标

参 数 名 称	符　号	单　位	测　试　条　件	指　标
导通电源电流	I_{CCL}	mA	输入悬空，空载，$V_{CC}=5$ V	≤10
截止电源电流	I_{CCH}	mA	$u_i=0$，空载，$V_{CC}=5$ V	≤5
输出高电平	U_{OH}	V	$u_i=0.8$ V，空载，$V_{CC}=5$ V	≥3.0
输出低电平	U_{OL}	V	$u_i=0.8$ V，$I_L=12.8$ mA，$V_{CC}=5$ V	≤0.35
输入短路电流	I_{IS}	mA	$u_i=0$，$V_{CC}=5$ V	≤2.2
输入漏电流	I_{IH}	μA	$u_i=5$ V，其他输入端接地，$V_{CC}=5$ V	≤70
开门电平	U_{ON}	V	$U_{OL}=0.35$ V，$I_L=12.8$ mA，$V_{CC}=5$ V	≤1.8
关门电平	U_{OFF}	V	$U_{OH}=2.7$ V，空载，$V_{CC}=5$ V	≥0.8
扇出系数	N		$u_i=1.8$ V，$U_{OL} \leqslant 0.35$ V，$V_{CC}=5$ V	≥8
平均传输时间	t_{pd}	ns	信号频率 $f=2$ MHz，$N_o=8$，$V_{CC}=5$ V	≤30

2.3.3　TTL 的其他类型门电路

1. 集电极开路与非门

在门电路组合成各种逻辑电路时，如能将输出端直接并联，有时能大大简化电路。然而上面介绍的 TTL 与非门电路不能这样使用。因为这些电路无论输出为高电平还是低电平时，输出电阻都很小，所以不能将输出端直接并联。TTL 与非门输出端直接相连的情况如图 2-23 所示。若一个门的输出是高电平而另一个门的输出是低电平，则输出端并联后必将有很大的电流从截止门的 VT_4 流到导通门的 VT_5，这个电流远远超过正常工作电流，甚至会使门电路损坏。

解决这个问题的方法就是把输出级改为集电极开路的三极管结构，做成集电极开路输出的门电路（Open Collector Gate），简称为 OC 门。集电极开路与非门如图 2-24 所示。将 OC 门输出连在一起时，再通过一个电阻接外电源，这样可以实现"线与"逻辑关系。只要电阻的阻值和外电源电压的数值选择得当，就能做到既保证输出的高、低电平符合要求，而且输出三极管的负载电流又不至于过大。

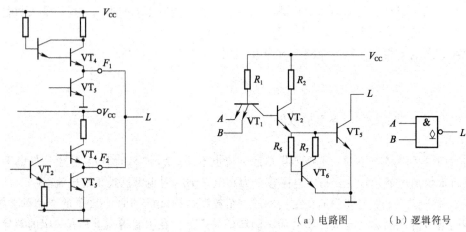

图 2-23　TTL 与非门输出端直接相连的情况　　　图 2-24　集电极开路与非门

下面讨论外接负载电阻 R_L 的选择问题。图 2-25 中表示出"线与"电路中 OC 门输出高电平时的情况，假定 n 个 OC 门连接成"线与"逻辑，带 m 个与非门负载。

当所有 OC 门都处于截止状态时，"线与"后输出为高电平。为了保证输出高电平不低于规定值，R_L 不能选得太大，其最大值为

$$R_{Lmax} = \frac{V_P - U_{OH}}{nI_{OH} + mI_{IH}} \qquad (2-7)$$

式中，U_{OH} 为 OC 门输出高电平的额定值，I_{OH} 为 OC 门输出管截止时的漏电流；I_{IH} 为负载门每个输入端高电平时的输入漏电流；m 为负载门的输入端数。

当 OC 门中有一个处于导通状态时，"线与"输出为低电平，所有负载门的电流全部流入唯一导通的门，图 2-26 中表示出"线与"电路中 OC 门输出低电平时的情况，这时输出低电平应低于规定值。计算出 R_L 的最小值为

$$R_{Lmin} = \frac{V_P - U_{OL}}{I_{LM} - mI_{IL}} \qquad (2-8)$$

式中，I_{LM} 为每一个 OC 门所允许的最大负载电流；I_{IL} 即 I_{IS} 为每一个负载门的输入短路电流；而 m 应为负载门的个数。

最后选定的 R_L 值，应当在 R_{Lmin} 和 R_{Lmax} 之间。

其他类型的 TTL 电路同样可以作成集电极开路的形式，不管是哪种门电路，只要输出级三极管的集电极是开路的，就都允许接成"线与"形式，并按上述公式决定 R_L 的值。

OC 门的输出可以连接其他的外部电路，如继电器、脉冲变压器、指示灯等，也可以用来改变 TTL 电路输出的逻辑电平，以便与逻辑电平不同的其他逻辑电路相连接。

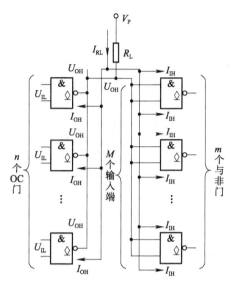

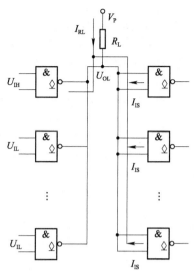

图 2-25　"线与"电路中 OC 门输出高电平时的情况　　图 2-26　"线与"电路中 OC 门输出低电平时的情况

2. 三态门

利用 OC 门虽然可以实现"线与"的功能，但由于外接负载电阻 R_L 的选择要受到一定的限制而不能取得太小，因此限制了工作速度。为了改进这一点，产生了一种新的 TTL 门电路，即三态与非门，简称为三态门。它的输出除了具有一般与非门的两种状态外，还可以呈现高阻状态，或称开路状态。三态与非门电路如图 2-27（a）所示。它是由一个与非门和一个二极管构成的，C 为控制端，A、B 为数据输入端。

当 C 为高电平时，二极管 VD 截止，三态门的输出状态将完全取决于数据输入端，$F=\overline{AB}$，这种状态称为三态门的工作状态。

当 C 为低电平时，三极管 VT_2、VT_5 截止，同时，由于二极管 VD 的导通将 u_{B3} 箝位在 1V 左右，使 VT_4 管也截止。这时从输出端看进去，电路处于高阻状态，这就是三态门的第三状态。

图 2-27 电路中，当 $C=1$ 时电路为工作状态，所以称为控制端高电平有效。三态门的控制端 C 也可以是低电平有效，即 C 为低电平时，三态门为工作状态；C 为高电平时，三态门为高阻状态。其逻辑符号如图 2-27（b）所示。

图 2-28 所示为三态门应用于总线传输的一个例子。它可以实现用同一根导线，轮流传送几个不同的数据或控制信号。这里，LM 称为总线，我们令 C_1、C_2、C_3 轮流接低电平，数据 A_1B_1、A_2B_2、A_3B_3 就轮流地按"与非"逻辑关系送到总线上。为了能正常工作，任何时间内只能有一个门工作，其他门均处于高阻状态。

3. 异或门

集成异或门电路及逻辑图、逻辑符号如图 2-29 所示。

显然：$L=\overline{C+D}=\overline{\overline{AB}+\overline{\overline{A+B}}}=\overline{\overline{AB}+\overline{\overline{AB}}}$

因同或函数的反函数为异或函数，所以 $L=A\overline{B}+\overline{A}B=A\oplus B$

VHDL 语言描述：　　　　　　　　　　　　L<=A xor B

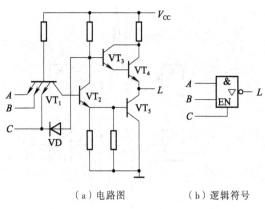

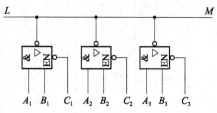

（a）电路图　　　　（b）逻辑符号

图 2-27　三态与非门电路图

图 2-28　三态门应用于总线传输

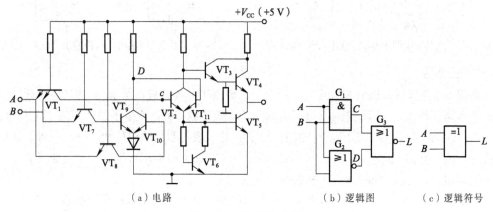

（a）电路　　　　　　　（b）逻辑图　　　　（c）逻辑符号

图 2-29　集成异或门

4. 与或非门

集成与或非门电路及逻辑符号如图 2-30 所示，经分析：

$$L = \overline{ABC + IJK}$$

可见图 2-30 所示电路为与或非门电路。

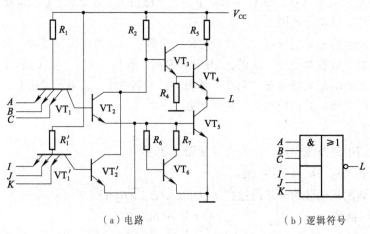

（a）电路　　　　　　　　　　　　（b）逻辑符号

图 2-30　TTL 与或非门电路

2.3.4 TTL 与非门的改进电路

随着计算机和自动化技术的发展，对集成电路的速度、负载能力、功耗等指标提出了越来越高的要求。于是又出现了一系列改进形式的 TTL 门电路，例如，有源泄放电路、抗饱和电路、低功耗电路等。

1. 有源泄放 TTL 电路

如图 2-31（a）所示，由三极管 VT_6、电阻 R_3、R_6 组成有源电路代替典型 TTL 电路中的电阻 R_3，电压传输特性曲线如图 2-31（b）所示。此电路的性能与典型 TTL 电路相比有如下优点：

1）改善电压传输特性

由于三极管 VT_2 的发射极必须经过三极管 VT_6、VT_5 的发射极才能对地导通，因而在 VT_5、VT_6 导通以前，不可能有三极管 VT_2 单独导通的阶段。而 VT_2 导通、VT_5 尚未导通这个阶段的存在，正是产生电压传输特性线性区的根源。所以经改进后，电压传输特性的线性区不复存在了，从而提高了低电平噪声容限。

2）缩短电路的平均传输延迟时间

当输入由有低电平变成全部为高电平时，由于有源泄放回路的三极管 VT_6 的基极是通过电阻 R_3 接到 VT_2 的发射极，而输出管 VT_5 的基极直接与 VT_2 的发射极相连。因此，在信号跳变瞬间，VT_2 发射极电流 i_{E2} 的绝大部分流入 VT_5 的基极，为 VT_5 提供很大的瞬间过驱动电流，使 VT_5 迅速饱和，缩短了导通延迟时间 t_{rdo}。当 VT_6 导通后，又形成输出管 VT_5 基极电流的分流支路，使 VT_5 稳定导通时的基极电流减小，减轻了饱和深度，有利于加速 VT_5 的截止过程。

当输入从全部为高电平变为有低电平，输出管 VT_5 由饱和变截止时，其基区的存储电荷可通过 VT_6 管泄放，加速输出管 VT_5 的截止过程，缩短了截止延迟时间 t_{fd}。

可见，用有源电路代替典型 TTL 电路中的电阻 R_3 以后，可以大大缩短电路的平均传输延迟时间，其 t_{pd} 达到每门 5～7 ns。

由于有源泄放电路加速了输出管 VT_5 的截止过程，因而也相应地减少了浪涌电流的持续时间，使电路瞬时功耗降低，有利于电路在较高频率下工作。

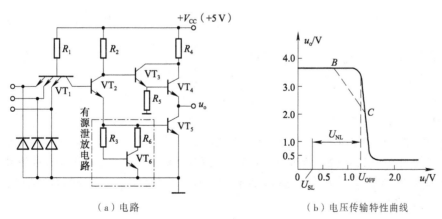

（a）电路　　　　　（b）电压传输特性曲线

图 2-31　有源泄放 TTL 与非门

2. 抗饱和 TTL 电路（STTL 电路）

在 TTL 电路中，如采用金属–半导体二极管对三极管的集电结箝位，可避免三极管工作于深饱和状态，从而提高其工作速度。金属–半导体二极管通常称为肖特基二极管（常缩写为 SBD），集电结并联肖特基二极管的三极管称为肖特基三极管，其电路及符号如图 2-32 所示。这种 TTL 与非门电路常称为抗饱和 TTL 电路或肖特基 TTL 电路，简称 STTL 电路。

1）肖特基三极管的特点

（1）金属–半导体二极管（SBD）的特点是正向压降约为 0.4 V，开启电压约为 0.35 V，没有少数载流子积累，开关时间非常短。

（2）肖特基三极管具有转换速度快的特点。当三极管截止时，集电结为反偏，SBD 也为反偏而截止，不影响工作。当输入信号从低电平跳变到高电平时，产生基极电流如图 2-32（a）所示。在此瞬间三极管因尚未导通，集电极电位仍较高，SBD 仍反偏截止，故 $I_d=0$。因此，输入电流 I_b' 全部流入基极 $i_B=I_b'$，给三极管提供一个过驱动基极电流，使三极管迅速导通，缩短了开通时间 t_{on}。同时，集电极电位 u_C 很快下降，集电结变为正偏，当 u_{BC} 为 0.35V 左右时，SBD 导通，产生 I_d。输入电流 I_b 不再全部流入基极而部分被 SBD 所分流，基极电流减小（$i_B=I_b'-I_d$），而 I_d 直接流入 SBD 的集电极，使 i_C 增加，控制三极管不再进入深饱和，因而减少了存贮电荷，缩短了关闭时间 t_{off}，所以肖特基三极管的转换速度高。

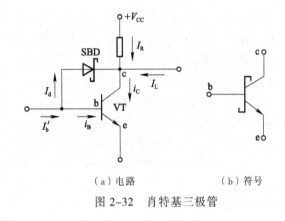

（a）电路　　　　（b）符号

图 2-32　肖特基三极管

（3）肖特基三极管具有一定的调节负载的能力。前面讲过，三极管饱和度越深其灌电流负载能力越强。而肖特基三极管不仅具有一定的自动调节负载的能力，而且又工作于浅饱和状态。现分析如下：

无灌电流负载即 $I_L=0$ 时，$i_B=I_b'-I_d$，$i_C=I_R+I_d$。SBD 将三极管的集电结箝位在 0.4V 左右，使之工作于浅饱和状态。

当带有灌电流负载 I_L 时，因集电极流入 I_L 而使集电极电流增加，即

$$i_C =I_R+I_d+I_L$$

在此瞬间 i_B 尚未变化，则三极管有脱离饱和的趋势，因而 u_C 上升，三极管集电结的正偏减小，SBD 的正偏也减小，I_d 下降。一方面基流的分流作用减小使 i_B 增大，另一方面使三极管集电极电流下降，又使三极管恢复到浅饱和工作状态。

2）STTL 电路

在有源泄放 TTL 电路的基础上，将工作于饱和状态的 VT_1、VT_2、VT_3、VT_5、VT_6 管改用肖特基三极管组成 STTL 电路，如图 2-33 所示。该电路功耗虽稍大，但工作速度较高。每门平均功耗约为 19mW，但平均传输延迟时间仅约 3 ns。

3）低功耗肖特基电路（LS-TTL 电路）

为了降低功耗，在 STTL 电路的基础上发展起来一种低功耗肖特基 TTL（LowPower Schottky TTL）电路简称 LS-TTL 电路，如图 2-34 所示为 LS-TTL 与非门电路。

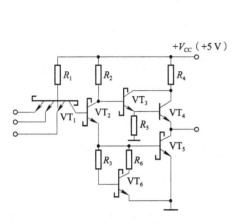

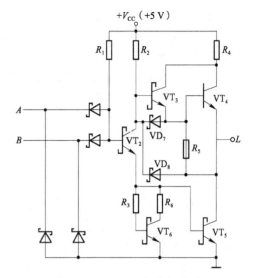

图 2-33　STTL 与非门电路	图 2-34　LS-TTL 与非门电路

该电路除用肖特基三极管外，还采取了以下的改进措施：

（1）电阻值均比 STTL 电路大得多，使电源供给电流减小，功耗降低。

（2）输入部分采用开头时间短的肖特基二极管组成与门电路，以缩短电路的传输延迟时间。

（3）VT_3 管射极电阻 R_5 由接地改接输出端，这不仅减小了功耗，也提高了输出高电平。

（4）三极管 VT_2 的集电极和输出级之间加了两个肖特基二极管 VD_7、VD_8，当输出从高电平向低电平转换时，负载回路的电流可以经过肖特基二极管 VD_8 和三极管 VT_2 增大输出管的基极驱动电流，肖特基二极管 VD_7 为三极管 VT_4 基极存储的电荷提供泄放通路，因而有利于提高电路的转换速度。

LS-TTL 电路功耗低、工作速度快、集成度较高。它所组成的数字电路可靠性高，适用于高速数字系统，所以它已成为 TTL 电路的主要发展方向。目前 LS-TTL 电路每门平均功耗约为 2mW，平均传输延迟时间约为 9.5 ns。

2.3.5　其他双极型集成电路介绍

在双极型数字集成电路中，TTL 电路的应用最广泛。但是，在科学实验和生产实践中，还存在一些具有特殊要求的场合是 TTL 电路所不能胜任的，例如，高速、高抗干扰以及高集成度等。因而产生了其他类型的双极型门电路。

1.　高阈值逻辑门电路（HTL）

高阈值逻辑门电路又称高抗干扰电路，简称 HTL（High Threshold Logic）电路。

前述典型 TTL 电路的阈值电压 U_T 在 1.4 V 左右，其低电平噪声容限 U_{NL} 约为 0.8 V，高电平噪声容限 U_{NH} 约为 1.4 V。在某些存在着强电干扰的工业控制设备中，为保证控制设备的可靠性，要求电路具有更强的抗干扰能力，这样就制成了高阈值集成电路，即 HTL 电路。它的阈值电压 U_T 一般在 7～8 V，所以它的噪声容限大，抗干扰能力强。这种电路的工作速度较低，适合应用于各种过程控制设备中，因为一般的过程控制对门电路的速度要求不高，但对抗干扰能力要求很高。

2. 射极耦合逻辑门电路（ECL）

射极耦合逻辑门电路简称 ECL（Emitter Coupled Logic）电路。

为了提高门电路的开关速度，除了在 TTL 电路的基础上作些改进之外，人们又研制出一种比 TTL 门电路的传输时间短得多的高速数字集成电路，即 ECL 电路。该电路由于采用一种非饱和型开关——电流开关电路，因而从根本上改变了电路的工作方式，使三极管不在饱和区工作，以使存储时间下降到零，提高了电路的工作速度。ECL 电路的 $t_{pd} \leqslant 2ns$，是目前双极型电路工作中速度最高的品种。

这种电路的主要优点：工作速度高，带负载能力强，内部噪声低；主要缺点：噪声容限低、功耗大。

目前，ECL 电路广泛应用于超高速电子计算机、高速数字通信系统等领域。

3. 集成注入逻辑门电路（I²L）

集成注入逻辑门电路简称 I²L（Integrated Injection Logic）电路。

为了满足制造大规模集成电路的需要，必须最大限度地提高电路的集成度，也就是说，要在一片半导体硅片的有效面积上（例如 6mm×6mm），制造出尽量多的逻辑单元来。为了达到这个目的，一方面要求每个逻辑单元的电路比较简单，占用的硅片面积比较小；另一方面则要求减少每个单元的功耗，这样才能保证总的功耗不致于超过硅片所允许的功耗极限。TTL 和 ECL 单元电路的功耗都比较大，而且电路复杂，无法满足制造大规模集成电路的需要。

集成注入逻辑电路是 20 世纪 70 年代初才研制成功的一种高集成度双极型逻辑电路，该电路的逻辑单元简单，所占用的硅片面积非常小，而且工作电流不超过 1nA。

I²L 电路的主要优点是集成度高。一般 TTL 电路的集成度仅为 20 门/mm² 左右，CMOS 电路的集成度达 90 门/mm²，而 I²L 电路可达到 500 门/mm²。同时 I²L 电路可在低电压、低电流的情况下工作（电源电压大于 0.8 V 即可工作，工作电流为 1nA/门左右），功耗很低。此外，I²L 电路的速度与 TTL 电路相近，而且制造工艺简单、成品率高，适用于制造各种大规模数字集成电路，是一种很有发展前途的电路。目前，广泛用于各种数字系统中，例如，单片微处理机、大规模逻辑阵列、电子手表、移位寄存器和存储器等都有 I²L 电路的产品。I²L 电路的主要缺点是输出电压幅度小（约 0.6 V）、抗干扰能力差、开关速度较低。

2.4 CMOS 集成门电路

2.4.1 CMOS 反相器

CMOS 反相器的逻辑电路如图 2-35 所示。其中驱动管 VT_2 为 N 沟道增强型，而负载管 VT_1 为 P 沟道增强型。VT_1 和 VT_2 的栅极接在一起作为反相器的输入端，漏极接在一起作为输出端，工作时 VT_1 的源极接电源的正端，VT_2 的源极接地。一般取 $V_{DD} > |U_{T1}| + U_{T2}$（$U_{T1}$、$U_{T2}$ 分别为 VT_1 和 VT_2 的开启电压）。

CMOS 电路的高电平等于 $+V_{DD}$，低电平等于 0 V。

当输入信号 u_i 为高电平时，对 VT_1 管而言，栅极和源

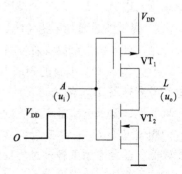

图 2-35 CMOS 反相器

极之间的电压 $u_{GS1}=0$ V，VT_1 截止，漏极与源极之间呈高阻状态；对 VT_2 管而言，$u_{GS2}=V_{DD}$，VT_2 导通，漏极与源极之间呈低阻状态，所以输出为低电平，即 $u_o \approx 0$V。当输入为低电平，即 $u_i=0$ V 时，$u_{GS1}=-V_{DD}$，P 沟道 MOS 管 VT_1 导通；$u_{GS2}=0$ V，VT_2 截止，所以输出为高电平，即 $u_o=V_{DD}$。上述反相器所实现的逻辑关系为逻辑非，逻辑表达式为

$$L=\overline{A} \tag{2-9}$$

可见，在 CMOS 反相器中，无论电路处于哪一种工作状态，总有一个 MOS 管截止，另一个 MOS 管导通，因此静态电流近似为零，电路的功耗很小。

2.4.2 CMOS 与非门

CMOS 与非门电路如图 2-36 所示。两个驱动管 VT_2、VT_4 是 N 沟道增强型 MOS 管，两个负载管 VT_1、VT_3 是 P 沟道增强型 MOS 管。驱动管串联，负载管并联。

当输入端 A、B 中有一个为低电平时，该输入端所对应的 PMOS 管导通，NMOS 管截止，输出为高电平；只有当输入端 A、B 都是高电平时，两个 NMOS 管都导通，两个 PMOS 管都截止，输出为低电平。电路具有与非的逻辑功能，其逻辑表达式为

$$F=\overline{A \cdot B} \tag{2-10}$$

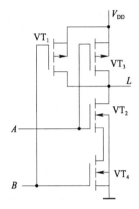

图 2-36　CMOS 与非门

2.4.3 CMOS 或非门

由 CMOS 反相器增加一个串联的 PMOS 负载管和一个并联的 NMOS 驱动管就构成了 CMOS 或非门。其电路图如图 2-37 所示。当输入端 A、B 只要有一个为高电平时，该输入端所对应的 NMOS 管导通，PMOS 管截止，输出为低电平；只有当 A、B 全为低电平时，两个并联的 NMOS 管都截止，两个串联的 PMOS 管都导通，输出为高电平。

因此，该电路具有或非逻辑功能，其逻辑表达式为

$$F=\overline{A+B} \tag{2-11}$$

显然，N 个输入端的或非门必须有 N 个 NMOS 管并联和 N 个 PMOS 管串联。CMOS 或非门不存在输出低电平随输入端数目增加而增加的问题，因此，在 CMOS 电路中或非门结构用得最多。

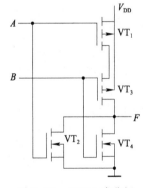

图 2-37　CMOS 或非门

2.5　CMOS 集成门电路

2.5.1 CMOS 与 TTL 电路性能比较

两类电路在功耗和速度上有很大差别。CMOS 电路所消耗的功率约为相应的 TTL 电路的十万分之一，而 TTL 电路的速度比 CMOS 电路快五倍。在高速信号处理和许多接口应用中，TTL 电路仍占有重要地位，而 CMOS 电路则能够很好地与微处理器相连。

CMOS 电路需要的输入电流几乎可以忽略，因为输入信号所驱动的是绝缘栅极；而一个典型的 TTL 门电路，在输入信号为 0 态时，需要 1.6 mA 左右的输入电流。另一方面，CMOS 电路不能提供太大的输出电流；而一个 TTL 电路的输出端却可以吸收 16 mA 的电流。

CMOS 电路所用的电源电压范围很大（3～18 V 均可工作），与经常工作在 12～15V 的模拟电路相接十分方便。如果将电源电压加倍，例如，由 5 V 变为 10 V，CMOS 门电路的工作速度会提高，传输时间仅为 TTL 电路的两倍左右。

2.5.2　TTL 与 CMOS 接口电路

1. TTL 与 CMOS 接口电路

当用 TTL 电路去驱动 CMOS 电路时，由于 TTL 电路输出高电平的最小值为 2.4 V，而在电源 V_{CC} 为 5 V 时，CMOS 电路输入的高电平应高于 3.5 V，这样就造成了 TTL 与 CMOS 电路接口上的困难。解决的办法是在 TTL 电路的输出端与电源之间接一电阻 R_x，以提高 TTL 电路的输出电平，如图 2-38（a）所示。不同系列的 TTL 电路应选取不同的 R_x 值，表 2-9 列出了各种 TTL 系列对应的 R_x 值。

表 2-9　各种 TTL 系列对应的 R_x 值

R_x 范围 ＼ TTL 系列	T1000	T2000	T3000	T4000
R'_{xmin}/Ω	390	270	270	820
R'_{xmax}/Ω	4.7	4.7	4.7	12

TTL 电路输出低电平的最大值为 0.4 V，CMOS 电路的输入低电平为 1.5 V，所以可以直接连接。

2. CMOS–TTL 接口电路

当 CMOS 驱动 TTL 电路时，CMOS 的输出电平可以符合 TTL 的需要，但还要看驱动能力是否满足要求。当 CMOS 输出低电平时，能够承受 TTL 的输入短路电流 I_{is}（为灌电流），当 CMOS 输出高电平时，能够向 TTL 提供高电平输入电流 I_{iH}（为拉电流）。因此常采用 CMOS 驱动器作为接口电路，如图 2-38（b）所示。

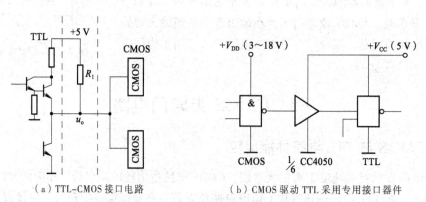

（a）TTL-CMOS 接口电路　　　　（b）CMOS 驱动 TTL 采用专用接口器件

图 2-38　CMOS 与 TTL 电路的接口电路

2.6 正负逻辑问题

1. 正逻辑和负逻辑的规定

在逻辑门电路中，输入和输出一般都用电平来表示，其实电平就是电位，只是人们习惯于用高、低电平来描述电位的高低。高电平是一种状态，而低电平是另一种不同的状态，它们所表示的都是一定的电压范围，而不是一个固定不变的数值。例如，在 TTL 门电路中，常规定高电平的额定值为 3 V，低电平的额定值为 0.3 V，而从 0～0.8 V 都算做低电平，从 2～5 V 都算做高电平。

在逻辑电路中，电平的高和低均可用逻辑 1 或逻辑 0 来表示。用 1 表示高电平，而用 0 表示低电平，则称之为正逻辑体制；与此相反，若用 0 表示高电平，而用 1 表示低电平，则称之为负逻辑体制。

对于同一电路，可以采用正逻辑，也可以采用负逻辑。用正逻辑或者负逻辑不牵涉逻辑电路本身的好坏问题，但根据所选正负逻辑的不同，即使同一电路也具有不同的逻辑功能。例如，如表 2-10 所示为一个与非门电路的电压功能表，H 表示高电平，L 表示低电平。对表 2-10 分别进行正、负逻辑赋值后得到表 2-11 和表 2-12。

表 2-10 与非门的电压功能表

U_A	U_B	U_F
L	L	H
L	H	H
H	L	H
H	H	L

表 2-11 正与非门真值表

A	B	F
0	0	1
0	1	1
1	0	1
1	1	0

表 2-12 负或非门真值表

A	B	F
1	1	0
1	0	0
0	1	0
0	0	1

显然，前者为正逻辑与非门的真值表，后者为负逻辑或非门的真值表。本书如无特殊说明，一律采用正逻辑，即规定高电平为逻辑 1，低电平为逻辑 0。

2. 负逻辑符号的表示

正负逻辑的变换还可以利用摩根定律来证明。假设一个正与门的输入为 A、B，输出为 F，则有

$$F=A \cdot B \tag{2-12}$$

$$\overline{F} = \overline{A} + \overline{B} \tag{2-13}$$

这就是说，一个门电路的输出和所有的输入都取非，则正逻辑变成负逻辑。因此，式（2-10）及式（2-11）说明了正逻辑与门同负逻辑或门等效。

根据上述原理，可将所有的正逻辑门转换为相应的负逻辑门。常用门电路的正负逻辑等效变换如图 2-39 所示。

由图 2-39 可总结出由正逻辑体制变换为负逻辑体制的规则：

（1）将与门符号变成或门符号或将或门符号变为与门符号。

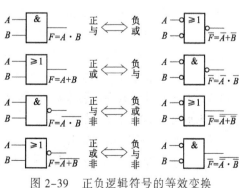

图 2-39 正负逻辑符号的等效变换

（2）在门电路符号的输入端加小圆圈，表示反相。

（3）在门电路符号的输出端加小圆圈，也表示反相。如该处原来已有小圆圈，根据逻辑代数公式 $\overline{\overline{A}}=A$，可把原来的小圆圈去掉。

通过上述分析可以得出：正逻辑与门同负逻辑或门等效；正逻辑或门同负逻辑与门等效；正逻辑与非门同负逻辑或非门等效；正逻辑或非门同负逻辑与非门等效。

2.6.1 门电路使用中应注意的事项

1. 多余端的处理

在使用集成门电路时，如果输入信号数小于门的输入端数，就有多余输入端。一般不让多余的输入端悬空，以防止干扰信号引入。对多余输入端的处理，以不改变电路工作状态及稳定可靠为原则。

对于 TTL 与非门，通常将多余输入端通过 1 kΩ 的电阻与电源 $+V_{CC}$ 相连；也可将多余输入端与另一接有输入信号的输入端连接。这两种方法如图 2-40 所示。TTL 与门多余输入端的处理方法和与非门完全相同。

对于 TTL 或非门，则应该把多余输入端接地或接另一个接有输入信号的输入端。这两种方法如图 2-41 所示。TTL 或门多余输入端的处理方法和或非门完全相同。

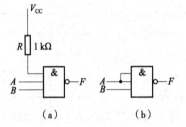

图 2-40　TTL 与非门多余输入端的处理方法

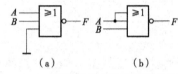

图 2-41　TTL 或非门多余输入端的处理方法

对于 CMOS 电路，多余的输入端必须依据相应电路的逻辑功能决定是接在正电源 V_{DD} 上（与门、与非门）或是与地相接（或门、或非门）。一般不宜与使用的输入端并联使用，因为输入端并联时将使前级的负载电容增加，工作速度下降，动态功耗增加。

2. 使用 CMOS 电路要避免静态损坏

CMOS 电路的输入端有两个明显的特点：一是输入阻抗高，约 10^{10} Ω；二是输入电容小，约 5 pF。因而极易接收静电电荷。如果不加任何保护，则 100 V 以上的静电电压就可能造成栅极与衬底击穿。因此，为了防止产生静电击穿，需采取以下预防措施：

（1）所有与 MOS 电路直接接触的工具、测试设备必须可靠地接地。

（2）操作人员应尽量避免穿着容易产生静电的化纤织物。否则，需要采取消除静电的措施，例如，使用消除静电的喷雾器进行清洗等。

（3）MOS 器件应放在金属容器或其他导电的容器中存放和搬运，绝不能存放在易产生静电的泡沫塑料、塑料袋或其他容器中。

（4）在调试 CMOS 电路板时，如果信号源和电路板是用两组电源，则开机时应先接电路板电源，后开信号源电源。关机时，则应先关信号源电源，后断电路板电源。

本 章 小 结

本章主要讨论了二极管、三极管的开关特性；TTL 逻辑门电路的电路结构、工作原理以及与非门的外特性；CMOS 集成电路。

半导体器件的开关特性是分析电路逻辑功能的基础，对三极管的截止条件、饱和条件以及饱和、截止时各极电压、电流的分配必须十分清楚。三极管工作在饱和状态时基区有存储电荷存在，当从饱和转换为截止时存储电荷的消散需要一定的存储时间 t_s，t_s 是影响开关速度的主要因素。

TTL 与非门的外特性是 TTL 与非门在外部所表现出来的电压和电流的关系。其中有表示输出电压和输入电压之间关系的电压传输特性，表示输入电压和输入电流之间关系的输入特性和表示输出电压和输出电流之间关系的输出特性。只有掌握了这几个特性，才能正确地使用 TTL 与非门。

在 MOS 数字集成电路中。CMOS 电路的最基本逻辑单元是反相器。由于采用了 N 沟道管与 P 沟道管互补式电路，所以功耗小，而且现在生产的高速 CMOS 电路，其工作速度已可与 TTL 电路媲美。在整个数字集成电路中，CMOS 电路占据主导地位的趋势日益明显。

思考题与练习题 2

2-1. 二极管为什么能起开关作用?把它作为理想电子开关的条件是什么?

2-2. 试述三极管截止、放大、饱和三种工作状态的特点。三极管在什么条件下会出现饱和现象?在电路中怎样判别三极管是否处于饱和状态?

2-3. 判断图 2-42 所示各电路中三极管工作在什么状态?

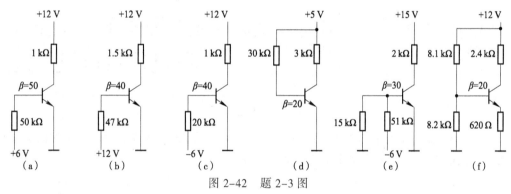

图 2-42 题 2-3 图

2-4. 在图 2-43 图中，已知 $R_1=2$ kΩ，$R_2=30$ kΩ，$R_C=1.5$ kΩ，$V_{CC}=6$ V，$U_B=-6$ V，三极管 $\beta=20$，试计算三极管开始饱和时的 u_i 值（提示：三极管开始饱时 $I_B=I_{BS}$）

2-5. 二极管电路如图 2-44 所示。

（1）分析输出 Z_1、Z_2 和输入 A、B、C 之间的逻辑关系；

（2）已知 A、B、C 的波形如图 2-44（c）所示，画出 Z_1，Z_2 的波形（输入信号电压幅度满足逻辑要求）。

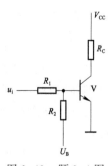

图 2-43 题 2-4 图

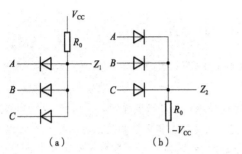

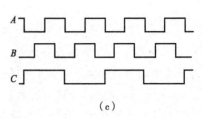

图 2-44　题 2-5 图

2-6. 试分析如图 2-45 所示电路中，一只二极管导通和三只二极管均导通时，流过限流电阻 R 的电流各为多少（二极管导通压降和截止电流均可忽略）？

2-7. 对应于图 2-46（a）各种情况及图 2-46（b）所示输入波形，画出 E、F、L、G、H 的波形。

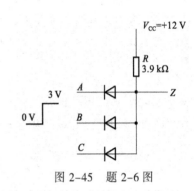

图 2-45　题 2-6 图

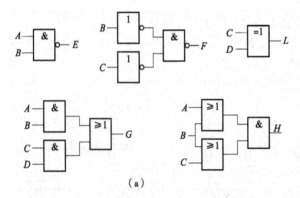

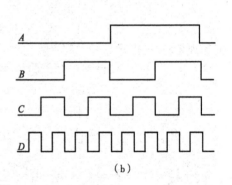

图 2-46　题 2-7 图

2-8. 为什么 TTL 与非门输入端：（a）接地；（b）接低于 0.8 V 的电源；（c）接同类与非门的输出低电平 0.3 V，在逻辑上都属于输入为 0?

2-9. 为什么 TTL 与非门输入端：（a）悬空；（b）接高于 2 V 的电源；（c）接同类与非门的输出高电平 3.6 V，在逻辑上都属于输入为 1?

2-10. 在挑选 TTL 门电路时，人们都希望选用输入短路电流比较小的与非门，为什么？

2-11. 试说明能否将与非门、或非门、异或门当作反相器使用?各输入端应该如何连接?

2-12. 指出图 2-47 所示各门电路的输出是什么状态（高电平、低电平或高阻态）。假定它们都是 TTL 门电路。

2-13. 说明图 2-48 所示中各门电路的输出是高电平还是低电平? 假定它们都是 CMOS 电路。

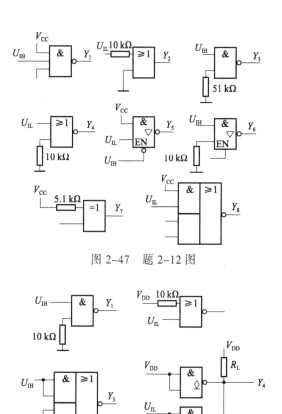

图 2-47 题 2-12 图

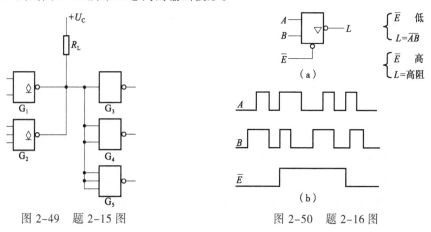

图 2-48 题 2-13 图

2-14. 有两个 TTL 与非门组件，A 组件的关门电平 $U_{off}=1.1$ V，B 组件的 $U_{off}=0.9$ V，试问低电平噪声容限 U_{NL} 哪个大？

2-15. 在图 2-49 中，G_1，G_2 是两个集电极开路与非门，每个门输出低电平时允许灌入的最大电流为 13 mA，输出高电平时的漏电流小于 250 μA。G_3、G_4、G_5 是三个 TTL 门，它们的输入端个数分别为一个，两个和三个，而且全部并联使用。已知 TTL 门的 $I_{IS}=1.6$ mA，$I_{IH} < 50$ μA，$U_C=5$ V，问 R_L 应选多大？

2-16. 画出图 2-50 所示三态门的输出波形。

图 2-49 题 2-15 图

图 2-50 题 2-16 图

2-17. 给出图 2-51 所示电路输出端 F 的逻辑表达式。

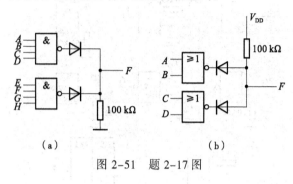

（a）   （b）

图 2-51　题 2-17 图

第 3 章

↵ 组合逻辑电路

在数字系统中，按照逻辑功能的不同可分为组合逻辑和时序逻辑，与之对应的数字逻辑电路可分为组合逻辑电路和时序逻辑电路两大类。本章首先介绍组合逻辑电路的基本特点、组合逻辑电路的分析与设计方法，然后介绍几种常用的中规模集成电路：编码器、译码器、数据选择器、数据分配器、加法器和比较器的逻辑功能及其应用。

3.1 概　　述

1. 组合逻辑电路的特点

在组合逻辑电路中，任意时刻的输出仅仅取决于该时该的输入，与电路原来的状态无关。这就是组合逻辑电路在逻辑功能上的共同特点。

图 3-1 所示为一个组合逻辑电路的实例。它有三个输入变量 A、B、C_I 和两个输出变量 S、C_O。由图可知，无论何时，只要 A、B 和 C_I 的取值确定了，则 S 和 C_O 的取值也随之确定，与电路过去的状态无关。

从组合电路逻辑功能的特点不难看出，既然它的输出与电路的历史状况无关，那么电路中就不含有记忆存储元件。这正是组合逻辑电路在电路结构上的特点之一。

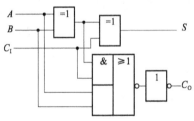

图 3-1　组合逻辑电路举例

2. 逻辑功能的描述

从理论上讲，逻辑图本身就是逻辑功能的一种表达方式。然而在许多情况下，用逻辑图所表示的逻辑功能不够直观，往往还需要把它转换为逻辑函数式或逻辑真值表的形式，以使电路的逻辑功能更加直观、明显。

例如，将图 3-1 所示的逻辑功能写成逻辑函数式的形式即可得到

$$\begin{cases} S=(A \oplus B) \oplus C_I \\ C_O=(A \oplus B) C_I+AB \end{cases} \tag{3-1}$$

将图 3-1 所示的逻辑功能写成逻辑真值表的形式即可得到

$$S = (A \oplus B) \oplus C_I$$
$$= \overline{A \oplus B} C_I + (A \oplus B)\overline{C_I}$$
$$= (A \otimes B)C_I + (A \oplus B)\overline{C_I}$$
$$= (AB + \overline{A}\overline{B})C_I + (\overline{A}B + A\overline{B})\overline{C_I}$$
$$= ABC_I + \overline{A}\overline{B}C_I + \overline{A}B\overline{C_I} + A\overline{B}C_I$$

$$C_O = (A \oplus B)\, C_I + AB$$
$$= (\overline{A}B + A\overline{B})\, C_I + AB$$
$$= \overline{A}BC_I + A\overline{B}C_I + AB \tag{3-2}$$

表 3-1 即为图 3-1 所示电路的逻辑真值表。

表 3-1　图 3-1 所示电路的逻辑真值表

输　　　入			输　　　出	
A	B	C_I	S	C_O
0	0	0	0	0
0	0	1	1	0
0	1	0	1	0
0	1	1	0	1
1	0	0	1	0
1	0	1	0	1
1	1	0	0	1
1	1	1	1	1

从真值表可以看出其逻辑功能为 $A=0$ 时，B、C_I 不同，S 为 1；及 $A=0$ 时，B、C_I 相同，S 为 0。当 A、B、C_I 有两个及以上为 1 时，$C_O=1$，否则均为 0。对于任何一个多输入、多输出的组合逻辑电路，都可以用图 3-2 所示的框图表示。

图 3-2　组合逻辑电路的框图

图中 a_1，a_2，$\cdots$，a_n 表示输入变量，y_1，y_2，$\cdots$，y_m 表示输出变量。输出与输入间的逻辑关系可以用一组逻辑函数表示：

$$\left\{ \begin{array}{l} y_1 = f_1\,(a_1,\ a_2,\ \ldots, a_n) \\ y_2 = f_2\,(a_1,\ a_2,\ \ldots, a_n) \\ \qquad\quad \vdots \\ y_m = f_m\,(a_1,\ a_2,\ \ldots, a_n) \end{array} \right. \tag{3-3}$$

3.2　组合逻辑电路的分析与设计

3.2.1　组合逻辑电路的分析

组合逻辑电路的分析是指对给定的逻辑电路，通过分析找出电路的逻辑功能。

组合逻辑电路的分析方法：

（1）从电路的输入到输出逐级写出输出与输入的逻辑关系的逻辑函数表达式。

（2）对写出的逻辑函数表达式进行逻辑化简或变换，得到最简形式或达到简单明了。

（3）根据最简表达式列出真值表。

（4）依据真值表或最简函数表达式确定其逻辑功能。

现举例分析如下：

【例 3-1】分析如图 3-3 所示的组合逻辑电路。

解：图 3-3 所示为四个门电路构成的三级组合逻辑电路。组合逻辑电路中"级"数是指从某一输入信号发生变化至引起输出端发生变化所经历的逻辑门的最大数目。

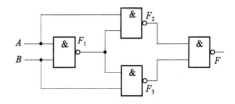

图 3-3　组合逻辑电路图

（1）逐级写出逻辑表达式

$$F = \overline{\overline{A \cdot \overline{AB}} \cdot \overline{B \cdot \overline{AB}}} \tag{3-4}$$

（2）化成最简表达式

$$
\begin{aligned}
F &= A \cdot \overline{AB} + B \cdot \overline{AB} \\
  &= A(\overline{A} + \overline{B}) + B(\overline{A} + \overline{B}) \\
  &= A\overline{B} + \overline{A}B = A \oplus B
\end{aligned}
\tag{3-5}
$$

（3）列真值表。根据最简表达式，列出真值表，如表 3-2 所示。

（4）确定逻辑功能。由真值表可归纳出：当输入 A、B 相异时，输出 F 为 1，相同时输出为 0，因此它是一个实现异或逻辑关系的电路。

表 3-2　例 3-1 真值表

A	B	F
0	0	0
0	1	1
1	0	1
1	1	0

3.2.2　组合逻辑电路的设计

组合逻辑电路的设计与分析过程相反，它是根据给定的逻辑问题或逻辑功能要求来设计出逻辑电路。

随着微电子技术的不断发展，单块芯片的集成度越来越高，相继研制出小规模、中规模、大规模集成电路。实现组合逻辑电路设计，根据所用器件的不同，有着不同的设计方法。

组合逻辑电路设计一般可按下列步骤进行：

（1）根据给定的逻辑要求，定义输出逻辑变量和输入逻辑变量，并列出真值表。

（2）根据真值表写出输出逻辑函数的与或表达式。

（3）将输出逻辑函数表达式化简或变换。

（4）根据化简或变换后的输出逻辑函数表达式，画出逻辑电路图。

组合逻辑电路的设计通常以电路简单、所用器件最少为目标。在实际工作中，需要根据电路的使用场合、技术指标等选择合适的逻辑门电路，尽可能减少所用器件的数目和种类，从而设计出经济实用、性能稳定和工作可靠的逻辑电路。

【例3-2】 用与非门设计一个供三人使用的表决电路。每人有一电键，如果赞成就按电键，如果不赞成就不按电键。表决结果用指示灯表示，如果多数赞成，则指示灯亮，否则灯不亮。

解： 参加表决的三人分别为 A、B、C，按电键为"1"，不按电键为"0"；表决结果用逻辑变量 Y 表示，灯亮为"1"，灯灭为"0"。

（1）根据题意列出真值表，如表3-3所示。共有八种组合，$Y=1$ 的组合只有四种。

表3-3 例3-2真值表

A	B	C	Y
0	0	0	0
0	0	1	0
0	1	0	0
0	1	1	1
1	0	0	0
1	0	1	1
1	1	0	1
1	1	1	1

（2）根据真值表写出输出逻辑函数表达式

$$Y=\overline{A}BC+A\overline{B}C+AB\overline{C}+ABC \qquad (3-6)$$

（3）将输出逻辑函数表达式化简或变换（此题化简用卡诺图比较方便）。画出卡诺图如图3-4所示。

根据卡诺图化简得

$$Y=AB+BC+CA \qquad (3-7)$$

将与或表达式变换为与非表达式

$$Y=\overline{\overline{AB+BC+CA}}$$
$$=\overline{\overline{AB}\cdot\overline{BC}\cdot\overline{CA}} \qquad (3-8)$$

（4）由此可画出图3-5所示的逻辑电路图。

图3-4 卡诺图

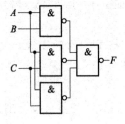

图3-5 逻辑电路图

3.3 常用中规模集成组合逻辑电路

由于人们在实践中遇到的逻辑问题层出不穷，因而为解决这些逻辑问题而设计的逻辑电路也不胜枚举。然而我们发现，其中有些逻辑电路经常地、大量地出现在各种数字系统当中。这些电路包括编码器、译码器、数据选择器、数值比较器、加法器、函数发生器、奇偶校验器/发生器等。为了使用方便，已经把这些逻辑电路制成了中、小规模集成的标准化集成电路产品。下面分别介绍一下这些器件的工作原理和使用方法。

3.3.1 集成编码器

为了区分一系列不同的事物，将其中的每个事物用一个二值代码表示，这就是编码的含意。在二值逻辑电路中，信号都是以高、低电平的形式给出的。因此，编码器的逻辑功能就是把输入的每一个高、低电平信号编译成一个对应的二进制代码。

1. 普通编码器

目前经常使用的编码器有普通编码器和优先编码器两类。在普通编码器中，任何时刻只允许输入一个编码信号，否则输出将发生混乱。

现以 3 位二进制普通编码器为例，分析一下普通编码器的工作原理。图 3-6 为 3 位二进制编码器的框图，它的输入是 $I_0 \sim I_7$（8 个高电平信号），输出是 3 位二进制代码 $Y_2 Y_1 Y_0$。为此，它又称为 8 线–3 线编码器。

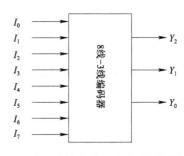

图 3-6　3 位二进制（8 线–3 线）编码器的框图

编码器的设计方法：

（1）据输出与输入的对应关系列真值表 3-4。

表 3-4　3 位二进制编码器的真值表

输　　　入								输　　出		
I_0	I_1	I_2	I_3	I_4	I_5	I_6	I_7	Y_2	Y_1	Y_0
1	0	0	0	0	0	0	0	0	0	0
0	1	0	0	0	0	0	0	0	0	1
0	0	1	0	0	0	0	0	0	1	0
0	0	0	1	0	0	0	0	0	1	1
0	0	0	0	1	0	0	0	1	0	0
0	0	0	0	0	1	0	0	1	0	1
0	0	0	0	0	0	1	0	1	1	0
0	0	0	0	0	0	0	1	1	1	1

任何时刻 $I_0 \sim I_7$ 当中仅有一个取值为 1，即输入变量取值的组合仅有表 3-4 中列出的 8 种状态。

（2）根据真值表写出逻辑表达式

$$\begin{cases} Y_2 = I_4 + I_5 + I_6 + I_7 \\ Y_1 = I_2 + I_3 + I_6 + I_7 \\ Y_0 = I_1 + I_3 + I_5 + I_7 \end{cases} \quad (3\text{-}9)$$

（3）根据表达式画出逻辑电路，如图 3-7 所示。

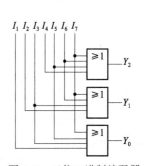

图 3-7　三位二进制编码器

2. 优先编码器

在优先编码器电路中，允许同时输入两个以上编码信号。不过在设计优先编码器时已经将所有的输入信号按优先顺序排列，当几个输入信号同时出现时，只对其中优先权最高的一个进行编码。

图 3-8 为 8 线-3 线优先编码器 74LS148 的逻辑图。如果不考虑由门 G_1、G_2 和 G_3 构成的附加控制电路，则编码器电路只有图中虚线框以内的部分。

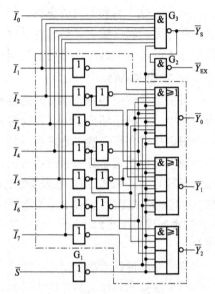

根据图 3-8 写出输出的逻辑表达式

$$\begin{cases} \overline{Y}_2 = \overline{(I_4 + I_5 + I_6 + I_7) \cdot S} \\ \overline{Y}_1 = \overline{(I_2 \overline{I}_4 \overline{I}_5 + I_3 \overline{I}_4 \overline{I}_5 + I_6 + I_7) \cdot S} \\ \overline{Y}_0 = \overline{(I_1 \overline{I}_2 \overline{I}_4 \overline{I}_6 + I_3 \overline{I}_4 \overline{I}_6 + I_5 \overline{I}_6 + I_7) \cdot S} \end{cases}$$

$$(3-10)$$

为了扩展电路的功能和增加使用的灵活性，在 74LS148 逻辑电路中附加了由门 G_1、G_2 和 G_3 组成的控制电路。其中 $\overline{S}$ 为选通输入端，只有在 $\overline{S}=0$ 的条件下，编码器才能正常工作；而在 $\overline{S}=1$ 时，所有的输出端均被封锁在高电平。选通输出端 $\overline{Y}_S$ 和扩展端 $\overline{Y}_{EX}$ 用于扩展编码功能。由图可知

图 3-8　8 线—3 线优先编码器 74LS148 的逻辑图

$$\overline{Y}_S = \overline{\overline{I_0} \overline{I_1} \overline{I_2} \overline{I_3} \overline{I_4} \overline{I_5} \overline{I_6} \overline{I_7} S} \tag{3-11}$$

上式表明，只有当所有的编码输入端都是高电平（即没有编码输入），而且 $\overline{S}=1$ 时，$\overline{Y}_S$ 才是低电平。因此，$\overline{Y}_S$ 的低电平输出信号表示"电路工作，但无编码输入"。

根据图 3-8 还可以写出逻辑表达式

$$\begin{aligned} \overline{Y}_{EX} &= \overline{\overline{\overline{I_0} \overline{I_1} \overline{I_2} \overline{I_3} \overline{I_4} \overline{I_5} \overline{I_6} \overline{I_7} S} \cdot S} \\ &= \overline{(I_0 + I_1 + I_2 + I_3 + I_4 + I_5 + I_6 + I_7) \cdot S} \end{aligned} \tag{3-12}$$

这说明只要任何一个编码输入端有低电平信号输入，且 $S=1$，$\overline{Y}_{EX}$ 即为低电平。因此，$\overline{Y}_{EX}$ 的低电平输出信号表示"电路工作，而且有编码输入"。

根据式（3-10）、式（3-11）和式（3-12）可以列出如表 3-5 所示的 74LS148 的真值表。它的输入和输出均以低电平作为有效信号。

从表中不难看出，在电路正常工作状态下（$\overline{S}=0$），允许 $I_0 \sim I_7$ 当中同时有几个输入端为低电平，即有编码输入信号。$\overline{I}_7$ 的优先权最高，$\overline{I}_0$ 的优先权最低。当 $\overline{I}_7=0$ 时，无论其他输入端有无输入信号（表中以 × 表示），输出端只给出 $\overline{I}_7$ 的编码，即 $\overline{Y}_2 \overline{Y}_1 \overline{Y}_0 =000$。当 $\overline{I}_7=1$、$\overline{I}_6=0$ 时，无论其他输入端有无输入信号，电路只对 $\overline{I}_6$ 编码，输出为 $\overline{Y}_2 \overline{Y}_1 \overline{Y}_0 =001$。其余的输入状态请读者自行分析。另外，从表中和逻辑图都可以看出，输入是低电平有效，输出是二进制反码。即 $\overline{I}_7$ 编码成 000，而 $\overline{I}_0$ 编码成 111。

表 3-5　74LS148 的真值表

输				入					输		出		
$\overline{S}$	$\overline{I}_0$	$\overline{I}_1$	$\overline{I}_2$	$\overline{I}_3$	$\overline{I}_4$	$\overline{I}_5$	$\overline{I}_6$	$\overline{I}_7$	$\overline{Y}_2$	$\overline{Y}_1$	$\overline{Y}_0$	$\overline{Y}_S$	$\overline{Y}_{EX}$
1	×	×	×	×	×	×	×	×	1	1	1	1	1
0	1	1	1	1	1	1	1	1	1	1	1	0	1
0	×	×	×	×	×	×	×	0	0	0	0	1	0
0	×	×	×	×	×	×	0	1	0	0	1	1	0
0	×	×	×	×	×	0	1	1	0	1	0	1	0
0	×	×	×	×	0	1	1	1	0	1	1	1	0
0	×	×	×	0	1	1	1	1	1	0	0	1	0
0	×	×	0	1	1	1	1	1	1	0	1	1	0
0	×	0	1	1	1	1	1	1	1	1	0	1	0
0	0	1	1	1	1	1	1	1	1	1	1	1	0

表中出现的 3 种 $\overline{Y}_2\overline{Y}_1\overline{Y}_0$=111 情况可以用 $\overline{Y}_s$ 和 $\overline{Y}_{EX}$ 的不同状态加以区分。

图 3-9 为二–十进制优先编码器 74LS147 的逻辑图。二–十进制优先编码器是将十进制数 0～9 用 4 位二进制数码表示，如真值表 3–6 所示。当输入端 $\overline{I}_9$ 为低电平，则对 $\overline{I}_9$ 编码为 0110（以反码表示）。再如，当输入端 $\overline{I}_7$ 为低电平，则对 $\overline{I}_7$ 编码为 1000（以反码表示）。

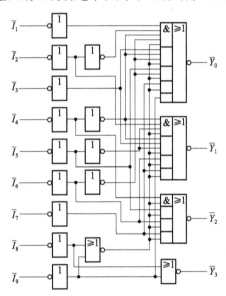

图 3-9　二–十进制优先编码器 74LS147 的逻辑图

表 3-6　74LS147 的真值表

输				入					输		出	
$\overline{I}_1$	$\overline{I}_2$	$\overline{I}_3$	$\overline{I}_4$	$\overline{I}_5$	$\overline{I}_6$	$\overline{I}_7$	$\overline{I}_8$	$\overline{I}_9$	$\overline{Y}_3$	$\overline{Y}_2$	$\overline{Y}_1$	$\overline{Y}_0$
1	1	1	1	1	1	1	1	1	1	1	1	1
×	×	×	×	×	×	×	×	0	0	1	1	0
×	×	×	×	×	×	×	0	1	0	1	1	1
×	×	×	×	×	×	0	1	1	1	0	0	0
×	×	×	×	×	0	1	1	1	1	0	0	1
×	×	×	×	0	1	1	1	1	1	0	1	0

续表

输			入						输		出	
$\overline{I_1}$	$\overline{I_2}$	$\overline{I_3}$	$\overline{I_4}$	$\overline{I_5}$	$\overline{I_6}$	$\overline{I_7}$	$\overline{I_8}$	$\overline{I_9}$	$\overline{Y_3}$	$\overline{Y_2}$	$\overline{Y_1}$	$\overline{Y_0}$
×	×	×	0	1	1	1	1	1	1	0	1	1
×	×	0	1	1	1	1	1	1	1	1	0	0
×	0	1	1	1	1	1	1	1	1	1	0	1
0	1	1	1	1	1	1	1	1	1	1	1	0

由真值表得到输出端的逻辑表达式

$$\begin{cases} \overline{Y_3} = \overline{I_8 + I_9} \\ \overline{Y_2} = \overline{I_7\overline{I_8}\,\overline{I_9} + I_6\overline{I_8}\,\overline{I_9} + I_5\overline{I_8}\,\overline{I_9} + I_4\overline{I_8}\,\overline{I_9}} \\ \overline{Y_1} = \overline{I_7\overline{I_8}\,\overline{I_9} + I_6\overline{I_8}\,\overline{I_9} + I_3\overline{I_4}\,\overline{I_5}\,\overline{I_8}\,\overline{I_9} + I_2\overline{I_4}\,\overline{I_5}\,\overline{I_8}\,\overline{I_9}} \\ \overline{Y_0} = \overline{I_9 + I_7\overline{I_8}\,\overline{I_9} + I_5\overline{I_6}\,\overline{I_8}\,\overline{I_9} + I_3\overline{I_4}\,\overline{I_6}\,\overline{I_8}\,\overline{I_9} + I_1\overline{I_2}\,\overline{I_4}\,\overline{I_6}\,\overline{I_8}\,\overline{I_9}} \end{cases} \tag{3-13}$$

由真值表可知，编码器的输入也是低电平有效。编码器的输出是反码形式的 BCD 码。即 $\overline{I_0}$ 编码成 1111，$\overline{I_1}$ 编码成 1110，$\overline{I_9}$ 则编码成 0110。优先权以 $\overline{I_9}$ 为最高，$\overline{I_0}$ 为最低。

3.3.2　集成译码器

译码器的逻辑功能是将每个输入的二进制代码译码成对应的输出高、低电平信号。因此，译码是编码的反操作。常用的译码器有二进制译码器、二-十进制译码器和显示译码器三类。

1. 二进制译码器

1）二进制译码器的工作原理

二进制译码器的输入是一组二进制代码，输出是一组与输入代码一一对应的高、低电平信号。这类译码器是全译码器，它对所有变量输入组合均有相应的译码输出。

以 3 位二进制译码器为例，如图 3-10 所示，$A_2A_1A_0$ 为三位二进制代码输入，对应 8 种不同的代码输出，译码器将 $Y_0 \sim Y_7$ 中的一根输出线译成高或低电平信号。如表 3-7 所示为译码器将输入代码译成的输出是某一时刻高电平信号的真值表。

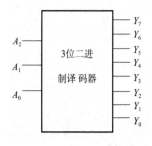

图 3-10　3 位二进制译码器框图

表 3-7　3 位二进制译码器的真值表

输		入	输							出
A_2	A_1	A_0	Y_7	Y_6	Y_5	Y_4	Y_3	Y_2	Y_1	Y_0
0	0	0	0	0	0	0	0	0	0	1
0	0	1	0	0	0	0	0	0	1	0
0	1	0	0	0	0	0	0	1	0	0
0	1	1	0	0	0	0	1	0	0	0
1	0	0	0	0	0	1	0	0	0	0
1	0	1	0	0	1	0	0	0	0	0
1	1	0	0	1	0	0	0	0	0	0
1	1	1	1	0	0	0	0	0	0	0

显然，若二进制译码器输入的是 n 位二进制代码，则输出可有 2^n 个不同的信号。

由真值表可直接写出逻辑表达式

$$Y_0 = \overline{A_2}\,\overline{A_1}\,\overline{A_0}$$
$$Y_1 = \overline{A_2}\,\overline{A_1}\,A_0$$
$$Y_2 = \overline{A_2}\,A_1\,\overline{A_0}$$
$$Y_3 = \overline{A_2}\,A_1\,A_0$$
$$Y_4 = A_2\,\overline{A_1}\,\overline{A_0}$$
$$Y_5 = A_2\,\overline{A_1}\,A_0$$
$$Y_6 = A_2\,A_1\,\overline{A_0}$$
$$Y_7 = A_2\,A_1\,A_0$$

（3-14）

根据表达式画出如图 3-11 所示的逻辑电路。

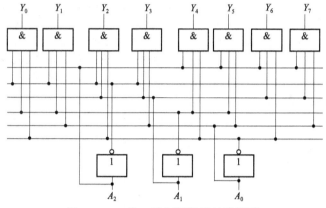

图 3-11　3 位二进制译码器的逻辑图

2）集成 3 线-8 线译码器 74LS138

74LS138 是由 TTL 与非门组成的 3 位二进制译码器，也就是 3 线-8 线译码器，如图 3-12 所示。其真值表如表 3-8 所示，它的输出为低电平有效。

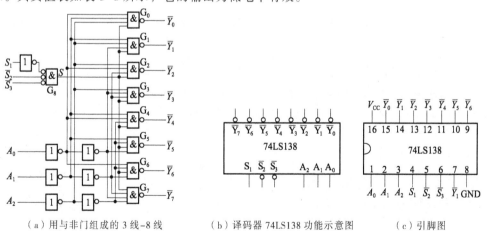

（a）用与非门组成的 3 线-8 线　　（b）译码器 74LS138 功能示意图　　（c）引脚图

译码器 74LS138

图 3-12　3 线-8 线译码器

表 3-8　3 线-8 线译码器 74LS138 的真值表

输			入		输				出			
S_1	$\overline{S}_2+\overline{S}_3$	A_2	A_1	A_0	$\overline{Y}_0$	$\overline{Y}_1$	$\overline{Y}_2$	$\overline{Y}_3$	$\overline{Y}_4$	$\overline{Y}_5$	$\overline{Y}_6$	$\overline{Y}_7$
0	×	×	×	×	1	1	1	1	1	1	1	1
×	1	×	×	×	1	1	1	1	1	1	1	1
1	0	0	0	0	0	1	1	1	1	1	1	1
1	0	0	0	1	1	0	1	1	1	1	1	1
1	0	0	1	0	1	1	0	1	1	1	1	1
1	0	0	1	1	1	1	1	0	1	1	1	1
1	0	1	0	0	1	1	1	1	0	1	1	1
1	0	1	0	1	1	1	1	1	1	0	1	1
1	0	1	1	0	1	1	1	1	1	1	0	1
1	0	1	1	1	1	1	1	1	1	1	1	0

与图 3-11 相比，74LS138 增加三个使能输入端 S_1、$\overline{S}_2$ 和 $\overline{S}_3$。当 $S_1=1$、$\overline{S}_2+\overline{S}_3=0$ 时，译码器处于工作状态；否则译码器被禁止，所有的输出均为高电平。所以 S_1、$\overline{S}_2$ 和 $\overline{S}_3$ 又称为"片选"输入端，即改变这三个控制端的输入可使该译码器工作或不工作，利用片选的作用可以将多片 74LS138 连接起来以扩展译码器的功能。

根据真值表写出逻辑表达式

$$\overline{Y}_0 = \overline{\overline{A}_2\overline{A}_1\overline{A}_0} = \overline{m}_0$$

$$\overline{Y}_1 = \overline{\overline{A}_2\overline{A}_1 A_0} = \overline{m}_1$$

$$\overline{Y}_2 = \overline{\overline{A}_2 A_1\overline{A}_0} = \overline{m}_2$$

$$\overline{Y}_3 = \overline{\overline{A}_2 A_1 A_0} = \overline{m}_3$$

$$\overline{Y}_4 = \overline{A_2\overline{A}_1\overline{A}_0} = \overline{m}_4$$

$$\overline{Y}_5 = \overline{A_2\overline{A}_1 A_0} = \overline{m}_5$$

$$\overline{Y}_6 = \overline{A_2 A_1\overline{A}_0} = \overline{m}_6$$

$$\overline{Y}_7 = \overline{A_2 A_1 A_0} = \overline{m}_7 \tag{3-15}$$

3）用译码器设计组合逻辑电路

由式（3-15）可以看出，若将 A_2、A_1、A_0 作为三个输入逻辑变量，则八个输出端 $\overline{Y}_0 \sim \overline{Y}_7$ 给出的就是这三个输入变量的全部最小项 $\overline{m}_0 \sim \overline{m}_7$，故这种译码器又称为最小项译码器。利用附加的门电路将这些最小项适当地组合起来，便可产生任何形式的三变量组合逻辑函数。

【例 3-3】用 74LS138 实现逻辑函数 $Y = AB + \overline{A}B$。

解：$Y = AB + \overline{A}B$

$$= ABC + AB\overline{C} + \overline{A}BC + \overline{A}B\overline{C}$$

$$= m_7 + m_6 + m_3 + m_1$$

$$= \overline{\overline{m}_7 + \overline{m}_6 + \overline{m}_3 + \overline{m}_1}$$

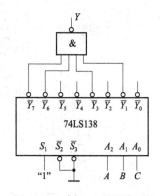

图 3-13　例 3-3 的逻辑图

将 A、B、C 分别接译码器的 A_2、A_1、A_0，则从译码器输出端 $\overline{Y}_7$、$\overline{Y}_6$、$\overline{Y}_3$、$\overline{Y}_1$ 可得到 $\overline{m}_7$、$\overline{m}_6$、$\overline{m}_3$、$\overline{m}_1$，再用一个与非门连接即可，如图 3–13 所示。

【例 3-4】应用两片 74LS138 组成 4 线–16 线译码器。

解：此题是译码器的扩展问题，有效地利用使能端可以对芯片进行功能扩展，图 3–14 所示电路即为用两片 74LS138 组成 4 线–16 线译码器。

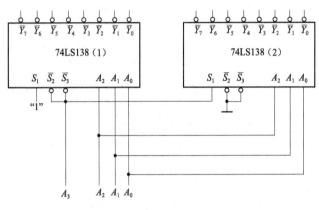

图 3–14 例 3–4 的逻辑图

工作原理：

由于每片 74LS138 有八个输出端，因此两片共有 16 个输出端，但每片只有三个代码输入端，所以需利用其使能端扩展第 4 位代码的输入端。如图图 3–14 所示，将第 1 片的 $\overline{S}_2$、$\overline{S}_3$ 端与第 2 片的 S_1 端连在一起作为 A_3 端，并将第 1 片的 S_1 端接高电平，第 2 片的 $\overline{S}_2$、$\overline{S}_3$ 端接地，再同时取两片的 A_2、A_1、A_0 即可。

当 A_3、A_2、A_1、A_0 为 0000～0111 时，第 1 片（低位）芯片工作，对应的 $\overline{Y}_0$～$\overline{Y}_7$ 依次被译成低电平，第 2 片（高位）芯片不工作；当 A_3、A_2、A_1、A_0 为 1000～1111 时，第 2 片（高位）芯片工作，对应的 $\overline{Y}_8$～$\overline{Y}_{15}$ 依次被译成低电平，第 1 片（低位）芯片不工作。

2. 二–十进制译码器

二–十进制译码器的逻辑功能是将输入 BCD 码的 10 个代码译成 10 个高、低电平输出信号，如图 3–15 所示。

译码器的真值表如表 3–9 所示。

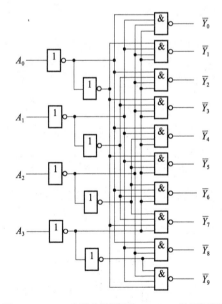

图 3–15 二–十进制译码器 74LS42 的逻辑图

表 3-9 二-十进制译码器 74LS42 的真值表

序号	输入				输出									
	A_3	A_2	A_1	A_0	$\overline{Y}_0$	$\overline{Y}_1$	$\overline{Y}_2$	$\overline{Y}_3$	$\overline{Y}_4$	$\overline{Y}_5$	$\overline{Y}_6$	$\overline{Y}_7$	$\overline{Y}_8$	$\overline{Y}_9$
0	0	0	0	0	0	1	1	1	1	1	1	1	1	1
1	0	0	0	1	1	0	1	1	1	1	1	1	1	1
2	0	0	1	0	1	1	0	1	1	1	1	1	1	1
3	0	0	1	1	1	1	1	0	1	1	1	1	1	1
4	0	1	0	0	1	1	1	1	0	1	1	1	1	1
5	0	1	0	1	1	1	1	1	1	0	1	1	1	1
6	0	1	1	0	1	1	1	1	1	1	0	1	1	1
7	0	1	1	1	1	1	1	1	1	1	1	0	1	1
8	1	0	0	0	1	1	1	1	1	1	1	1	0	1
9	1	0	0	1	1	1	1	1	1	1	1	1	1	0

根据真值表写出逻辑表达式

$$
\begin{cases}
\overline{Y}_0 = \overline{\overline{A_3}\,\overline{A_2}\,\overline{A_1}\,\overline{A_0}} & \overline{Y}_5 = \overline{\overline{A_3}A_2\overline{A_1}A_0} \\
\overline{Y}_1 = \overline{\overline{A_3}\,\overline{A_2}\,\overline{A_1}A_0} & \overline{Y}_6 = \overline{\overline{A_3}A_2A_1\overline{A_0}} \\
\overline{Y}_2 = \overline{\overline{A_3}\,\overline{A_2}A_1\overline{A_0}} & \overline{Y}_7 = \overline{\overline{A_3}A_2A_1A_0} \\
\overline{Y}_3 = \overline{\overline{A_3}\,\overline{A_2}A_1A_0} & \overline{Y}_8 = \overline{A_3\overline{A_2}\,\overline{A_1}\,\overline{A_0}} \\
\overline{Y}_4 = \overline{\overline{A_3}A_2\overline{A_1}\,\overline{A_0}} & \overline{Y}_9 = \overline{A_3\overline{A_2}\,\overline{A_1}A_0}
\end{cases}
\tag{3-16}
$$

对于 BCD 码以外的伪码（即 1010～1111 6 个代码）$\overline{Y}_0 \sim \overline{Y}_9$ 均无低电平信号产生，译码器拒绝"翻译"，所以这个电路结构具有拒绝伪码的功能。

3. 显示译码器

1）七段字符显示器

为了能以十进制数码直观地显示数字系统的运行数据，目前广泛使用七段字符显示器，或称做七段数码管。这种字符显示器由七段可发光的线段拼合而成。常见的七段字符显示器有半导体数码管和液晶显示器两种。

图 3-16 所示为半导体数码管 BS201A 的外形图和等效电路。这种数码管的每个线段都是一个发光二极管（Light Emitting Diode，LED），因而也把它称为 LED 数码管或 LED 七段显示器。

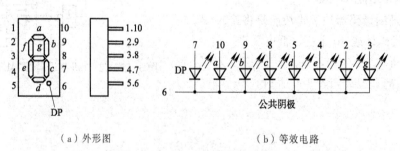

（a）外形图   （b）等效电路

图 3-16 半导体数码管 BS201A

在 BS201 等数码管中在右下角处增设了一个小数点,形成了所谓的八段数码管,如图 3-16(a)所示。此外,由图 3-16(b)所示的等效电路可知,BS201A 的八段发光二极管的阴极是接在一起的,属于共阴极类型。为了增加使用的灵活性,同一规格的数码管一般都有共阴极和共阳极两种类型可供选用。

半导体数码管不仅具有工作电压低、体积小、寿命长、可靠性高等优点,而且响应时间短(一般不超过 0.1 μs),亮度也比较高。它的缺点是工作电流比较大,每一段的工作电流在 10 mA 左右。

另一种常用的七段字符显示器是液晶显示器(Liquid Crystal Display,LCD)。液晶是一种既具有液体的流动性又具有光学特性的有机化合物。它的透明度和呈现的颜色受外加电场的影响,利用这一特点便可作成字符显示器。

在没有外加电场的情况下,液晶分子按一定取向整齐地排列着,如图 3-17(a)所示。这时液晶为透明状态,射入的光线大部分由反射电极反射回来,显示器呈白色。在电极上加上电压以后,液晶分子因电离而产生正离子,这些正离子在电场作用下运动并碰撞其他液晶分子,破坏了液晶分子的整齐排列,使液晶呈现混浊状态。这时射入的光线散射后仅有少量反射回来,故显示器呈暗灰色。这种现象称为动态散射效应。外加电场消失以后,液晶又恢复到整齐排列的状态。如果将七段透明的电极排列成"8"字形,那么只要选择不同的电极组合并加以正电压,便能显示出各种字符来。

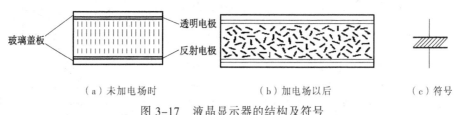

（a）未加电场时　　　　　　　（b）加电场以后　　　　　　（c）符号

图 3-17　液晶显示器的结构及符号

液晶显示器的最大优点是功耗极小,每平方厘米的功耗在 1 μW 以下。它的工作电压也很低,在 IV 以下仍能工作。因此,液晶显示器在电子表以及各种小型、便携式仪器、仪表中得到了广泛的应用。但是,由于它本身不会发光,仅仅靠反射外界光线显示字形,所以亮度很差。此外,它的响应速度较低(在 10~200 ms 范围内),这就限制了它在快速系统中的应用。

2）BCD-七段显示译码器

半导体数码管和液晶显示器都可以用 TTL 或 CMOS 集成电路直接驱动。为此,就需要使用显示译码器将 BCD 代码译成数码管所需要的驱动信号,以便使数码管用十进制数字显示 BCD 代码所表示的数值。

现以 $A_3A_2A_1A_0$ 表示显示译码器输入的 BCD 代码,以 $Y_a \sim Y_g$ 表示输出的 7 位二进制代码,并规定用 1 表示数码管中线段的点亮状态,用 0 表示线段的熄灭状态。则根据显示字形的要求得到如表 3-10 所示的真值表。表中除列出了 BCD 代码的 10 个状态与 $Y_a \sim Y_g$ 状态的对应关系以外,还可以规定输入为 1010~1111 这六个状态下显示的字形。

由表 3-10 可以看出,现在与每个输入代码对应的输出不是某一根输出线上的高、低电平,而是另一个 7 位的代码,所以它已经不是我们在这一节开始所定义的那种译码器。严格地讲,把这种电路叫代码变换器更确切一些。但习惯上都把它称为显示译码器。

表 3-10　BCD—七段显示译码器的真值表

数字	编　码											字形
	A_3	A_2	A_1	A_0	Y_a	Y_b	Y_c	Y_d	Y_e	Y_f	Y_g	
0	0	0	0	0	1	1	1	1	1	1	0	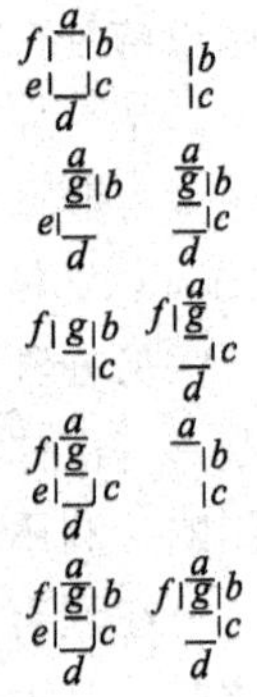
1	0	0	0	1	0	1	1	0	0	0	0	
2	0	0	1	0	1	1	0	1	1	0	1	
3	0	0	1	1	1	1	1	1	0	0	1	
4	0	1	0	0	0	1	1	0	0	1	1	
5	0	1	0	1	1	0	1	1	0	1	1	
6	0	1	1	0	1	0	1	1	1	1	1	
7	0	1	1	1	1	1	1	0	0	0	0	
8	1	0	0	0	1	1	1	1	1	1	1	
9	1	0	0	1	1	1	1	1	0	1	1	

从得到的真值表画出表示 $Y_a \sim Y_g$ 的卡诺图，如图 3-18 所示。

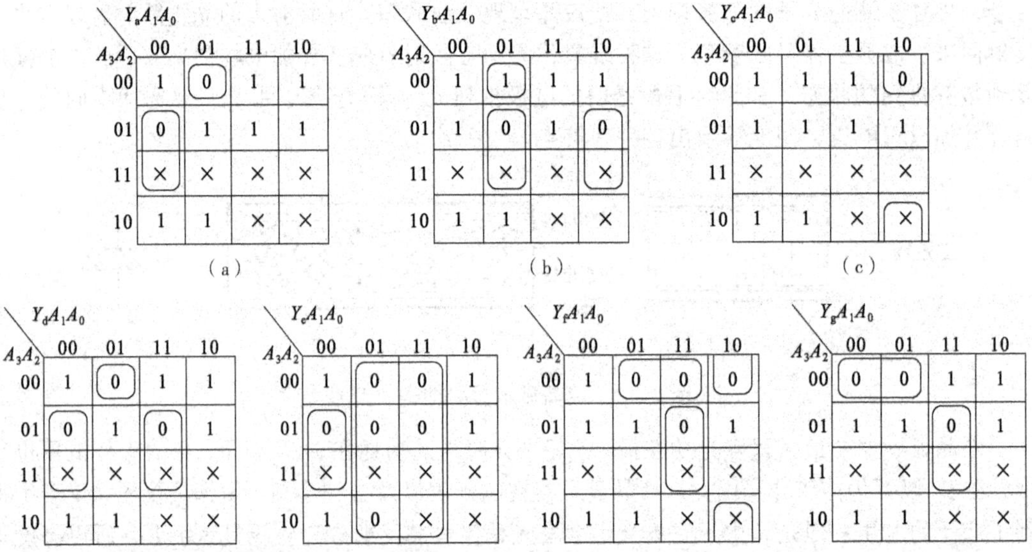

图 3-18　BCD—七段显示译码器的卡诺图

根据卡诺图写出七段显示译码器的逻辑函数表达式，并变换为与非-与非表达式：

$$\overline{Y}_a = \overline{A}_3\overline{A}_2\overline{A}_1 A_0 + A_2\overline{A}_1\overline{A}_0 = \overline{\overline{A}_3\overline{A}_2\overline{A}_1 A_0 \cdot \overline{A_2\overline{A}_1\overline{A}_0}}$$

$$\overline{Y}_b = A_2\overline{A}_1 A_0 + A_2 A_1\overline{A}_0 = \overline{\overline{A_2\overline{A}_1 A_0} \cdot \overline{A_2 A_1\overline{A}_0}}$$

$$\overline{Y}_c = \overline{A}_2 A_1\overline{A}_0 = \overline{\overline{\overline{A}_2 A_1\overline{A}_0}}$$

$$\overline{Y}_d = \overline{A}_3\overline{A}_2\overline{A}_1 A_0 + A_2\overline{A}_1\overline{A}_0 + A_2 A_1 A_0 = \overline{\overline{A}_3\overline{A}_2\overline{A}_1 A_0 \cdot \overline{A_2\overline{A}_1\overline{A}_0} \cdot \overline{A_2 A_1 A_0}}$$

$$\overline{Y}_e = A_2\overline{A}_1\overline{A}_0 + A_0 = \overline{\overline{A_2\overline{A}_1\overline{A}_0} \cdot \overline{A_0}}$$

$$\overline{Y}_f = \overline{A}_3\overline{A}_2 A_0 + A_2 A_1 A_0 + \overline{A}_2 A_1\overline{A}_0 = \overline{\overline{A}_3\overline{A}_2 A_0 \cdot \overline{A_2 A_1 A_0} \cdot \overline{\overline{A}_2 A_1\overline{A}_0}}$$

$$\overline{Y}_g = \overline{A}_3\overline{A}_2\overline{A}_1 + A_2 A_1 A_0 = \overline{\overline{A}_3\overline{A}_2\overline{A}_1 \cdot \overline{A_2 A_1 A_0}} \tag{3-17}$$

根据逻辑函数表达式画出逻辑电路图，如图 3-19 所示。

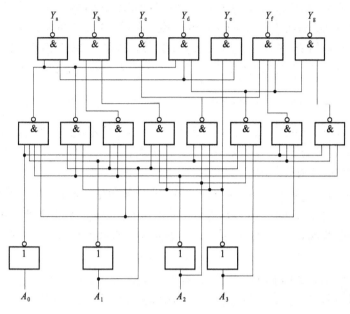

图 3-19　七段显示译码器的逻辑电路图

常用的 BCD-七段显示译码器有 7448，其逻辑电路图如图 3-20 所示。

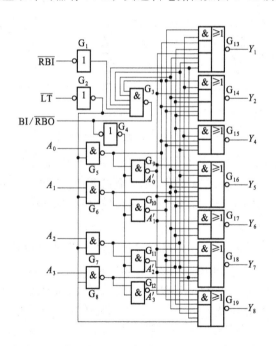

图 3-20　BCD-七段显示译码器 7448 的逻辑电路图

如果不考虑逻辑图中由 $G_1 \sim G_4$ 组成的附加控制电路的影响（G_2 和 G_4 的输出为高电平），则 $Y_a \sim Y_g$ 与 A_3、A_2、A_1、A_0 之间的逻辑关系与式（3-17）完全相同。

附加控制电路用于扩展电路功能。下面介绍一下附加控制端的功能和用法。

灯测试输入 $\overline{LT}$ ：

当有 $\overline{LT}=0$ 的信号输入时，G_4、G_5、G_6 和 G_7 的输出同时为高电平，使 $A'_0=A'_1=A'_2=0$。对后面的译码电路而言，与输入为 $A_0=A_1=A_2=0$ 一样。由式（3-17）可知，$Y_a \sim Y_f$ 将全部为高电平。同时，由于 G_{19} 的两组输入中均含有低电平信号，因而 Y_g 也处于高电平。可见，只要令 $\overline{LT}=0$，便可使被驱动数码管的七段同时点亮，以检查该数码管各段能否正常发光。平时应置 $\overline{LT}$ 为高电平。

灭零输入 $\overline{RBI}$ ：

设置灭零输入信号 $\overline{RBI}$ 的目的是为了能把不希望显示的零熄灭。例如，有一个 8 位的数码显示电路，整数部分为 5 位，小数部分为 3 位，在显示 13.7 这个数时将呈现 0013.700 字样。如果将前、后多余的零熄灭，则显示的结果将更加醒目。

由图 3-20 可知，当输入 $A_3=A_2=A_1=A_0=0$ 时，本应显示零。如果需要将这个零熄灭，则可加入 $\overline{RBI}=0$ 的输入信号。这时 G_3 的输出为低电平，并经过 G_4 输出低电平使 $A'_3=A'_2=A'_1=A'_0=1$。由于 $G_{13} \sim G_{19}$ 每个与或非门都有一组输入全为高电平，所以 $Y_a \sim Y_g$ 全部为低电平，使本来应该显示零的灯熄灭。

灭灯输入／灭零输出 $BI/\overline{RBO}$ ：

这是一个双功能的输入输出端，它的电路结构如图 3-21（a）所示。

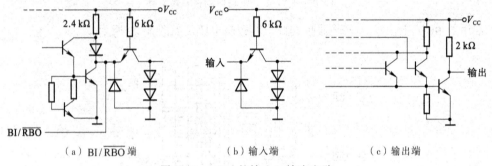

（a）$BI/\overline{RBO}$ 端　　　　（b）输入端　　　　（c）输出端

图 3-21　7448 的输入、输出电路

$BI/\overline{RBO}$ 作为输入端使用时，称灭灯输入控制端。只要加入灭灯控制信号 $\overline{BI}=0$，无论 $A_3A_2A_1A_0$ 的状态是什么，一定可以将被驱动数码管的各段同时熄灭。由图 3-20 可知，此时 G_4 肯定输出低电平，使 $A'_3=A'_2=A'_1=A'_0=1$，$Y_a \sim Y_g$ 同时输出低电平，因而将被驱动的数码管熄灭。

$BI/\overline{RBO}$ 作为输出端使用时，称灭零输出端。由图 3-20 可以得到

$$\overline{RBO} = \overline{\overline{A_3A_2A_1A_0}LTRBI} \qquad\qquad (3-18)$$

上式表明，只有当输入为 $A_3=A_2=A_1=A_0=0$，而且有灭零输入信号（$\overline{RBI}=0$）时，$\overline{RBO}$ 才会给出低电平。因此，$\overline{RBO}=0$ 表示译码器已将本来应该显示的零熄灭了。

用 7448 可以直接驱动共阴极的半导体数码管。由图 3-21（c）所示的 7448 输出电路可以看到，当输出管截止、输出为高电平时，流过发光二极管的电流是由 V_{cc} 经 2 kΩ 上拉电阻提供的。当 $V_{cc}=5$ V 时，这个电流只有 2 mA 左右。如果数码管需要的电流大于这个数值，则应在 2 kΩ 的上拉电阻上再并联适当的电阻。图 3-22 所示为用 7448 驱动 BS201 半导体数码管的连接方法。

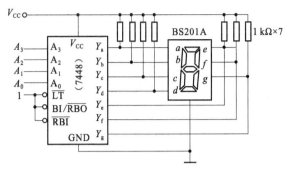

图 3-22 用 7448 驱动 BS201 的连接方法

将灭零输入端与灭零输出端配合使用，即可实现多位数码显示系统的灭零控制。图 3-23 示出了灭零控制的连接方法。只需在整数部分把高位的 $\overline{\text{RBO}}$ 与低位的 $\overline{\text{RBI}}$ 相连，在小数部分将低位的 $\overline{\text{RBO}}$ 与高位的 $\overline{\text{RBI}}$ 相连，就可以把前、后多余的零熄灭了。在这种连接方式下，整数部分只有高位是零，而且被熄灭的情况下，低位才有灭零输入信号。同理，小数部分只有低位是零，而且被熄灭时，高位才有灭零输入信号。

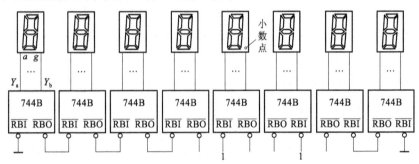

图 3-23 有灭零控制的 8 位数码显示系统

3.3.3 数据选择器和分配器

数据选择器又名多路器或多路开关，其功能是在多个通道中选择其中的某一路，或从多个信息中选择其中的一个信息传送或加以处理，与它相对应的是将传送来的或处理后的信息分配到各通道中去，称其为数据分配器。如图 3-24 所示为一个串行传输数据的示意图，选择器和分配器分别位于发、送两端。

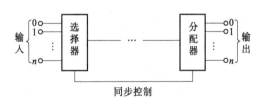

图 3-24 串行传输数据示意图

1. 数据选择器

与译码器一样，数据选择器也是一种具有广泛用途的中规模组件。

1）数据选择器的结构与功能

数据选择器的功能类似于一个单刀多掷开关，如图 3-25（a）所示，其作用是通过开关 K 置于不同的位置 $S_0 \sim S_3$ 而将不同路的数据 $D_0 \sim D_3$ 传送出去，此种功能可以用如图 3-25(b) 所示的逻辑图描述。

开关位置若用代码表示：$S_0 = \overline{A_1}\,\overline{A_0}$，$S_1 = \overline{A_1}A_0$，$S_2 = A_1\overline{A_0}$，$S_3 = A_1A_0$，则 A_1 和 A_0 称地址代码或选择代码。由地址代码组成地址译码器。

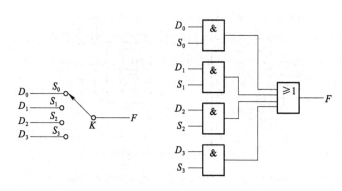

（a）单刀四掷开关　　　　　　（b）选择器逻辑图

图 3-25　单刀四掷开关和相应的数据选择器逻辑图

2）常用的数据选择器

根据上述原理即可构成不同类型的选择器，常用的有四选一（74LS153）、八选一（74LS151）、十六选一（74LS150）等。现介绍两种典型的选择器 CT74LS153 和 CT74LS151。

（1）双四选一数据选择器 CT74LS153。

图 3-26（a）、（b）、（c）分别为选择器 CT74LS153 的逻辑图、逻辑符号和 1/2 CT74LS153 的简易逻辑符号。

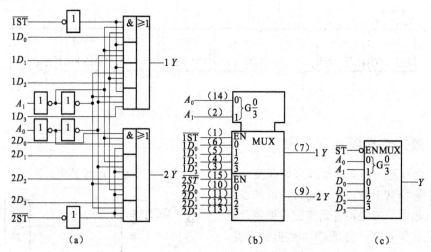

图 3-26　选择器 CT74LS153 的逻辑图、逻辑符号和简易逻辑符号

由上图可见，CT74LS153 含两个四选一选择器，$1D_0 \sim 1D_3$ 和 $2D_0 \sim 2D_3$ 分别为它们的数据输入端；A_1 和 A_0 为地址输入端也称控制输入端，它是两个选择器公用的；$\overline{1ST}$ 和 $\overline{2ST}$ 是两个选择器的使能端，它控制数据是否被选通，低电平有效；$1Y$ 和 $2Y$ 为输出端，图 3-26（b）中的"MUX"为选择器的定性符，"$G\frac{0}{3}$"表明地址输入 A_1、A_0 与 $D_0 \sim D_3$ 存在与逻辑关系。图中括号内的数字表示集成器件中与此对应的引脚号。

由逻辑图可以写出四选一选择器的输出表达式

$$Y = (\overline{A_1}\,\overline{A_0}D_0 + \overline{A_1}A_0D_1 + A_1\overline{A_0}D_2 + A_1A_0D_3)\overline{\overline{ST}} \qquad (3\text{-}19)$$

由式（3-19）可知，只有在 $\overline{ST}=0$ 时，根据地址 A_i 中相应的数据输出 D_i；当 $\overline{ST}=1$ 时，输出 $Y=0$，由此列出其真值表如表 3-11 所示。

表 3-11　选择器 CT74LS153 的逻辑功能真值表

$\overline{ST}$	A_1	A_0	Y
1	×	×	0
0	0	0	D_0
0	0	1	D_1
0	1	0	D_2
0	1	1	D_3

（2）八选一数据选择器 CT74LS151。

图 3-27 所示为 CT74LS151 的逻辑符号，其逻辑图同 CT74LS153 相似，文中不再画出。表 3-12 为其真值表。

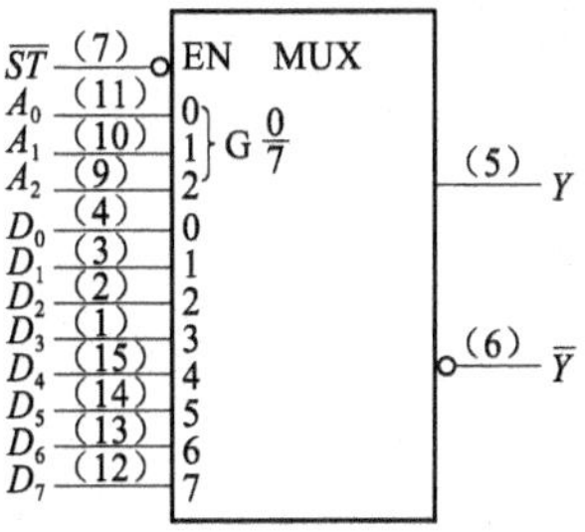

表 3-12　CT74LS151 的逻辑功能真值表

$\overline{ST}$	A_2	A_1	A_0	Y	$\overline{Y}$
1	×	×	×	0	1
0	0	0	0	D_0	$\overline{D_0}$
0	0	0	1	D_1	$\overline{D_1}$
0	0	1	0	D_2	$\overline{D_2}$
0	0	1	1	D_3	$\overline{D_3}$
0	1	0	0	D_4	$\overline{D_4}$
0	1	0	1	D_5	$\overline{D_5}$
0	1	1	0	D_6	$\overline{D_6}$
0	1	1	1	D_7	$\overline{D_7}$

图 3-27　为 CT74LS151 的逻辑符号

图中符号的含义和各功能端的说明均与 CT74LS153 相同。Y 和 $\overline{Y}$ 为该片的两个互补输出端，其表达式为

$$Y=(\overline{A_2}\,\overline{A_1}\,\overline{A_0}D_0+\overline{A_2}\,\overline{A_1}A_0D_1=\overline{A_2}A_1\overline{A_0}D_2+\overline{A_2}A_1A_0D_3+A_2\overline{A_1}\,\overline{A_0}D_4+$$
$$A_2\overline{A_1}A_0D_5+A_2A_1\overline{A_0}D_6+A_2A_1A_0D_7)\overline{\overline{ST}} \qquad (3\text{-}20)$$

由表达式可以看出，当 $\overline{ST}=0$ 时，Y 将按地址从八路中选择一路信息输出。

（3）用数据选择器实现组合逻辑函数。

【例 3-5】用双四选一数据选择器 74LS153 实现逻辑函数 $Y=\overline{A}B+AB$。

解：双四选一数据选择器 74LS153 有 2 个地址端，可将输入变量 A、B 分别送入选择地址端 A_1、A_0。令 $\overline{ST}=0$，在根据逻辑要求将数据输入端 $D_0\sim D_3$ 分别置 0 或 1，即可实现所要求的逻辑功能。具体方法是将 $A_1=A$，$A_0=B$ 代入式（3-19）中，再根据所要实现的逻辑函数 Y 求出 $D_0\sim D_3$ 数值。

$$Y=\overline{A}B+AB=\overline{A}\,\overline{B}D_0+\overline{A}BD_1+A\overline{B}D_2+ABD_3$$

得　　　　　　　　$D_0=D_2=0$，$D_1=D_3=1$

逻辑图如图 3-28 所示。

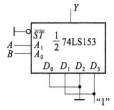

图 3-28　例 3-5 的逻辑图

【例 3-6】用双四选一数据选择器 74LS153 实现逻辑函数 $Y = \overline{ABC} + ABC$。

解：双四选一数据选择器 74LS153 有 2 个地址端，而要求实现的逻辑函数 Y 有三个输入变量，因此，可将输入变量 A、B 分别送入选择地址端 A_1、A_0，另一个变量 C 由数据输入端引入。具体方法是将 $A_1 = A$，$A_0 = B$ 代入式（3-19）中，再根据所要实现的逻辑函数 Y 求出 $D_0 \sim D_3$ 数值。

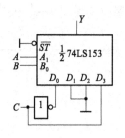

图 3-29　例 3-6 的逻辑图

$$Y = \overline{ABC} + ABC = \overline{A}\,\overline{B}D_0 + \overline{A}BD_1 + A\overline{B}D_2 + ABD_3$$

得　　　　　　$D_1 = D_2 = 0$，$D_1 = \overline{C}$，$D_3 = C$

逻辑图如图 3-29 所示。

2. 数据分配器

数据分配器是一种实现和选择相反过程的中规模组件，其功能可从图 3-30 看出。图 3-30（a）所示为一个单刀四掷开关，通过开关 K 置于不同的位置 $S_0 \sim S_3$，信息 F 传送到相应的输出端 $Y_0 \sim Y_3$，此功能可用如图 3-30（b）所示的逻辑图描述。

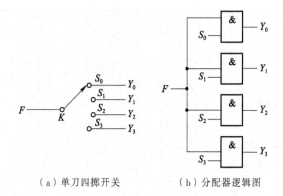

　　　（a）单刀四掷开关　　　　　　（b）分配器逻辑图

图 3-30　单刀四掷开关和相应的数据分配器逻辑图

四个不同位置用两个控制地址 A_1 和 A_0 来表示，由此可得四路分配器的逻辑图和逻辑符号如图 3-31（a）、（b）所示，其真值表如表 3-13 所示。输出表达式为

$$Y_0 = \overline{A}_1 \overline{A}_0 F$$

$$Y_1 = \overline{A}_1 A_0 F$$

$$Y_2 = \overline{A}_1 \overline{A}_0 F$$

$$Y_3 = A_1 A_0 F \qquad\qquad (3\text{-}21)$$

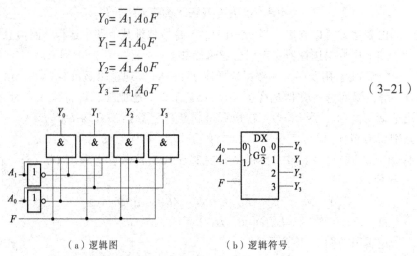

　　　　（a）逻辑图　　　　　　　　　（b）逻辑符号

图 3-31　四路分配器的逻辑图和逻辑符号

表 3-13　分配器的真值表

A_1	A_0	Y_0	Y_1	Y_2	Y_3
0	0	F	0	0	0
0	1	0	F	0	0
1	0	0	0	F	0
1	1	0	0	0	F

由图 3-31（a）看出，分配器的核心部分是一个 2 线—4 线译码器，它仅比一般的译码器多了一个输入信号端 F，因此，可以理解分配器是全部受 F 控制的译码器，当 $F=1$ 时它即为普通的译码器。

图 3-31（b）所示为分配器的简易逻辑符号，DX 或 DMUX 是分配器的定性符；$G\dfrac{0}{3}$ 表示控制输入 A_1、A_0 与 $Y_0 \sim Y_3$ 存在与逻辑关系。分配器的类型很多，用途也极广，利用多片级联可以实现更多路的分配或译码。

【例 3-7】利用数据选择器和分配器实现信息的传送和分配。

为节省传输信道，在传送多位并行数据时可以采用如图 3-32 所示的连接方法。

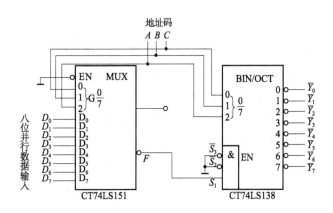

图 3-32　信息传递和分配连接图

在发送端利用八选一数据选择器 CT74LS151 将八位并行数据变为串行数据，其原理是当地址码 A、B、C 由 000 依次递增到 111 时，即可将作用于 $D_0 \sim D_7$ 的数据依次从 $\overline{F}$ 端串行输出。

接收端是由 3 线–8 线译码器 CT74LS138 使能端组成的数据分配器，S_1 端相当于分配器的数据输入端，它根据译码器的地址输入信号，将由 $\overline{F}$ 端传送来的串行数据分配到输出端 $\overline{Y}_0 \sim \overline{Y}_7$。其原理是 $\overline{S}_2 = \overline{S}_3 = 0$，此译码器是否工作决定于 S_1 端，若 $S_1=0$ 译码器工作，由地址选中的输出端输出为 1；反之译码器正常工作，选中的输出端输出为 0。如发送端 $D_0=0$，当地址码 $ABC=000$ 时，D_0 端信号被选中，输出端 $\overline{F}=1$，发送端的 $D_0=0$ 信号被分配到接收端的分配器的相应地址输出端 $\overline{Y}_0=0$，达到了预期的传送目的。若输出端连接数据寄存器，则能实现信息的"并行—串行—并行"传送。在此强调指出，收发两端的地址要严格同步。

3.3.4 比较器

在一些数字系统（例如数字计算机）中经常需要比较两个数的大小。为完成这一功能所设计的各种逻辑电路统称为数值比较器。

1. 1位数值比较器

首先讨论两个1位二进制数 A 和 B 相比较的情况。这时有三种可能：

① $A > B$（即 $A=1$、$B=0$），则 $A\overline{B}=1$，故可以用 $A\overline{B}$ 作为 $A>B$ 的输出信号 $Y_{(A>B)}$。

② $A < B$（即 $A=0$、$B=1$），则 $\overline{A}B=1$，故可以用 $\overline{A}B$ 作为 $A<B$ 的输出信号 $Y_{(A<B)}$。

③ $A=B$，则 $A\odot B=1$，故可以用 $A\odot B$ 作为 $A=B$ 的输出信号 $Y_{(A=B)}$。

将以上的逻辑关系画成逻辑图，即得如图3-33所示的1位数值比较器电路。

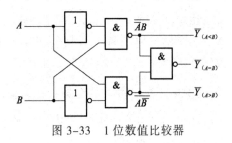

图3-33　1位数值比较器

2. 多位数值比较器

在比较两个多位数的大小时，必须自高而低地逐位比较，而且只有在高位相等时，才需要比较低位。

例如，A、B 是两个4位二进制数 $A_3A_2A_1A_0$ 和 $B_3B_2B_1B_0$，进行比较时应首先比较 A_3 和 B_3，如果 $A_3 > B_3$，那么不管其他几位数码为何值，肯定是 $A > B$。反之，若 $A_3 < B_3$，则不管其他几位数码为何值，肯定是 $A < B$。如果 $A_3 = B_3$，这就必须通过比较下一位 A_2 和 B_2 来判断 A 和 B 的大小了。依此类推，一定能比较出结果。

如图3-34所示为4位数码比较器 CCl4585 的逻辑图。图中的 $Y_{(A<B)}$、$Y_{(A=B)}$ 和 $Y_{(A>B)}$ 是总的比较结果，$A_3A_2A_1A_0$ 和 $B_3B_2B_1B_0$ 是两个相比较的4位数的输入端。$I_{(A<B)}$、$I_{(A=B)}$ 和 $I_{(A>B)}$ 是扩展端，供片间连接时用。由逻辑图可以写出输出的逻辑表达式

$$Y_{(A<B)} = \overline{A_3}B_3 + (A_3 \odot B_3)\,\overline{A_2}B_2 + (A_3 \odot B_3)\,(A_2 \odot B_2)\,\overline{A_1}B_1$$
$$+ (A_3 \odot B_3)\,(A_2 \odot B_2)\,(A_1 \odot B_1)\,\overline{A_0}B_0$$
$$+ (A_3 \odot B_3)\,(A_2 \odot B_2)\,(A_1 \odot B_1)\,(A_0 \odot B_0)\,I_{(A<B)} \tag{3-22}$$

$$Y_{(A=B)} = (A_3 \odot B_3)\,(A_2 \odot B_2)\,(A_1 \odot B_1)\,(A_0 \odot B_0)\,I_{(A=B)} \tag{3-23}$$

$$Y_{(A>B)} = \overline{Y_{(A<B)} + Y_{(A=B)}} \tag{3-24}$$

只比较两个4位数时，将扩展端 $I_{(A<B)}$ 接低电平，同时将 $I_{(A>B)}$ 和 $I_{(A=B)}$ 接高电平，即 $I_{(A<B)}=0$、$I_{(A>B)}=I_{(A=B)}=1$。这时式（3-23）中的最后一项为0，其余4项分别表示 $A < B$ 的4种可能情况，即 $A_3 < B_3$；$A_3=B_3$ 而 $A_2 < B_2$；$A_3=B_3$、$A_2=B_2$ 而 $A_1 < B_1$；$A_3=B_3$、$A_2=B_2$、$A_1=B_1$ 而 $A_0 < B_0$。

式（3-23）表明，只有 A 和 B 的每一位都相等时，A 和 B 才相等。

式（3-24）则说明，若 A 和 B 比较的结果既不是 $A < B$ 又不是 $A=B$，则必为 $A > B$。

在比较两个4位以上的二进制数时，需要用两片以上的 CC14585 组合成位数更多的数值比较器。

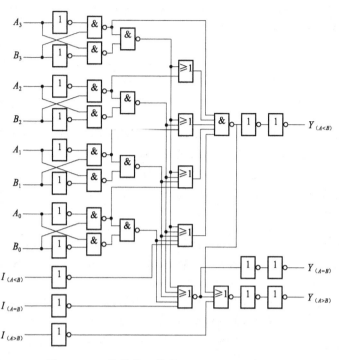

图 3-34　4 位数值比较器 CC14585 的逻辑图

【例 3-8】试用两片 CC14585 组成一个 8 位数值比较器。

解：根据多位比较器的规则，在高位相等时取决于低位的比较结果。同时由式（3-22）和式（3-23）可知，在 CC14585 中只有输入的两个 4 位数相等时，输出才由 $I_{(A<B)}$ 和 $I_{(A=B)}$ 的输入信号决定。因此，在将两个数的高 4 位 $C_7C_6C_5C_4$ 和 $D_7D_6D_5D_4$ 接到第（2）片 CC14585 上，而将低 4 位 $C_3C_2C_1C_0$ 和 $D_3D_2D_1D_0$ 接到第（1）片 CC14585 上时，只需要把第（1）片的 $Y_{(A<B)}$ 和 $Y_{(A=B)}$ 接到第（2）片的 $I_{(A<B)}$ 和 $I_{(A=B)}$ 就行了，如图 3-35 所示。

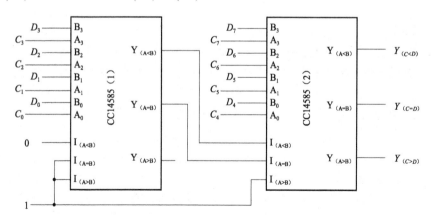

图 3-35　将两片 CC14585 组成 8 位数值比较器

由式（3-24）可知，在 CC14585 中 $Y_{(A<B)}$ 信号是用 $Y_{(A<B)}$ 和 $Y_{(A=B)}$ 产生的，因此在扩展连接时，只需输入低位比较结果 $I_{(A<B)}$ 和 $I_{(A=B)}$ 就足够了。从图 3-35 所示的 CC14585 的逻辑图可知，$I_{(A>B)}$ 并未用于产生 $Y_{(A>B)}$ 的输出信号，它仅仅是一个控制信号。当 $I_{(A>B)}$ 为高电平时，允

许有 $Y_{(A>B)}$ 信号输出，而当 $I_{(A>B)}$ 为低电平时，$Y_{(A>B)}$ 输出端被封锁在低电平。因此，在正常工作时应使 $I_{(A>B)}$ 端处于高电平。

目前生产的数值比较器产品中，也有采用其他电路结构形式的。因为电路结构不同，扩展输入端的用法也不完全一样，使用时应注意加以区别。

3.3.5 集成加法器

两个二进制数之间的算术运算无论是加、减、乘、除，目前在数字计算机中都是化做若干步加法运算进行的。因此，加法器是构成算术运算器的基本单元。

1. 半加器

如果不考虑来自低位的进位将两个 1 位二进制数相加，称为半加。实现半加运算的电路称为半加器。

按照二进制加法运算规则可以列出如表 3-14 所示的半加器真值表。其中 A、B 是两个加数，S 是相加的和，C_O 是向高位的进位。将 S、C_O 和 A、B 的关系写成逻辑表达式

$$\begin{cases} S = \overline{A}B + A\overline{B} = A \oplus B \\ C_O = AB \end{cases} \qquad (3-25)$$

因此，半加器是由一个异或门和一个与门组成的，如图 3-36 所示。

表 3-14　半加器的真值表

输　　入		输　　出	
A	B	S	C_O
0	0	0	0
0	1	1	0
1	0	1	0
1	1	0	1

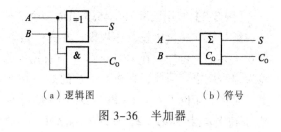

（a）逻辑图　　　　　（b）符号

图 3-36　半加器

2. 全加器

在将两个多位二进制数相加时，除了最低位以外，每一位都应该考虑来自低位的进位，即将两个对应位的加数和来自低位的进位 3 个数相加。这种运算称为全加，所用的电路称为全加器。

根据二进制加法运算规则可以列出 1 位全加器的真值表，如表 3-15 所示。

表 3-15　全加器的真值表

输　　　　入			输　　　出	
C_I	A	B	S	C_O
0	0	0	0	0
0	0	1	1	0
0	1	0	1	0
0	1	1	0	1
1	0	0	1	0
1	0	1	0	1

输 入			输 出	
C_I	A	B	S	C_O
1	1	0	0	1
1	1	1	1	1

画出图 3-37 所示的 S 和 C_O 的卡诺图，化简得到

$$
\begin{cases}
S = \overline{\overline{AB\overline{C_I}} + \overline{A}\overline{B}C_I + \overline{A}BC_I + AB\overline{C_I}} \\
C_O = \overline{\overline{AB} + \overline{BC_I} + \overline{AC_I}}
\end{cases}
\qquad (3-26)
$$

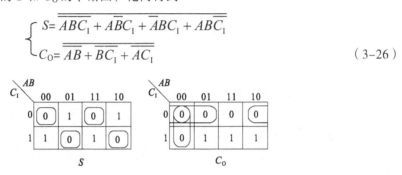

图 3-37　全加器的卡诺图

图 3-38（a）所示的双全加器 74LS183 的逻辑图就是按式（3-26）组成的。全加器的电路结构还有多种其他形式，但它们的逻辑功能都必须符合表 3-15 给出的全加器真值表。

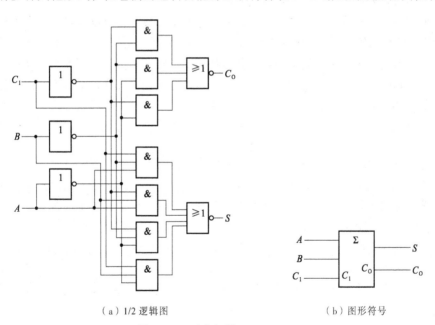

（a）1/2 逻辑图　　　　　（b）图形符号

图 3-38　双全加器 74LS183

3. 多位加法器

1）串行进位加法器

两个多位数相加时每一位都是带进位相加的，因而必须使用全加器。只要依次将低位全加器的进位输出端 C_O 接到高位全加器的进位输入端 C_I，就可以构成多位加法器。

图 3-39 所示就是根据上述原理组成的 4 位加法器电路。显然，每一位的相加结果都必须等到低位的进位产生以后才能建立起来，因此把这种结构的电路称为串行进位加法器（又称行波进位加法器）。

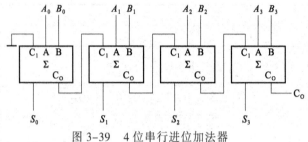

图 3-39　4 位串行进位加法器

这种加法器的最大缺点是运算速度慢。在最不利的情况下，做一次加法运算需要经过四个全加器的传输延迟时间（从输入加数到输出状态稳定建立起来所需要的时间）才能得到稳定可靠的运算结果。但考虑到串行进位加法器的电路结构比较简单，因而在对运算速度要求不高的设备中，这种加法器仍不失为一种可取的电路。例如，TTL 集成电路中的 T692 就属于这种串行进位加法器。

2）超前进位加法器

为了提高运算速度，必须设法减小或消除由于进位信号逐级传递所耗费的时间。那么高位的进位输入信号能否在相加运算开始时就知道呢？

我们知道，加到第 i 位的进位输入信号是这两个加数第 i 位以前各位状态的函数。所以第 i 位的进位输入信号 $(C_1)_i$ 一定能由 A_{i-1}、$A_{i-2}\cdots A_0$ 和 B_{i-1}、$B_{i-2}\cdots B_0$ 唯一地确定。根据这个原理，就可以通过逻辑电路事先得出每一位全加器的进位输入信号，而无须再从最低位开始向高位逐位传递进位信号了，这就有效地提高了运算速度。采用这种结构形式的加法器称为超前进位加法器。

本 章 小 结

组合逻辑电路的特点是，任意时刻电路的输出状态只取决于该时刻的输入状态，而与该时刻以前的电路状态无关。在电路结构上，任意逻辑功能的组合逻辑电路只包含门电路，而没有存储（记忆）单元。

对组合逻辑电路进行分析时，可以逐级写出逻辑表达式，然后进行化简，力求得到一个最简的逻辑表达式或变换为适当的形式，以使输出与输入之间的逻辑关系能一目了然。组合逻辑电路的设计过程与分析过程相反。在设计一些简单的组合逻辑电路时，关键是根据设计要求列出真值表。因为一旦列出真值表，以后的步骤实质上是逻辑功能表示方法的转换问题。

组合逻辑电路形式多样，本章介绍了几种最常用的典型电路，包括编码器、译码器、数据选择器、数值比较器、加法器等。目前已将这些电路的设计标准化，并制成中、小规模的数字集成电路的系列产品，因此，具有通用性强、兼容性好、功耗小、工作稳定可靠等优点，被广泛采用。

本章还介绍了竞争冒险现象以及消除竞争—冒险的方法，如果负载电路对尖峰脉冲不敏感，就不必考虑这个问题了。

思考题与练习题 3

3-1. 什么叫组合逻辑电路的分析？

3-2. 组合逻辑电路的设计一般分几步完成？是哪几步？

3-3. 如何用与非门实现半加器、全加器？画出逻辑电路图。

3-4. 简述编码器和译码器的功能。

3-5. 优先权编码器是如何实现优先编码的？

3-6. 译码器有哪些方面的应用？

3-7. 数据选择器的功能是什么？它有何应用？

3-8. 数据分配器的功能是什么？多路分时传送信号是如何实现的？

3-9. 试用数据选择器 74LS151 实现全加器的设计。

3-10. 什么叫加法器？四位二进制串行进位加法器是如何实现的？

3-11. 比较器的功能是什么？多位数字比较器是怎样实现的？

3-12. 图 3-40 所示的逻辑电路是一个多功能函数发生器，其中 S_3，S_2，S_1，S_0 作为控制信号，A，B 作为数据输入。试写出当 S_3，S_2，S_1，S_0 为不同取值组合时，输出 Y 的逻辑函数表达式。

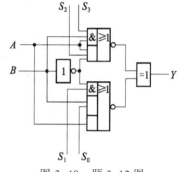

图 3-40 题 3-12 图

3-13. 设有三台电动机 A、B、C，今要求：

（1）A 开机则 B 也必须开机；

（2）B 开机则 C 也必须开机。

如不满足上述要求，则必须发出报警信号。试写出报警信号的逻辑表达式，画出逻辑图。

3-14. 在举重比赛中，有一个主裁判员和两个副裁判员，当裁判认为杠铃已完全举上时，就按下自己面前的键钮。只有当三个裁判员或两个裁判员（其中之一必须是主裁判）按下自己面前的键钮，表示完全举上时红灯才发亮。试设计出能完成上述功能的电子开关线路。

3-15. 利用两片 8 线-3 线优先编码器 SN74LS148 集成电路构成如图 3-41 所示的电路。

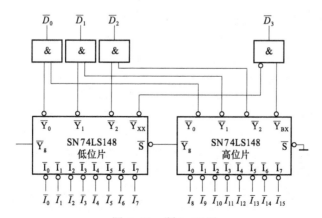

图 3-41 题 3-15 图

（1）试分析电路所实现的逻辑功能。

（2）指出当输入端处于下述几种情况时，电路的输出代码 $D_3D_2D_1D_0$。

① 当输入端 $\bar{I}_4$ 为 0，其余各端均为 1 时。

② 当输入端 $\bar{I}_{10}$ 为 0，其余各端均为 1 时。

③ 当输入端 $\bar{I}_0$ 和 $\bar{I}_8$ 为 0，其余各端均为 1 时。

（3）试说明当输入 $\bar{I}_0 \sim \bar{I}_{15}$ 均为高电平 1 时和当 $\bar{I}_0=0$ 而其余各端为高电平 1 时，电路输出的区别。

3-16. 试利用两片 3 线–8 线译码器 SN74LS138 集成电路扩展成 4 线–16 线译码器。并加入必要的门电路实现一个判别电路，输入为 4 位二进制代码，当输入代码能被 5 整除时电路输出为 1，否则为 0。

3-17. 利用 3 线–8 线译码器 SN74LS138 集成电路构成数据分配器电路如图 3-42 所示。试分析电路的工作原理。

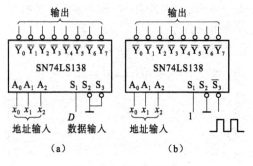

图 3-42　题 3-17 图

组合逻辑电路和时序逻辑电路是数字电路的两大类，本章主要介绍触发器。触发器是构成时序逻辑电路的基本单元，本章介绍了各种触发器以及各种不同功能触发器之间的相互转换。

触发器是一种具有记忆功能的电子器件。它具有两个稳定的状态，分别称为 0 状态和 1 状态。在一定的输入信号触发下，触发器可以被置于 0 状态，也可以被置于 1 状态；输入信号消失后新建立的状态能长久保留，直到再输入信号转换到另一个状态为止。可见，触发器是存储一位二进制信息的理想器件。

触发器可以由门电路构成。现代的半导体工艺已经把一个或多个触发器集成在一个芯片中，构成集成触发器。对于使用者来说，一般只要了解它的工作原理以及逻辑功能，而对其内部结构和电路不必深究。

根据输入端数目和输入端对触发器二进制状态的影响，触发器可划分成各种不同的类型。本章仅对几种最常用的触发器进行讨论，介绍它们的逻辑功能、电路结构以及不同逻辑功能触发器之间的转换方法等，重点研究它们的外部特性及逻辑功能。

4.1 概　　述

1. 触发器的基本要求

在数字电路中，基本的工作信号是二进制数字信号或两状态的逻辑信号，而触发器就是存放这些信号的单元电路。由于二进制数字信号和二值逻辑信号都只有 0、1 两个数字状态，所以对触发器的要求如下：

（1）应具备两个稳定状态——0 状态和 1 状态，以正确表征存储的信息；

（2）能够接受、保存和输出信号。

2. 触发器的现态和次态

触发器输入信号之前的状态称为现态，用 Q_n 表示。触发器接收输入信号之后的状态称为次态，用 Q_{n+1} 表示。现态和次态是两个相邻离散时间里触发器输出端的状态。

触发器次态输出 Q_{n+1} 与现态 Q_n 和输入信号之间的逻辑关系，是贯穿文章始终的极端问题，如何获得、描述和理解这种逻辑关系，是本章学习的中心任务。

3. 触发器的分类

（1）按照电路结构和工作特点的不同，有基本触发器、同步触发器、主从触发器和边沿触发器之分。

基本触发器：在这种电路中，输入信号是直接加到输入端的。它是触发器的基本电路结构形式，是构成其他类型触发器的基础。

同步触发器：在这种电路中，输入信号是经过控制门输入的，而管理控制门则是称为时钟脉冲的 CP 信号，只有在 CP 信号到来时，输入信号才能进入触发器，否则就会被拒之门外，对电路不起作用。

主从触发器：为了克服同步触发器存在的缺点，经改进便得到了主从触发器。在这种电路中，先把输入信号接收进主触发器，然后再传送给从触发器输出，整个过程是分两步进行的，具有主从控制特点。

边沿触发器：为了进一步解决主从触发器存在的问题，从而出现了边沿触发器，在这种电路中，只有在时钟脉冲的上升沿或下降沿时刻，输入信号才能被接收，虽然边沿触发器有好几种不同的电路结构形式，但边沿控制却是它们共同的特点。

（2）对于主从触发器和边沿触发器，按照在时钟脉冲控制下逻辑功能的不同，触发器又可以分成 RS 触发器、JK 触发器、D 触发器、T 触发器和 T′ 触发器等。这种分类是不针对同步触发器的。

此外，还有其他的一些分类方法，例如，按电路使用的开关元件不同有 TTL 触发器和 CMOS 触发器等之分，按是否集成有分立元件触发器和集成触发器之分等。

4.2 触发器的基本形式

4.2.1 基本 RS 触发器

基本 RS 触发器可由两个与非门交叉耦合而成，如图 4-1（a）所示。$\overline{R}$、$\overline{S}$ 是信号输入端，字母上面的反号表示低电平有效，即低电平表示有信号，高电平表示无信号。Q、$\overline{Q}$ 既表示触发器的状态又表示输出端。图 4-1（b）所示为其逻辑符号。

Q 和 $\overline{Q}$ 是基本 RS 触发器的输出端，两者的逻辑状态在正常条件下能保持相反。这种触发器有两种稳定状态：一个是 $Q=1$、$\overline{Q}=0$，称为置位状态（"1" 态）；另一个是 $Q=0$、$\overline{Q}=1$，称为复位状态（"0" 态）。相应的输入端 S 称为直接置位端或直接置 "1" 端，R 称为直接复位端或直接置 "0" 端。

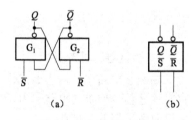

图 4-1 基本 RS 触发器

下面分四种情况来分析基本 RS 触发器输出与输入的逻辑关系：

1）$\overline{S}=0$，$\overline{R}=1$

就是在 $\overline{S}$ 端加一低电平信号，在 $\overline{R}$ 端加一高电平信号。可分两种情况来分析：若触发器的初始状态为 "0" 态，即 $Q=0$、$\overline{Q}=1$，这时与非门 G_1 有一个输入端为 "0"，其输出端 Q 变为 "1"，而对于与非门 G_2，两个输入端均为高电平 "1"，其输出端 $\overline{Q}$ 变为 "0"。因此，在 $\overline{S}$ 端加低电平信号后，触发器就由 "0" 态翻转为 "1" 态。

如果触发器的初始状态为 "1" 态，则触发器仍保持 "1" 态不变。读者可自行分析。

因此，当 $\overline{S}=0$，$\overline{R}=1$ 时，无论触发器原来处于什么状态，都将变为 "1" 态，即置位。所以我们把 $\overline{S}$ 端称为置 1 输入端，通常称之为置位端。

2）$\overline{S}=1$，$\overline{R}=0$

设触发器的初始状态为 "1" 态。由于 $\overline{R}=0$，与非门 G_2 的一个输入端为低电平信号，使 $\overline{Q}=1$；

而 G_1 的两个输入端均为"1"，所以 $Q=0$。因此，在 $\overline{R}$ 端加低电平信号后，触发器由"1"态翻转为"0"态。如果触发器的初始状态为"0"态，则触发器仍保持"0"态不变。

同理，当 $\overline{S}=1$，$\overline{R}=0$ 时，无论触发器原来处于什么状态，都将变为"1"态，即置位。所以我们把 $\overline{S}$ 端称为置 0 输入端，通常称之为复位端。

3）$\overline{S}=1$，$\overline{R}=1$

假如同时在触发器的两个输入端加高电平信号，则触发器保持原状态不变。这就是触发器具有的存储或记忆功能。

分析如下：假定触发器原来处于"1"态，即 $Q=1$、$\overline{Q}=0$，这时 G_2 的两个输入端都为"1"，保证其输出 $\overline{Q}=0$，而 $\overline{Q}=0$ 又反馈到 G_1 的输入端，使 $Q=1$ 维持不变。同理如果触发器原来处于"0"态，则也可使它保持"0"态不变。

4）$\overline{S}=0$，$\overline{R}=0$

当 $\overline{S}$ 端和 $\overline{R}$ 端同时加低电平信号时，由与非门的基本特性可知，此时 Q、$\overline{Q}$ 端将同时为"1"，作为基本存储单元来说，这既不是"0"态，又不是"1"态，没有意义。而且当 $\overline{R}$、$\overline{S}$ 的低电平信号同时撤消时，触发器转换到什么状态无法确定。因此，这种情况在使用中应禁止出现。也就是说不允许在 $\overline{R}$ 和 $\overline{S}$ 端同时加低电平信号。

由以上分析可知，基本 RS 触发器有两个稳定状态，它可以直接置位或复位，并具有记忆功能。在直接置位端加一低电平信号（$\overline{S}=0$）即可置位，在直接复位端加一低电平信号（$\overline{R}=0$）即可复位。低电平信号撤销后，直接置位端和复位端都处于高电平（平时固定接高电平），此时触发器保持原状态不变，实现存储或记忆功能。但要注意，不允许在两个输入端同时加低电平信号。

如果用 Q_n 表示接收信号之前触发器的状态，称为现态，用 Q_{n+1} 表示接收信号之后的状态，称为次态，那么 Q_n、Q_{n+1}、$\overline{R}$ 和 $\overline{S}$ 之间的逻辑关系可以用状态转换表（简称为状态表）表示，如表 4-1 所示。表中 $Q_n\overline{R}\,\overline{S}=000$、100 两种状态在正常工作时是不允许出现的，所以在对应的 Q_{n+1} 取值处打上"×"号。

表 4-1　基本 RS 触发器的状态转换表

$\overline{R}$	$\overline{S}$	Q_n	Q_{n+1}	功　能
1	0	0	1	置"1"
1	0	1	1	
0	1	0	0	置"0"
0	1	1	0	
1	1	0	0	保持
1	1	1	1	
0	0	0	×	无定义
0	0	1	×	

4.2.2　同步 RS 触发器

由于基本 RS 触发器，输入信号是直接加在输出门的输入端上的，在其存在期间直接控

制着 Q、$\bar{Q}$ 端的状态，并因此而被称为直接置位、复位触发器，这不仅仅使电路的抗干扰能力下降，而且也不便于多个触发器同步工作，于是工作受时钟脉冲电平控制的同步触发器就应运而生了。同步 RS 触发器是在基本 RS 触发器的基础上，增设了一对输入控制门而构成的，如图 4-2 所示。G_1、G_2 是一对输入控制门，G_3、G_4 组成基本 RS 触发器。图 4-2（b）所示为其逻辑符号。

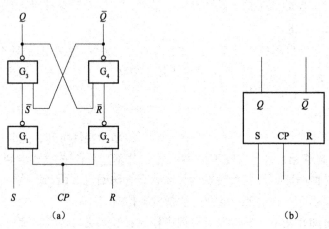

图 4-2 同步 RS 触发器

在图 4-2 中，CP 是控制信号，常称为时钟脉冲或选通脉冲。当 $CP=0$ 时，G_1 和 G_2 的输出全为 1，由 G_3 和 G_4 组成的基本 RS 触发器保持原状态不变。

当 $CP=1$ 时，G_1 和 G_2 门打开，触发器的状态由 S 端和 R 端的状态确定，此时电路的工作情况和基本 RS 触发器是相同的。如果 $R=0$、$S=1$，则 G_1 的输出 $\bar{S}=0$，将触发器置成"1"态。如果 $R=1$、$S=0$，则 G_2 的输出 $\bar{R}=0$，将触发器置成"0"态。如果 $R=S=0$，则 G_1、G_2 的输出均为高电平，因而触发器保持原来的状态不变。若 $R=S=1$，则 G_1、G_2 的输出均为低电平，显然将导致 Q、$\bar{Q}$ 端都为高电平，这是正常工作时所不允许出现的情况。同步 RS 触发器的状态转换表如表 4-2 所示。

表 4-2 同步 RS 触发器的状态转换表

CP	S	R	Q_n	Q_{n+1}	功 能
0	×	×	×	Q_n	保持
1	0	0	0	0	保持
1	0	0	1	1	
1	0	1	0	0	置"0"
1	0	1	1	0	
1	1	0	0	1	置"1"
1	1	0	1	1	
1	1	1	0	*	不定
1	1	1	1	*	

在上表中，"×"表示任意状态，"*"表示 CP 返回到低电平后输出状态不定。

同步 RS 触发器的动作特点是：在 CP=0 期间，无论 S 端和 R 端状态如何变化，输入输出状态都不变，而在 CP=1 期间，S 端和 R 端状态的改变都将直接引起输出端状态的变化。

4.3　集成触发器

为了从根本上解决电平直接控制问题，人们在同步触发器的基础上进行了改进，得到了许多集成触发器。下面向大家介绍儿种集成触发器。

4.3.1　主从 RS 触发器

同步 RS 触发器在 CP=1 期间，S、R 的状态多次改变时，触发器的状态会发生翻转。在实际应用中，往往要求每个时钟信号周期内触发器只能翻转一次。主从触发器可实现这一要求。

主从 RS 触发器电路图如图 4-3 所示，它由两个同步 RS 触发器组成。其中，由 $G_1 \sim G_4$ 门组成的称为主触发器，由 $G_5 \sim G_8$ 门组成的称为触发器。主触发器和从触发器的时钟信号相位相反。

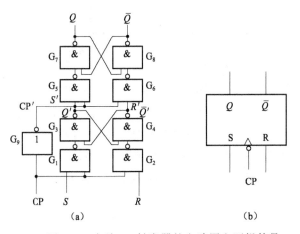

图 4-3　主从 RS 触发器的电路图和逻辑符号

当 CP=1 时，G_1 和 G_2 门被打开，而 G_5 和 G_6 门被封锁，所以主触发器的状态将由 S、R 的状态决定，而从触发器保持原来的状态不变。

当 CP 由高电平翻转到低电平时，G_1 和 G_2 被封锁，此后，无论 S、R 的状态是否再发生变化，在 CP=0 期间，主触发器的状态不再改变。同时，G_5 和 G_6 门被打开，从触发器的状态由主触发器的状态决定。由于 CP=0 期间主触发器的状态不变，所以从触发器的状态也不会再改变。因此，在 CP 的一个周期（从 0 变为 1，再从 1 变为 0）中，主从 RS 触发器的输出只可能改变一次。

例如，假定触发器的初始状态为 $Q=0$，且 $S=1$、$R=0$。那么，当 CP 从 0 变为 1 之后，主触发器将被置成 $Q'=1$、$\overline{Q}'=0$，此时从触发器的时钟 CP'=0，故触发器保持原状态不变。当 CP 从 1 变为 0 以后，主触发器保持为 1，这时从触发器的时钟 CP'=1，且输入为 $S'=Q'=1$、$R'=\overline{Q}'=0$，故从触发器被置 1，即 $Q=1$，$\overline{Q}=0$。

将主从 RS 触发器的逻辑关系列成真值表，就得到如表 4-3 所示的状态转换表。表中的第一行说明：当 CP 状态不变时，无论 CP=1 还是 CP=0，触发器的状态始终不变。

因为这种触发器输出状态的变化发生在 CP 的下降沿（即 CP 从 1 变为 0 的时刻），所以称为下降沿动作的主从触发器。在逻辑符号中，用 CP 输入端的小圆圈表示下降沿动作。如果是在 CP 的上升沿动作，则不画这个小圆圈。

表 4-3　主从 RS 触发器状态转换表

CP	S	R	Q_n	Q_{n+1}	功　能
×	×	×	×	Q_n	保持
↓	0	0	0	0	保持
↓	0	0	1	1	
↓	0	1	0	0	置 "0"
↓	0	1	1	0	
↓	1	0	0	1	置 "1"
↓	1	0	1	1	
↓	1	1	0	*	不定
↓	1	1	1	*	

在上表中，"×"表示任意状态，"↓"表示 CP 的下降沿，"＊"表示 CP 下降沿到达后输出状态不定。

由以上分析可知，主从 RS 触发器的特点有：

（1）分两步动作，第 1 步：当 CP=1 时，主触发器的状态由输入信号 S 和 R 的状态决定，从触发器保持不变；第 2 步：CP 的下降沿到达时，从触发器的状态由主触发器的状态决定，主触发器保持不变。所以，主从 RS 触发器是 CP 下降沿触发。

（2）由于主触发器本身是一个时钟 RS 触发器，因而在 CP=1 的全部时间里，输入信号的变化都会直接影响主触发器的状态。

4.3.2　主从 JK 触发器

主从 RS 触发器虽然能够保证触发器的输出状态在每个时钟信号周期里只改变一次，但因为主触发器本身仍是一个时钟 RS 触发器，所以在 CP=1 期间它的输入信号仍需遵守 $RS=0$ 的约束条件。否则，若 $R=S=1$，则 CP 下降沿到达时无法确定主触发器的状态，因而也就无从得知从触发器的状态。为了使在输入信号出现 $R=S=1$ 的情况下，触发器的状态也是确定的，对主从 RS 触发器的电路做了进一步的改进，得到如图 4-4 所示的主从 JK 触发器。

下面分 4 种情况来分析主从 JK 触发器的逻辑功能：

1）$J=K=1$

设时钟脉冲到来之前，触发器的初始状态为 "0" 态，即 $Q_n=0$，则门 G_2 为 Q 端的低电平封锁，CP=1 时只有 G_1 输出低电平，将主触发器置 1，待 CP=0 以后，从触发器随之置 1，即 $Q_{n+1}=1$。若时钟脉冲到来之前，触发器的初始状态为 "1" 态，即 $Q_n=1$，则门 G_1 为 $\overline{Q}$ 端的低电平封锁，$CP=1$ 时只有 G_2 输出低电平，将主触发器置 0，待 CP=0 以后，从触发器随之置 0，即 $Q_{n+1}=0$。可见，当 $J=K=1$ 时，无论 $Q_n=1$ 还是 $Q_n=0$，触发器的次态 Q_{n+1} 都是与 Q_n 相反的状态。因此，可统一表示为 $Q_{n+1}=\overline{Q}_n$。即在这种情况下，来一个时钟脉冲，就使它翻转一次，使触发器具有计数功能。

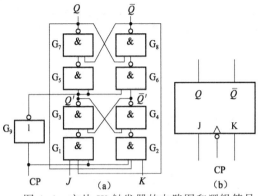

图 4-4　主从 JK 触发器的电路图和逻辑符号

2）$J=K=0$

当 $J=K=0$ 时，因为门 G_1 和 G_2 同时被封锁，其输出保持高电平不变，所以触发器保持原来的状态不变，即 $Q_{n+1}=Q_n$。

3）$J=1$，$K=0$

当 $J=1$、$K=0$ 时，若触发器的初始状态为"0"态，即 $Q_n=0$，则门 G_1 打开，门 G_2 被封锁，CP=1 时将主触发器置 1。待 CP=0 以后，从触发器也被置 1，即 $Q_{n+1}=1$。

若触发器的初始状态为"1"态，即 $Q_n=1$，则由于 G_1 被 $\overline{Q}$ 端的低电平封锁，G_2 被 K 端的低电平封锁，因而在 CP=1 期间，主触发器保持不变。待 CP 变为 0 以后，从触发器也继续保持为 1，即 $Q_{n+1}=Q_n=1$。

可见，不论触发器原来是处于"1"态还是处于"0"态，只要是 $J=1$、$K=0$，触发器的次态必为"1"态。即使触发器置位。

4）$J=0$，$K=1$

分析过程同上，当 $J=0$、$K=1$ 时，不论触发器原来处于什么状态，触发器的次态必为 $Q_{n+1}=0$。即使触发器复位。

把以上分析的逻辑关系列成真值表，得到如表 4-4 所示的主从 JK 触发器的状态转换表。

在表中，"↓"表示触发器状态的翻转是在 CP 脉冲的下降沿发生的。

由于 $J=K=1$ 时触发器的状态是确定的，所以在 JK 触发器中对 J 和 K 的状态没有约束。

表 4-4　主从 JK 触发器的状态转换表

CP	J	K	Q_n	Q_{n+1}	状　态
↓	0	0	0	0	保持
↓	0	0	1	1	
↓	0	1	0	0	置"0"
↓	0	1	1	0	
↓	1	0	0	1	置"1"
↓	1	0	1	1	
↓	1	1	0	1	翻转/计数
↓	1	1	1	0	

由以上分析可知，主从 JK 触发器的特点有：

（1）J、K 之间没有约束条件。

（2）主从 JK 触发器在 CP=1 期间输入信号的取值要求保持不变，存在一次变化问题，因此抗干扰能力尚需提高。

4.3.3 边沿 D 触发器

从上面的分析中可以看出，主从触发器克服了在一个时钟周期内输出端的状态可能多次翻转的缺点，在性能上有了很大的改进。但由于它的主触发器仍是一个时钟 RS 触发器，所以在 CP=1 期间，输入信号的变化都会影响主触发器的状态。因此，这种电路的抗干扰性还不够理想。

为了提高触发器的抗干扰性，希望触发器具有这样一种动作特点，即它的次态仅仅取决于时钟信号边沿到达时刻输入的状态，而与此刻以前、以后的输入状态无关。我们把具有这种动作特点的触发器统称为边沿触发的时钟触发器，简称为边沿触发器。

边沿触发器的电路结构有多种形式。目前常见的有采用 CMOS 传输门的边沿触发器、维持阻塞触发器等。下面主要介绍维持阻塞 D 触发器。

维持阻塞 D 触发器是一种典型的边沿触发器。它的逻辑图如图 4-5（a）所示，可以变换成图 4-5（b）。从图中可知，它由六个与非门组成，而且 G_1 与 G_2，G_3 与 G_5，G_4 与 G_6 分别组成基本 RS 触发器，它们各自都具有自保持功能。

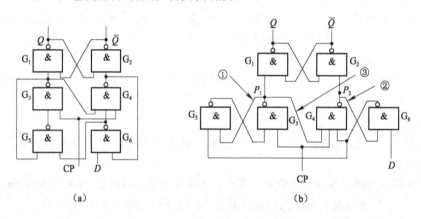

（a）　　　　　　　　　　　（b）

图 4-5　维持阻塞 D 触发器

下面来分析维持阻塞 D 触发器的逻辑功能。

当 CP=0 时，门 G_3，G_4 的输出都是高电平，因而 Q 和 $\bar{Q}$ 端的状态保持不变。

当 CP 由低电平跳变到高电平时，如果输入端 D=0，则门 G_6 输出高电平而门 G_5 输出低电平。故 CP 变成高电平后，门 G_4 输出为低电平，门 G_3 输出为高电平，使触发器置 0。而且，门 G_4 输出的低电平同时又经过导线②接回到门 G_6 的输入端，将 G_6 封锁，此后，即使输入端 D 的状态发生变化，也不能再进入触发器。这样就"阻塞"了 D 端可能出现的"1"状态进入触发器的通道，同时也使得门 G_4 输出的低电平置 0 信号在 CP=1 的期间里始终维持不变。

如果 CP 上升沿到达时输入端 D=1，则门 G_6 输出低电平，而门 G_5 输出高电平。故 CP=1 以后，门 G_3 输出为低电平而门 G_4 输出为高电平，使触发器置 1。与此同时，门 G_3 输出的低电平通过导线①接回到门 G_5 的输入端，又通过导线③接到门 G_4 的输入端。一方面由于 G_3 的输出可以保持高电平，使门 G_3 输出的低电平置 1 信号在 CP=1 期间得以维持，另一方面接到门 G_4 的低电平信号将门 G_4 封锁，即使后来输入端 D 变成了低电平，门 G_6 输出高电平，门 G_4 也不会输出低电平置 0 信号，从而"阻塞"了触发器被置 0 的可能。

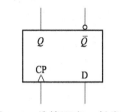

图 4-6　维持阻塞 D 触发器的逻辑符号

通常把图 4-5（b）中的导线①称为置 1 维持线，把导线③称为置 0 阻塞线，把导线②称为置 0 维持线和置 1 阻塞线。

维持阻塞 D 触发器的逻辑符号如图 4-6 所示。

由以上分析可知，维持阻塞 D 触发器的逻辑功能是 $Q_{n+1}=D$，即 D 触发器的输出和 D 端的状态相同。注意，公式中的 Q_{n+1} 只能取 CP 上升沿时刻输入端信号 D 的值。

4.4　触发器的逻辑功能描述方法

对触发器的逻辑功能描述方法主要有特性表、特性方程和状态转换图。有时钟控制的触发器，按逻辑功能不同可分为：RS 触发器、JK 触发器、D 触发器、T 触发器和 T′触发器等。本节通过对这几种触发器功能的分析详细讲解触发器的描述方法。

4.4.1　RS 触发器

1．特性表

凡在时钟控制下，逻辑功能符合此特性表的触发器就称为 RS 触发器，其状态转换表如表 4-5 所示。

表 4-5　基本 RS 触发器的状态转换表

$\overline{R}$	$\overline{S}$	Q_n	Q_{n+1}	功　能
1	0	0	1	置 "1"
1	0	1	1	
0	1	0	0	置 "0"
0	1	1	0	
1	1	0	0	保持
1	1	1	1	
0	0	0	×	无定义
0	0	1	×	

由表 4-5 可知，触发器的逻辑功能是当 S=0、R=0 时置 0，当 S=1、R=0 时置 1，当 S=R=0 时保持状态不变，当 S=R=1 时为无效状态。

2．特性方程

RS 触发器的特性方程如下：

$$\begin{cases} Q_{n+1} = S + \overline{R}Q_n \\ RS = 0 \text{（约束条件）} \end{cases}$$

3. 状态转换图

从表 4-5 中可以得出，当 $S=0$，$R=1$ 时，触发器由 "0" 态转换成 "1" 态；当 $S=1$，$R=0$ 时，触发器由 "1" 态转换成 "0" 态；当 $S=0$，$R=0$ 时，或 $S=1$，$R=0$ 时，触发器由 "0" 态保持 "0" 态；当 $S=0$，$R=0$ 时，或 $S=0$，$R=1$ 时，触发器由 "1" 态保持 "1" 态。因此可以得到如图 4-7 状态转换图：其中箭头方向表示状态转换方向，箭头上的标号为状态转换的条件。"/" 下面的数字表示发生转换时 S 和 R 的输入状态，如果还有其他输出的话，那么输出的状态写在 "/" 上面。例如，从图中可以知道，当 $R=0$，S 为任意值时，触发器的状态都将变为 "0" 态。

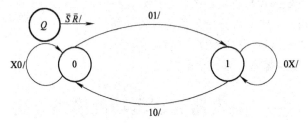

图 4-7　RS 触发器的状态转换图

4.4.2　JK 触发器

1. 特性表

凡在时钟控制下，逻辑功能符合此特性表的触发器，就称为 JK 触发器，其状态转换表如表 4-6 所示。

表 4-6　基本 JK 触发器的状态转换表

J K	Q_n	Q_{n+1}	功　能
0　0	0	0	保持
0　0	1	1	
0　1	0	0	置 "0"
0　1	1	0	
1　0	0	1	置 "1"
1　0	1	1	
1　1	0	1	翻转
1　1	1	0	

由表 4-6 可知，JK 触发器的逻辑功能是当 $J=0$、$K=1$ 时置 0，当 $J=1$、$K=0$ 时置 1，当 $J=K=0$ 时保持状态不变，当 $J=K=1$ 时，状态翻转。

2. 特性方程

JK 触发器的特性方程如下：

$$Q_{n+1} = J\overline{Q_n} + \overline{K}Q_n$$

3. 状态转换图

从表 4-6 中可以得出，当 $J=1$，$K=1$ 时，或 $J=1$，$K=0$ 时，触发器由 "0" 态转换成 "1" 态；当 $J=0$，$K=1$ 时，或 $J=1$，$K=1$ 时，触发器由 "1" 态转换成 "0" 态；当 $J=0$，$K=0$ 时，

或 $J=0$，$K=1$ 时，触发器由 "0" 态保持 "0" 态；当 $J=0$，$K=0$ 时，或 $J=1$，$K=0$ 时，触发器由 "1" 态保持 "1" 态。因此可以得到图 4-8 所示状态转换图。

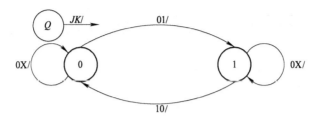

图 4-8　JK 触发器的状态转换图

4.4.3　D 触发器

1. 特性表

凡在时钟控制下，逻辑功能符合此特性表的触发器，就称为 D 触发器，其状态转换表如表 4-7 所示。

表 4-7　基本 D 触发器的状态转换表

D	Q_n	Q_{n+1}	功　能
0	0	0	置 "0"
0	1	0	
1	0	1	置 "1"
1	1	1	

由表 4-7 可知，D 触发器的逻辑功能是当 $D=0$ 时置 0，$D=1$ 时置 1。

2. 特性方程

D 触发器的特性方程：

$$Q_{n+1} = D$$

3. 状态转换图

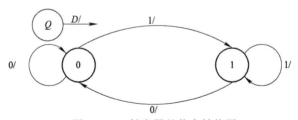

图 4-9　D 触发器的状态转换图

4.4.4　T 触发器

1. 特性表

凡在时钟控制下，逻辑功能符合此特性表的触发器，就称为 T 触发器，其状态转换表如表 4-8 所示。

表 4-8 基本 T 触发器的状态转换表

T	Q_n	Q_{n+1}	功　能
0	0	0	保持
0	1	1	
1	0	1	翻转
1	1	0	

由表 4-8 可知，T 触发器的逻辑功能是当 $T=0$ 时保持状态不变，$T=1$ 时一定翻转。

2. 特性方程

T 触发器的特性方程：

$$Q_{n+1} = T\overline{Q_n} + \overline{T}Q_n$$

3. 状态转换图

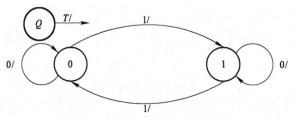

图 4-10 T 触发器的状态转换图

4.4.5 T′触发器

1. 特性表

凡在时钟控制下，逻辑功能符合此特性表的触发器，就称为 T'触发器，其状态转换表如表 4-9 所示。

表 4-9 基本 T′触发器的状态转换表

Q_n	Q_{n+1}	功　能
0	1	翻转
1	0	

由表 4-9 可知，T 触发器的逻辑功能是每来一个时钟脉冲，翻转一次。

2. 特性方程

T'触发器的特性方程：

$$Q_{n+1} = \overline{Q_n}$$

3. 状态转换图

状态转换图如图 4-11 所示。

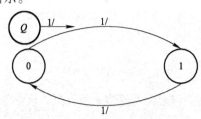

图 4-11 T'触发器的状态转换图

4.5 CMOS 触发器

集成 CMOS 触发器具有功耗极低、抗干扰能力很强、电源适用范围比较宽的特点。它是以传输门为基础的边沿触发器，其内部电路采用主从结构形式。由于利用了 CMOS 传输门，所以电路结构也特别简单。

4.5.1 CMOS 主从 D 触发器

CMOS 主从 D 触发器如图 4–12 所示。

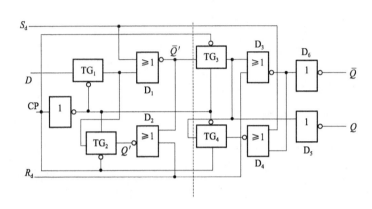

图 4–12 CMOS 主从 D 触发器

由图 4–12 可知，它是主从结构的触发器。或非门 D_1、D_2 和传输门 TG_1、TG_2 组成主触发器；或非门 D_3、D_4 和传输门 TG_3、TG_4 组成从触发器。反相门 D_5、D_6 是缓冲门，目的是防止输出端负载影响触发器的状态。并能提高触发器带负载的能力。R_d 和 S_d 则为触发器的异步复位和置位端，高电平触发，通常处于低电平状态。传输门的控制信号 CP 和 $\overline{CP}$ 为互补的时钟脉冲。在 CP 和 $\overline{CP}$ 的作用下，传输门 TG_1、TG_4 和传输门 TG_2、TG_3 不会同时导通和截止。

当 CP=1 时，TG_1 导通，输入信号 D 送入主触发器，TG_2 截止，主触发器的反馈回路被切断，因此两个或非门 D_1 和 D_2 便成为两个串接的反相器，这时主触发器成为信号传输电路，其输出跟随输入变化，使 $Q' = D$、$\overline{Q}' = \overline{D}$。在从触发器中，$TG_3$ 截止、TG_4 导通，使从触发器保持原来的状态不变。且与主触发器隔离，输入信号 D 的变化对从触发器不起作用。

当 CP=0 时，TG_1 截止，切断主触发器与输入端 D 的联系，TG_2 导通，主触发器保持原来的状态不变。同时，在从触发器中，TG_3 导通、TG_4 截止，从触发器接收主触发器锁存的内容，使 $Q = Q' = D$、$\overline{Q} = \overline{Q}' = \overline{D}$。其特性方程为

$$Q_{n+1} = D \qquad （CP 下降沿有效）$$

从上述分析可知，触发器状态的转换发生在 CP 的下降沿，而转换后的状态就是 CP 下降沿到来时所对应的输入状态，因而这个电路是下降沿触发的边沿触发器。显而易见，在图 4–7 中，如果将所有传输门的控制信号 CP 和 $\overline{CP}$ 对换，就可以改成上升沿触发方式。这种 CMOS 触发器不同于 TTL 主从触发器，它不仅有主从结构的形式，而且还有边沿触发器的特点。

下面分析异步复位端和置位端的工作情况。

当 R_d 和 S_d 都为 0 时，所有或非门的输出和另一个输入是反相的关系，这就是上面所分析的情况。

当 R_d 为 0、S_d 为 1 时，D_1、D_4 的输出都为 0。CP 上升沿到来时，TG_4 导通，D_5 的输入为 0，使 Q 为 1；或非门 D_3 的两个输入端全为 0，因此，D_3 输出为 1，$\overline{Q}$ 为 0，触发器置 1。CP 下降沿到来时，TG_3 导通，D_5 的输入为 0，Q 为 1；D_3 的两个输入端还是都为 0，输出为 1，经 D_6 反相后，$\overline{Q}$ 为 0。因此，CP 正、负跳变后，触发器均能实现置 1。

当 $R_d=1$、$S_d=0$ 时，D_2 和 D_3 输出都为 0。与上述分析过程类似，触发器在 CP 正、负跳变后都能实现置 0。

下面将图 4-12 所示电路的逻辑功能归纳如下：

当给 R_d 端加 0、S_d 端加 1 时，触发器直接置 1；

当给 R_d 端加 1、S_d 端加 0 时，触发器直接置 0；

当 R_d 和 S_d 都加 0 时，CP 下降沿到来时刻，触发器翻转，并将 CP 下降沿到来之前的 D 端信号存入触发器。

4.5.2　CMOS 主从 JK 触发器

CMOS 主从 JK 触发器的典型逻辑图如图 4-13 所示。

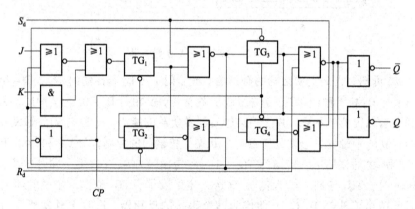

图 4-13　CMOS 主从 JK 触发器

由图可知，该电路是由主从结构的 D 触发器加上 J、K 输入电路组成的。由输入转换电路可得

$$D = \overline{J} + \overline{Q_n} + \overline{KQ_n}$$
$$= (J + Q_n)\overline{KQ_n}$$
$$= J\overline{K} + J\overline{Q_n} + \overline{K}Q_n + Q_n\overline{Q_n}$$
$$= J\overline{Q_n} + \overline{K}Q_n$$

代入 D 触发器的特性方程

$$Q_{n+1} = D = J\overline{Q_n} + \overline{K}Q_n \qquad （CP\ 上升沿有效）$$

上式就是 CMOS 主从 JK 触发器的特性方程。异步复位端和置位端 R_d、S_d 的工作情况和 CMOS 主从 D 触发器完全相同。

4.6 触发器之间的逻辑转换

4.6.1 JK 触发器转换成 D 触发器

D 触发器的逻辑功能是当 $D=0$ 时置 0，$D=1$ 时置 1。

JK 触发器的特性方程为 $Q_{n+1}=J\overline{Q}_{n+1}+\overline{K}Q_n$，D 触发器的特性方程为 $Q_{n+1}=D$。比较这两种类型触发器的特性方程可知，当 $J=\overline{K}=D$ 时，$Q_{n+1}=J=D$，JK 触发器即转换成 D 触发器，如图 4-14 所示。

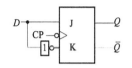

图 4-14 JK 触发器转换成 D 触发器

4.6.2 JK 触发器转换成 T 触发器

T 触发器的逻辑功能是当 $T=0$ 时保持状态不变，$T=1$ 时一定翻转。

JK 触发器的特性方程为 $Q_{n+1}=J\overline{Q}_{n+1}+\overline{K}Q_n$，T 触发器的特性方程为 $Q_{n+1}=T\overline{Q}_{n+1}+\overline{T}Q_n$。比较这两种类型触发器的特性方程可知，当 $J=T$、$K=\overline{T}$ 时，即 $J=K=T$ 时，$Q_{n+1}=T\overline{Q}_{n+1}+\overline{T}Q_n$，JK 触发器即转换成 T 触发器，如图 4-15 所示。

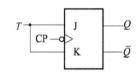

图 4-15 JK 触发器转换成 T 触发器

4.6.3 D 触发器、JK 触发器转换成 T'触发器

T'触发器的逻辑功能是每来一个时钟脉冲，翻转一次，即 $Q_{n+1}=\overline{Q}_n$，具有计数的功能。而 D 触发器的特性方程为 $Q_{n+1}=D$。令 $D=\overline{Q}$ 就可实现这种转换，如图 4-16 所示，只要将 D 触发器的 D 端和 $\overline{Q}$ 端相连即可。

根据 JK 触发器的真值表，当 $J=K=1$ 时，$Q_{n+1}=\overline{Q}$，JK 触发器只要将 J 和 K 端连在一起，并输入高电平，即转换成 T'触发器，如图 4-17 所示。

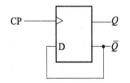

图 4-16 D 触发器转换成 T'触发器

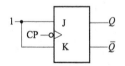

图 4-17 JK 触发器转换成 T' 触发器

动手做：简易压力报警器的制作

图 4-18 所示为用基本的 RS 触发器构成的简易压力报警电路。图中 RS 触发器用来记忆压力系统的不安全状态，即 $\overline{Q}=1$ 状态。压力正常时，压力传感器输出高电平（1 态），$\overline{Q}=0$，RS 触发器保持 1 态不变。发光二极管 LED_2 加正向电压，发绿光；非门 G_2 输出低电平，红色 LED_1 不亮；因为 $\overline{Q}=0$，所以与门 G_1 输出低电平，喇叭不响。当压力超过安全值时，压力传感器输出低电平，使 LED_1 绿灯熄灭，LED_2 红灯发光，同时 RS 触发器翻转，$\overline{Q}=1$，与门 G1 输出高电平，喇叭发出报警信号。值班人员排除故障后，使压力恢复正常，然后闭合开关 S，使得 S 端为 0，触发器复位，回到 0 态，喇叭停止报警。

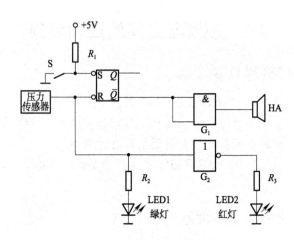

图 4-18　简易压力报警电路

本 章 小 结

触发器和门电路一样是构成各种复杂数字系统的基本逻辑单元。

触发器逻辑功能的特点是可以保存一位二值信息。因此，又把触发器称为半导体存储单元或记忆单元。

触发器的逻辑功能和电路结构形式是两个不同的概念。从使用角度出发，逻辑功能是主要的。所谓逻辑功能，是指触发器次态输出和现态输出以及输入信息之间的逻辑关系。根据逻辑功能的不同，把触发器分成 RS、JK、D、T、T'等几种类型。

基本 RS 触发器、同步 RS 触发器、主从 JK 触发器、维持阻塞触发器等，是指电路的不同结构形式。

同一种逻辑功能的触发器可以用不同的电路结构形式来实现。例如，同是 T 型触发器，既可以用主从结构形式来实现，也可以用维持阻塞结构形式来实现。反之，同一种电路结构形式，可以构成具有不同功能的各种类型触发器。例如，主从结构形式不仅可以构成 RS 型触发器，也可以构成 D、T、JK 等类型的触发器。这就是触发器的电路结构形式和逻辑功能的关系。不要把电路结构形式和逻辑功能这两个不同的概念混同起来。

双极型 TTL 电路结构的 JK、D 触发器和单极型 CMOS 电路结构的 JK、D 触发器在逻辑功能上相同，但电路结构形式、参数值是不同的。

为了保证触发器在动态工作时能可靠地翻转，输入信号、时钟信号以及它们在时间上的相互配合要符合一定的要求。

思考题与练习题 4

4-1. 基本 RS 触发器在电路结构上有什么特点？为什么不允许与非门组成的基本 RS 触发器输入端同时为低电平？

4-2. 什么是边沿触发器？它的动作特点是怎样的？

4-3. 触发器按功能可以分成哪几类？

4-4. 试分析列出 RS 触发器、JK 触发器、T 触发器、D 触发器的特性表和特性方程。

4-5. 什么是传输延迟时间?

4-6. 一个触发器可以存放几位二进制数?

4-7. 触发器有哪几种常见的电路结构形式? 简述它们各自的功能特点?

4-8. 根据 $\bar{S}$、$\bar{R}$ 的波形,画出图 4-19 所示的基本 RS 触发器输出端 Q 的波形。设初始状态为 $Q=0$。

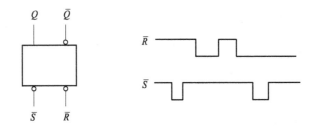

图 4-19　题 4-8 图

4-9. 边沿 JK 触发器中,CP、J、K 的波形如图 4-20 所示,试对应画出 Q、$\bar{Q}$ 端的波形。假定触发器的初始状态为 $Q=0$。

4-10. 边沿 JK 触发器中,J、K、CP 的波形如图 4-21 所示,试对应画出 Q、$\bar{Q}$ 端的波形。假定触发器的初始状态为 $Q=0$。

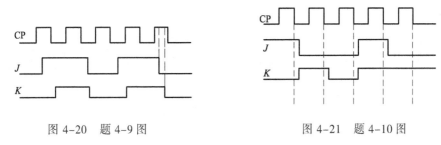

图 4-20　题 4-9 图　　　　　　　　图 4-21　题 4-10 图

4-11. 在边沿 T 触发器中,已知 $T=1$,CP 的波形如图 4-22 所示,试对应画出 Q、$\bar{Q}$ 端的波形图。假定触发器的初始状态为 $Q=0$。

图 4-22　题 4-11 图

4-12. 画出图 4-23 所示电路 Q 端的波形。设初始状态为 $Q=0$。

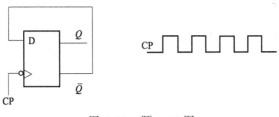

图 4-23　题 4-12 图

4-13. 画出图 4-24 所示电路 Q 端的波形。设初始状态为 $Q=0$。

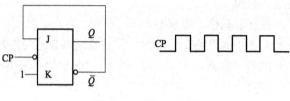

图 4-24 题 4-13 图

第5章

时序逻辑电路

本章主要介绍时序逻辑电路的特点，时序逻辑电路的分析方法，典型时序逻辑电路——计数器、寄存器、节拍脉冲发生器等的组成、原理及分析方法，常用中规模集成时序器件的功能与应用以及时序逻辑电路的设计方法。

实际上，时序电路与组合电路一样，主要也是研究两方面的问题：一是电路分析；二是电路设计。本章应把重点放在时序电路的分析上，而通过设计能进一步加深对时序电路分析方法的掌握以及对集成时序器件功能的应用。

5.1 概　　述

1. 时序逻辑电路的特点

时序逻辑电路，简称时序电路。图 5-1 为它的结构示意图。

时序逻辑电路由两部分组成，一部分是组合逻辑电路，另一部分是由触发器组成的具有存储功能的电路。时序逻辑电路的输出，不仅和该时刻的输入信号有关，而且还取决于电路原来的输出状态。由于要求具有存储记忆功能，所以在时序逻辑电路中，即使没有组合电路部分，也不能缺少具有存储功能的触发器电路。

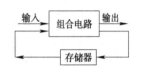

图 5-1　组合电路与时序电路

2. 时序逻辑电路的分类

（1）按逻辑功能划分为计数器、寄存器、移位寄存器、读/写存储器、顺序脉冲发生器等。

（2）按电路中触发器状态变化是否同步可以分为同步时序电路和异步时序电路。

同步时序电路：电路状态改变时，更新状态的触发器是同步翻转的，即要求所有触发器的 CP 信号都是一个输入的时钟脉冲信号。

异步时序电路：电路状态改变时，各个触发器状态的更新是异步的，即有的先翻转，有的后翻转。因为他们的 CP 信号不是同一个时钟信号，有的是其他触发器的输出。

（3）按电路输出信号的特性可以分为 Mealy 型和 Moore 型。

Mealy 型：其输出不仅与现态有关，而且还决定于电路的输入。

Moore 型：其输出仅与现态有关，而与电路的输入无关。

此外，还有其他的分类方式，比如按是否可编程分类，按使用的开关元件类型分等。

3. 时序逻辑电路功能的表示方法

1）逻辑表达式

时序逻辑电路的逻辑表达式包括三类：

（1）驱动方程：各触发器输入信号的表达式；

（2）状态方程：是将驱动方程分别代入触发器特性方程所得到的各触发器的次态 Q_{n+1} 的表达式。

（3）输出方程：即输出信号的最终表达式。

2）状态表、卡诺图、状态图和时序图

状态表、卡诺图、状态图和时序图是我们在分析时序逻辑电路必不可少的工具。其实当我们明确列出电路的驱动方程、状态方程和输出方程，就不难得到状态表、卡诺图、状态图和时序图。具体方法，我们将在后面的章节中进行说明。

5.2 时序逻辑电路的分析

5.2.1 同步时序电路的分析

所谓时序逻辑电路的分析，就是根据已经给定的时序电路逻辑图，分析确定出该电路的逻辑功能。其一般分析步骤如下：

1）写相关方程式

根据已知的逻辑图，分别列出电路中的各个触发器的时钟方程、驱动方程和输出方程。

时钟方程是各个触发器的时钟信号的逻辑表达式，由于对于同步时序电路来说，各个触发器的时钟信号都是同一个 CP 信号，所以时钟方程也就是相同的。

驱动方程是各触发器输入信号的逻辑表达式，输出方程是电路输出信号的逻辑表达式。

2）求状态方程

状态方程是将驱动方程分别代入触发器特性方程所得到的各触发器的次态 Q_{n+1} 的表达式。

3）列状态表或画状态图和时序图

状态表是电路对应时钟脉冲，由状态方程计算出的各次态 Q_{n+1} 与各现态 Q_n 之间的关系表。

状态图即状态转换图，它是反映时序电路从现态 Q_n 到次态 Q_{n+1} 转换规律的几何图形。

时序图是利用波形图的形式来形象地表示输入信号、输出信号、电路状态等在时间上的对应关系的。

（4）分析逻辑功能，进行必要的说明

分析时序电路的逻辑功能时，要注意该电路能否自启动。电路因为某种原因，如因干扰而落入无效（不能使用的）状态时，如果在时钟脉冲操作下可以返回到有效（能够使用的）状态，称为能自启动；反之称为不能自启动。

下面我们通过分析下面的一个例子来具体说明一下同步时序电路的分析过程。

【例 5-1】已知某一同步时序电路如图 5-2 所示，试分析其逻辑功能。

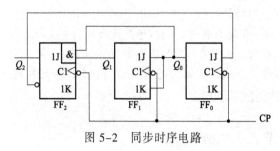

图 5-2 同步时序电路

解:

（1）写相关方程式：

时钟方程 $CP_0=CP_1=CP_2=CP$（同步电路也可以不写此方程）

驱动方程 $\begin{cases} J_0 = \overline{Q_{2n}} & (K_0=1) \\ J_1 = K_1 = Q_{0n} \\ J_2 = Q_{0n}Q_{1n} & (K_2=1) \end{cases}$

（2）求状态方程

状态方程 $\begin{cases} Q_{0(n+1)} = J_0\overline{Q_{0n}} + \overline{K}_0Q_{0n} = \overline{Q_{2n}}\,\overline{Q_{0n}} \\ Q_{1(n+1)} = J_1\overline{Q_{1n}} + \overline{K}_1Q_{1n} = Q_{0n} \oplus Q_{1n} \\ Q_{2(n+1)} = J_2\overline{Q_{2n}} + \overline{K}_2Q_{2n} = Q_{0n}Q_{1n}\overline{Q_{2n}} \end{cases}$

（3）列状态表。状态表如表 5-2 所示。

表 5-1　例题 5-1 电路的状态表

计数脉冲 CP	Q_{2n}	Q_{1n}	Q_{0n}	$Q_{2(n+1)}$	$Q_{1(n+1)}$	$Q_{0(n+1)}$
1	0	0	0	0	0	1
2	0	0	1	0	1	0
3	0	1	0	0	1	1
4	0	1	1	1	0	0
5	1	0	0	0	0	0
无效	1	0	1	0	1	0
	1	1	0	0	1	0
状态	1	1	1	0	0	0

（4）画状态图。状态图和时序图如图 5-3 所示。

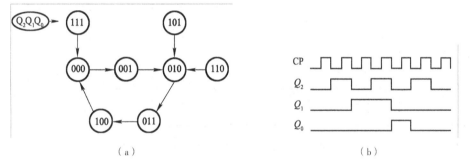

（a）　　　　　　　　　　　（b）

图 5-3　例题 5-1 电路的状态图和时序图

（5）电路功能说明。由状态图即可看出（不需要再画出时序图），此电路为一个同步五进制加法计数器，且能自启动。

5.2.2　异步时序电路的分析

实际上，异步时序电路的分析过程与同步时序电路的分析过程基本上是一样的，与之不同的就是，异步时序电路的各个触发电路的时钟脉冲不都是同一个脉冲信号，而有可能是电路中某一个触发器的输出信号。因此在列相关方程的时候要复杂一些。下面我们还是通过实例分析来具体说明它的分析步骤。

【例 5-2】已知某一异步时序电路如图 5-4 所示，试分析其逻辑功能。

解：（1）写相关方程式：

① 根据电路写方程式。时钟方程 $CP_0=CP$，$CP_1=CP_2=CP$（同步电路也可以不写此方程）

驱动方程 $\begin{cases} D_0 = \overline{Q}_{0n} \\ D_1 = \overline{Q}_{1n}\overline{Q}_{2n} \\ D_2 = Q_{1n} \end{cases}$

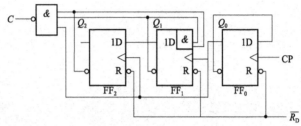

图 5-4　异步时序电路

② 求状态方程和输出方程。

状态方程 $\begin{cases} Q_{0(n+1)} = D_0 = \overline{Q}_{0n} & (CP\uparrow) \\ Q_{1(n+1)} = D_1 = \overline{Q}_{1n}\overline{Q}_{2n} & (Q_0\uparrow) \\ Q_{2(n+1)} = D_2 = Q_{1n} & (Q_0\uparrow) \end{cases}$

输出方程 $C = \overline{\overline{Q}_{2n}\cdot\overline{Q}_{1n}\cdot Q_{0n}}$

（2）列状态表。状态表如表 5-1 所示。

表 5-2　例题 5-2 电路的状态表

计数脉冲 CP	Q_{2n}	Q_{1n}	Q_{0n}	$Q_{2(n+1)}$	$Q_{1(n+1)}$	$Q_{0(n+1)}$	输出 C
1	0	0	0	0	1	1	1
2	0	1	1	0	1	0	1
3	0	1	0	1	0	1	1
4	1	0	1	1	0	0	1
5	1	0	0	0	0	1	1
6	0	0	1	0	0	0	0
无效	1	1	0	1	0	1	1
状态	1	1	1	1	1	0	1

（3）画状态图及时序图。状态图和时序图如图 5-5 和图 5-6 所示。

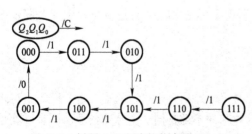

图 5-5　例题 5-2 电路的状态图

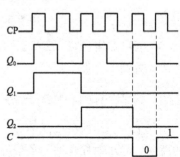

图 5-6　例题 5-2 电路的时序图

（4）分析电路的逻辑功能。从状态图可以看出，有效循环有六个状态，需六个 CP 脉冲触发，所以该电路为异步六进制计数器，且能自启动。另外从时序图可知，Q_1、Q_2 只能在 Q_0 的上升沿时刻翻转。当第六个 CP 上升沿到来时，输出信号 C 也产生一个上升沿（由 $0\rightarrow1$），表示此时才来一个进位信号（逢六进一）。

5.3　寄　存　器

在数字系统中，经常要用到能够暂存数据或指令的电路，这种电路称为寄存器，它是计算机和数字电路中的基本逻辑部件。寄存器由触发器和控制电路组成，触发器存储数据或代码，控制电路起存、取控制作用。寄存器能实现对数据的清除、接收、保存和输出等功能。

寄存器输入或输出数码的方式有并行和串行两种。所谓并行就是各位数码从寄存器各自对应的端子同时输入或输出；串行就是各位数码从寄存器对应的端子逐个输入或输出，如图 5-7 所示。寄存器总的输入–输出方式有四种：串入–串出、串入–并出、并入–串出、并入–并出。

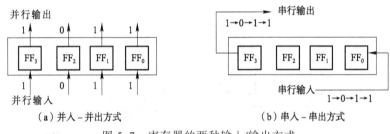

图 5-7　寄存器的两种输入/输出方式

5.3.1　数码寄存器

用以存放数码的寄存器称为数码寄存器，它具有接收数码和清除原数码的功能，常用于暂时存放某些数据。

图 5-8 所示的电路是由四个上升沿触发的 D 触发器构成的四位数码寄存器。CP 为送数脉冲控制端，$\overline{R}_\mathrm{D}$ 为异步清零端，$D_3\sim D_0$ 为数据输入端，$Q_3\sim Q_0$ 为原码输出端，$\overline{Q}_3\sim\overline{Q}_0$ 为反码输出端。它采用的是并入–并出的输入输出方式。

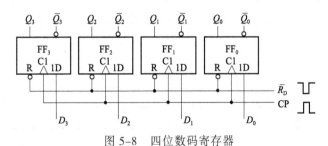

图 5-8　四位数码寄存器

其工作过程如下：

（1）清除数码。无论各触发器处于何种状态，只要 $\overline{R}_\mathrm{D}=0$，则各触发器的输出 $Q_3\sim Q_0$ 均为 0。这一过程称做异步清零，它主要用来清除寄存器的原数码。平时不需要异步清零时，应使 $\overline{R}_D=1$。

（2）寄存数码。当 $\overline{R}_D=1$，且有 CP 上升沿到来时，能将各触发器输入端数码并行送到输出端，即并行送数，使 $Q_3Q_2Q_1Q_0=D_3D_2D_1D_0$。

（3）保持数码。当 $\overline{R}_D=1$，且不再有 CP 上升沿到来时，各触发器寄存的数码不会改变，即保持数码。

5.3.2 移位寄存器

移位寄存器除了具有存储数据的功能外，还具有移位的功能。所谓移位功能，就是寄存器所存的数据在移位脉冲作用下依次左移或右移。因此，移位寄存器不但可用于存储数据，还可用做数据的串行-并行转换、数据的运算及处理等。

根据数据在寄存器中移动情况的不同，可把移位寄存器划分为单向移位（左移、右移）寄存器和双向移位寄存器。下面重点以单向移位寄存器（左移）为例进行讨论。

图 5-9 所示为用 D 触发器构成的单向（左移）移位寄存器。图中 CP 是移位脉冲控制端，$\overline{R}_D$ 是异步清零端，D_{SL} 是左移串行数据输入端，$Q_3 \sim Q_0$ 是并行数据输出端。

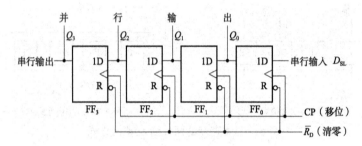

图 5-9 单向移位寄存器

首先使 $\overline{R}_D=0$，清除原寄存数据，使 $Q_3Q_2Q_1Q_0=0000$，然后撤消 $\overline{R}_D=0$ 信号。每当移位脉冲 CP 上升沿到来时，输入数据 D_{SL} 便依次移入 FF_0，同时每个触发器的输出状态也依次移给高位触发器，这显然是串行输入。若输入数码为 1011，那么在移位脉冲作用下，移位寄存器中数码的移动情况如表 5-3 所示，对应的时序图如图 5-10 所示。

表 5-3　单向（左移）移位寄存器中数码的移动情况

移位脉冲 CP	Q_3	Q_2	Q_1	Q_0	输入数据 D_{SL}
初始	0	0	0	0	1
1	0	0	0	1	0
2	0	0	1	0	1
3	0	1	0	1	1
4	1	0	1	1	
并行输出	1	0	1	1	

由时序图可以看出，经四个移位脉冲作用后，串行输入的四位数据 1011 全部移入寄存器中，使 $Q_3Q_2Q_1Q_0=1011$。这时，从四个触发器的 Q_3 端可以并行输出数据 1011，这就是并行输出方式，实现了数据的串入-并出转换。如果再输入四个移位脉冲，4 位数据便可依次从串

行输出端 Q_3 送出去，这就是串行输出方式，从而又实现了数据的串入–串出转换。由于数据从低位依次移向高位（$Q_0 \rightarrow Q_1 \rightarrow Q_2 \rightarrow Q_3$），即从右向左移动，所以称为左移寄存器。

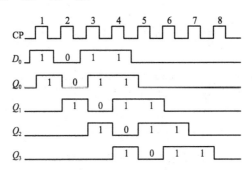

图 5-10 单向（左移）移位寄存器的时序图

图 5-11 为单向（右移）移位寄存器的逻辑图，其结构与工作原理和图 5-10 基本一致，所不同的是其右移串行数据 D_{SR} 直接输入给最高位触发器 FF$_3$，数据从高位依次移向低位（从 $Q_3 \rightarrow Q_2 \rightarrow Q_1 \rightarrow Q_0$），即从左向右移动，所以称为右移寄存器。具体工作过程请读者自行分析。

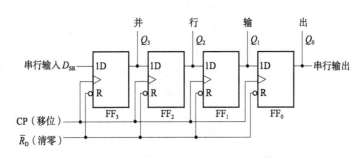

图 5-11 单向（右移）移位寄存器

双向移位寄存器就是把左、右移动功能综合在一起，在控制端作用下，既可实现左移，又可实现右移。

5.3.3 集成寄存器

1. 集成数码寄存器

集成数码寄存器种类较多，常见的有四 D 触发器（74LS175）、六 D 触发器（74LS174）、八 D 触发器（74LS273、74LS374）、八 D 锁存器（74LS373）等。

锁存器又称自锁电路，是存储数据或信息的器件。它与触发器的主要区别是：锁存器具有一个使能控制端 C，当使能信号 C 有效时，输出随输入数据变化（存入数据）；当使能信号 C 无效时，输出保持原来状态不变（锁存数据），而这个功能是边沿触发器所不具备的。下面以 74LS373 锁存器为例介绍数码寄存器的功能与应用。

373 内部有八个 D 锁存器，其输出端具有三态（3S）控制功能。373 的逻辑符号及外引线图如图 5-12 所示。其中，$\overline{OC}$ 是输出控制端（L 有效），C 是使能控制端（H 有效）。

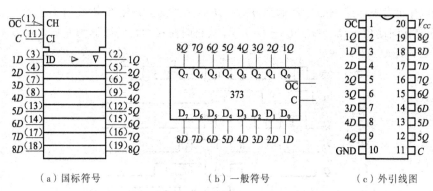

（a）国标符号　　　　　（b）一般符号　　　　　（c）外引线图

图 5-12　八 D 锁存器（373）

表 5-4 为其功能表，由表可知，373 的逻辑功能如下：

（1）$\overline{OC}$ 端为 L，C 端为 H 时，数码寄存功能，$Q=D$；

（2）$\overline{OC}$、C 端均为 L 时，锁存功能，此时 Q 与 D 无关；

（3）$\overline{OC}$ 端为 H 时，Q 为高阻状态（Z）。

D 锁存器的逻辑功能表明：只要来一个有效使能信号 C，即可将输入数据 D 存入触发器；C 信号过后（无效），触发器仍存储该数据（锁存），直到下一个有效 C 信号到来为止。

图 5-13 所示为 373 用于单片机数据总线中的多路数据选通电路。该电路中八位数据总线（DB）上挂接了八个 373，它们的 C 端并接在一起，而各 $\overline{OC}$ 与 3-8 线译码器 138（IC_0）的输出相接。给 C 端加一个正窄脉冲，各组数据都分别被写入各自的寄存器中。但是，如果 $\overline{OC}$ 端为高电平，所有输出端 Q 均被强制为高阻状态，数据还是不能送到 DB 上。当 138 的输出 $\overline{Y}_0 \sim \overline{Y}_7$ 轮流给各寄存器的 $\overline{OC}$ 端一个负脉冲时，373（$IC_1 \sim IC_8$）的数据就按顺序送到八位 DB 上，由 CPU 读取。可见，用 8 位数据总线可以分时传送 $8n$（n 为寄存器的个数，$n \leqslant 8$）位数据，大大扩大了单片机的数据传送功能。

表 5-4　373 的功能表

输　　入			输出
$\overline{OC}$	C	D	Q
L	H	H	H
L	H	L	L
L	L	×	Q_n
H	×	×	Z

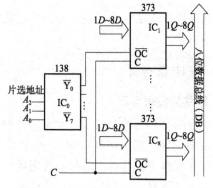

图 5-13　373 用于多路数据选通电路

2. 集成移位寄存器

下面介绍两种集成移位寄存器。

1）八位单向移位寄存器（74LS164）

74LS164 的逻辑符号及外引线图如图 5-14 所示，其中 $\overline{R}_D$ 为异步清零端，A、B 为两个可控制的串行数据输入端，$Q_H \sim Q_A$ 为八个输出端（Q_H 为最高位，Q_A 为最低位）。

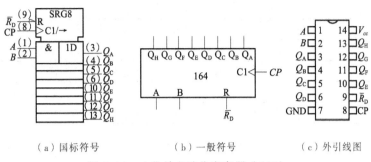

（a）国标符号　　　　　（b）一般符号　　　　　（c）外引线图

图 5-14　八位单向移位寄存器（164）

功能表如表 5-5 所示。由表可知其功能如下：当 A、B 任意一个为低电平时，则禁止另一个串行数据输入，且在时钟 CP 上升沿作用下使 $Q_{A(n+1)}$ 为低电平，并依次左移；当 A 或 B 中有一个为高电平时，就允许另一个串行数据输入，并在 CP 上升沿作用下决定 $Q_{A(n+1)}$ 的状态。

表 5-5　164 的功能表

输	入			输	出		
$\overline{R_D}$	CP	A	B	Q_A	Q_B	…	Q_H
L	×	×	×	L	L	…	L
H	L	×	×	Q_{A0}	Q_{B0}	…	Q_{H0}
H	↑	H	H	H	Q_{An}	…	Q_{Cn}
H	↑	L	×	L	Q_{An}	…	Q_{Cn}
H	↑	×	L	L	Q_{An}	…	Q_{Cn}

图 5-15 为 164 的时序图，可见 164 为单向左移寄存器，并且为串入-并出的输入/输出方式。

图 5-16 所示为单向左移寄存器（164）实现一个发光二极管循环点亮/熄灭控制的电路。

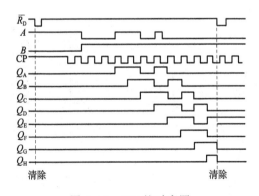

图 5-15　164 的时序图

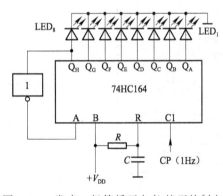

图 5-16　发光二极管循环点亮/熄灭控制电路

R、C 构成微分电路，用于上电复位（刚通电时，$Q_H \sim Q_A$ 为 0，发光二极管熄灭）。在 CP 作用下 $Q_H \sim Q_A$ 的状态如表 5-6 所示。

164 的某一输出端为高电平"1"时，点亮对应的发光二极管；为低电平"0"时，熄灭对应的发光二极管。由表 5-6 可知，在 CP 的作用下，就可实现发光二极管循环点亮/熄灭的控制。

表 5-6　164 输出的状态表

CP	Q_H	Q_G	Q_F	Q_E	Q_D	Q_C	Q_B	Q_A
1	0	0	0	0	0	0	0	1
2	0	0	0	0	0	0	1	1
3	0	0	0	0	0	1	1	1
4	0	0	0	0	1	1	1	1
5	0	0	0	1	1	1	1	1
6	0	0	1	1	1	1	1	1
7	0	1	1	1	1	1	1	1
8	1	1	1	1	1	1	1	1
9	1	1	1	1	1	1	1	0
10	1	1	1	1	1	1	0	0
11	1	1	1	1	1	0	0	0
12	1	1	1	1	0	0	0	0
13	1	1	1	0	0	0	0	0
14	1	1	0	0	0	0	0	0
15	1	0	0	0	0	0	0	0
16	0	0	0	0	0	0	0	0
17	0	0	0	0	0	0	0	1

2）四位双向通用移位寄存器（74LS194）

74LS194 具有双向移位、并行输入、保持数据和清除数据等功能，其逻辑符号和外引线图如图 5-17 所示。

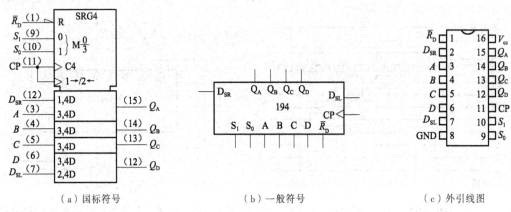

（a）国标符号　　　　　　　（b）一般符号　　　　　　　（c）外引线图

图 5-17　四位双向移位寄存器（194）

其中，$\overline{R}_D$ 为异步清零端，优先级别最高；S_1、S_0 为工作方式控制端；D_{SL}、D_{SR} 为左移、右移数据输入端；A、B、C、D 为并行数据输入端；$Q_A \sim Q_D$ 依次为由高位到低位的 4 位输出端。

如功能表 5-7 所示，可知 194 具有如下逻辑功能：

（1）清零。当 $\overline{R}_D = 0$ 时，不论其他输入如何，寄存器清零。

（2）当 $\overline{R}_D=1$ 时，有四种工作方式：

① $S_1=S_0=0$，保持功能。$Q_A \sim Q_D$ 保持不变，且与 CP、D_{SR}、D_{SL} 信号无关；

② $S_1=0$，$S_0=1$（CP↑），右移功能。从 D_{SR} 端先串入数据给最高位 Q_A，然后按 $Q_A \to Q_B \to Q_C \to Q_D$ 依次右移；

③ $S_1=1$，$S_0=0$（CP↑），左移功能。从 D_{SL} 端先串入数据给最低位 Q_D，然后按 $Q_D \to Q_C \to Q_B \to Q_A$ 依次左移；

④ $S_1=S_0=1$（CP↑），并行输入功能。

表 5-7　194 的功能表

输　　　入										输　　出			
$\overline{R}_D$	S_1	S_0	CP	D_{SL}	D_{SR}	A	B	C	D	Q_A	Q_B	Q_C	Q_D
L	×	×	×	×	×	×	×	×	×	L	L	L	L
H	×	×	L	×	×	×	×	×	×	Q_{A0}	Q_{B0}	Q_{C0}	Q_{D0}
H	H	H	↑	×	×	a	b	c	d	a	b	c	d
H	L	H	↑	×	H	×	×	×	×	H	Q_{An}	Q_{Bn}	Q_{Cn}
H	L	H	↑	×	L	×	×	×	×	L	Q_{An}	Q_{Bn}	Q_{Cn}
H	H	L	↑	H	×	×	×	×	×	Q_{Bn}	Q_{Cn}	Q_{Dn}	H
H	H	L	↑	L	×	×	×	×	×	Q_{Bn}	Q_{Cn}	Q_{Dn}	L
H	L	L	×	×	×	×	×	×	×	Q_{An}	Q_{Bn}	Q_{Cn}	Q_{Dn}

图 5-18 为双向移位寄存器（194）的时序图，从时序图中可以清楚地看到 194 的工作过程。

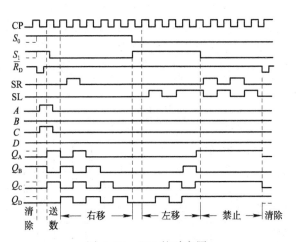

图 5-18　194 的时序图

一片 194 只能寄存 4 位数据，如果数据超过了 4 位，就需要用两片或多片 194 级联成多位寄存器。图 5-19 为用两片 194 级联扩展成 8 位双向寄存器的电路图。

其工作原理如下：

先送 $\overline{R}_D$ 端负脉冲，清除原始数据。当方式控制端 $S=0$（$S_1=0$、$S_0=1$）时，为右移功能，在右移输入端加一数据，经 4 次 CP 脉冲移位后，数据从 194（Ⅱ）最低位输出端 Q_4 串至 194（Ⅰ）的 D_{SR} 端，实现两片的右移级联；再经 4 次 CP（即第 8 个 CP）脉冲移位后，数据从低

位输出端 Q_0 反馈回 194（Ⅱ）的 D_{SR} 端，完成一个右移位周期循环。当方式控制端 $S=1$（$S_1=1$、$S_0=0$）时，为左移功能，通过 194（Ⅱ）的 D_{SL} 端实现两片的左移级联，移位方向与右移相反，最后从高位输出 Q_7 反馈回 194（Ⅰ）的 D_{SL} 端。

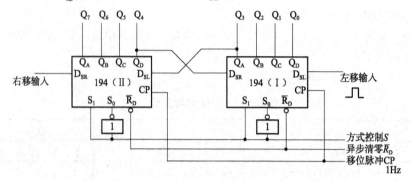

图 5-19　用两片 194 级联扩展成 8 位双向寄存器

另外，在数字系统中，数据的串行传送体系和并行传送体系均存在，如计算机主机对信息的处理和加工是并行传送数据的，而信息的传播是串行传送数据的，因此，存在两种数据传送体系的转换。

【例 5-3】 用 74LS194 组成七位串行输入转换为并行输出的电路。

解： 转换电路如图 5-20 所示，其转换过程的状态变化如表 5-8 所示，工作过程如下：

串行数据 $d_6 \sim d_0$ 从 D_{SR} 端输入（低位 d_0 先入），并行数据从 $Q_1 \sim Q_7$ 输出，表示转换结束的标志码 0 加在第（Ⅰ）片的 A 端，其他并行输入端接 1。清 0 启动后，$Q_8=0$，因此，$S_1 S_0 = 11$，第 1 个 CP 使 194 完成预置操作，将并行输入的数据 01111111 送入 $Q_1 \sim Q_8$。此时由于 $Q_8=1$，所以 $S_1 S_0 = 01$，故以后的 CP 均实现右移操作，经过七次右移后，七位串行码全部移入寄存器。此时，$Q_1 \sim Q_7 = d_6 \sim d_0$，且转换结束标志码已到达 Q_8，表示转换结束，此刻可读出并行数据。由于 $Q_8=0$，$S_1 S_0$ 再次等于 11，因此，第 9 个 CP 使移位寄存器再次置数，并重复上述过程。

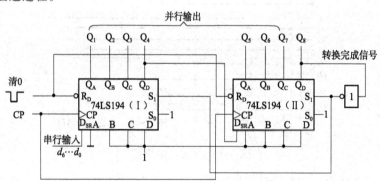

图 5-20　七位串入-并出转换电路

表 5-8　七位串入-并出状态表

CP	Q_1	Q_2	Q_3	Q_4	Q_5	Q_6	Q_7	Q_8	操 作
0	0	0	0	0	0	0	0	0	清零
1	0	1	1	1	1	1	1	1	送数

CP	Q_1	Q_2	Q_3	Q_4	Q_5	Q_6	Q_7	Q_8	操作
2	d_0	0	1	1	1	1	1	1	
3	d_1	d_0	0	1	1	1	1	1	
4	d_2	d_1	d_0	0	1	1	1	1	右移
5	d_3	d_2	d_1	d_0	0	1	1	1	七次
6	d_4	d_3	d_2	d_1	d_0	0	1	1	
7	d_5	d_4	d_3	d_2	d_1	d_0	0	1	
8	d_6	d_5	d_4	d_3	d_2	d_1	d_0	0	
9	0	1	1	1	1	1	1	1	送数

【例 5-4】 用 74LS194 组成七位并行输入转换为串行输出的电路。

解： 转换电路如图 5-21 所示，其转换过程的状态变化如表 5-9 所示。工作过程如下：

首先，使启动信号 $S_T=0$，则两片 194 的 $S_1S_0=11$，第 1 个 CP 到来后执行送数操作，$Q_0\sim Q_7=0d_1d_2d_3d_4d_5d_6d_7$，且门 2 输出为 1。启动后 $S_T=1$，门 1 输出为 0，$S_1S_0=01$，移位寄存器执行右移操作，经过七次右移后 $Q_0\sim Q_7=11111110$，七位并入代码 $d_1\sim d_7$ 全部从 Q_7 串行输出。此时由于 $Q_0\sim Q_6$ 全为 1，门 2 输出为 0，表示转换结束，使 $S_1S_0=11$，第 9 个 CP 后，移位寄存器又重新置数，并重复上述过程。

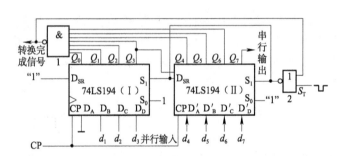

图 5-21 七位并入-串出转换电路

表 5-9 七位并入-串出状态表

CP	Q_1	Q_2	Q_3	Q_4	Q_5	Q_6	Q_7	Q_8	操作
1	0	d_1	d_2	d_3	d_4	d_5	d_6	d_7	送数
2	1	0	d_1	d_2	d_3	d_4	d_5	d_6	
3	1	1	0	d_1	d_2	d_3	d_4	d_5	
4	1	1	1	0	d_1	d_2	d_3	d_4	右移
5	1	1	1	1	0	d_1	d_2	d_3	七次
6	1	1	1	1	1	0	d_1	d_2	
7	1	1	1	1	1	1	0	d_1	
8	1	1	1	1	1	1	1	0	
9	0	d_1	d_2	d_3	d_4	d_5	d_6	d_7	送数

5.4 计 数 器

数字电路中，往往需要对脉冲的个数进行计数，以实现数字测量、运算的控制。用于累计输入脉冲个数的时序逻辑部件称为计数器。它是数字系统中用途最广泛的基本部件之一，主要用做计数、分频、定时、产生节拍脉冲信号以及进行数学运算等。

5.4.1 计数器的分类

计数器的种类繁多，分类方法也较多。按计数时钟脉冲的引入方式（各触发器是否同时动作）可分为同步和异步计数器；按计数长度可分为二进制、十进制及任意进制（N 进制）计数器；按计数值的增减方式可分为加法、减法及可逆计数器（或叫加/减计数器）。

5.4.2 同步计数器

所谓同步计数器就是将计数脉冲 CP 同时加到各触发器的时钟端，使各触发器的输出状态在计数脉冲到来时同时改变。

1. 二进制同步计数器

下面以四位二进制同步加法计数器为例进行说明。

1）电路组成

图 5-22 所示为由四个 JK 触发器构成的四位二进制（十六进制）同步加法计数器。电路中，计数脉冲 CP 同时触发四个触发器，FF_3、FF_2 为多个 J、K 输入的集成 JK 触发器，其多个 J、K 信号可自动实现逻辑与功能。$\overline{R}_D$ 为异步清零端（低电平有效），当 $\overline{R}_D = 0$ 时，$Q_3 Q_2 Q_1 Q_0 = 0000$，使计数器的初始状态为 "0" 态。

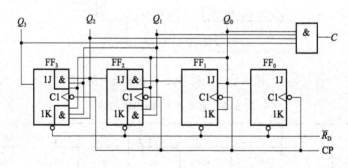

图 5-22 四位二进制同步加法计数器

2）原理分析

（1）写出相关方程式。

时钟方程：$CP_0 = CP_1 = CP_2 = CP$（同步电路也可以不写此方程）

驱动方程 $\begin{cases} J_0 = K_0 = 1 \\ J_1 = K_1 = Q_{0n} \\ J_2 = K_2 = Q_{0n} Q_{1n} \\ J_3 = K_3 = Q_{0n} Q_{1n} Q_{2n} \end{cases}$

（2）求状态方程和输出方程。

$$状态方程 \begin{cases} Q_{0(n+1)} = J_0\overline{Q}_{0n} + \overline{K}_0 Q_{0n} = \overline{Q}_{0n} \\ Q_{1(n+1)} = J_1\overline{Q}_{1n} + \overline{K}_1 Q_{1n} = Q_{0n} \oplus Q_{1n} \\ Q_{2(n+1)} = J_2\overline{Q}_{2n} + \overline{K}_2 Q_{2n} = (Q_{0n}Q_{1n}) \oplus Q_{2n} \\ Q_{3(n+1)} = J_3\overline{Q}_{3n} + \overline{K}_3 Q_{3n} = (Q_{0n}Q_{1n}Q_{2n}) \oplus Q_{3n} \end{cases}$$

输出方程 $C = Q_{0n} Q_{1n} Q_{2n} Q_{3n}$

（3）画状态图和时序图。状态图和时序图如图 5-23 和图 5-24 所示。

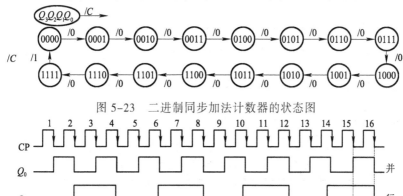

图 5-23 二进制同步加法计数器的状态图

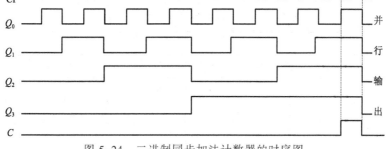

图 5-24 二进制同步加法计数器的时序图

由分析可知，该电路为四位二进制同步加法计数器（或十六进制）。值得注意的是，由于是同步计数器，所以其输出 $Q_3Q_2Q_1Q_0$ 的状态在 CP 下降沿到来时同时跳变，称为并行输出，大大提高了工作速度。

2. 十进制同步计数器

由于人们已习惯于十进制计数思维方式，所以在数字系统中常采用二-十进制计数器，它是用 4 位二进制代码表示 1 位十进制数，满足"逢十进一"的进位规律。这里介绍最常用的 8421BCD 码十进制同步计数器。

如图 5-25 所示为一个由 4 个 JK 触发器构成的十进制同步加法计数器，图中与门的输出 C 为十进制进位输出端。

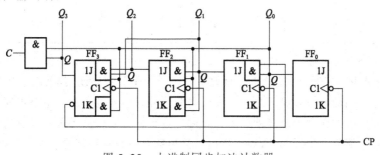

图 5-25 十进制同步加法计数器

（1）写相关方程式。时钟方程 $CP_0=CP_1=CP_2=CP$

$$驱动方程\begin{cases} J_0 = K_0 = 1 \\ J_1 = Q_{0n}\overline{Q}_{3n} \qquad K_1 = Q_{0n} \\ J_2 = K_2 = Q_{0n}Q_{1n} \\ J_3 = Q_{0n}Q_{1n}Q_{2n} \qquad K_3 = Q_{0n} \end{cases}$$

（2）求状态方程和输出方程：

$$状态方程\begin{cases} Q_{0(n+1)} = J_0\overline{Q}_{0n} + \overline{K}_0Q_{0n} = \overline{Q}_{0n} \\ Q_{1(n+1)} = J_1\overline{Q}_{1n} + \overline{K}_1Q_{1n} = Q_{0n}\overline{Q}_{1n}\overline{Q}_{3n} + \overline{Q}_{0n}Q_{1n} \\ Q_{2(n+1)} = J_2\overline{Q}_{2n} + \overline{K}_2Q_{2n} = (Q_{0n}Q_{1n})\oplus Q_{2n} \\ Q_{3(n+1)} = J_3\overline{Q}_{3n} + \overline{K}_3Q_{3n} = Q_{0n}Q_{1n}Q_{2n}\overline{Q}_{3n} + \overline{Q}_{0n}Q_{3n} \end{cases}$$

输出方程 $C = Q_{0n}Q_{3n}$

（3）列状态表。如表 5-10 为图 5-25 电路的状态表。

表 5-10 十进制同步加法计数器的状态表

计数脉冲 CP 序号	现 态				次 态				输出
	Q_{3n}	Q_{2n}	Q_{1n}	Q_{0n}	$Q_{3(n+1)}$	$Q_{2(n+1)}$	$Q_{1(n+1)}$	$Q_{0(n+1)}$	C
1	0	0	0	0	0	0	0	1	0
2	0	0	0	1	0	0	1	0	0
3	0	0	1	0	0	0	1	1	0
4	0	0	1	1	0	1	0	0	0
5	0	1	0	0	0	1	0	1	0
6	0	1	0	1	0	1	1	0	0
7	0	1	1	0	0	1	1	1	0
8	0	1	1	1	1	0	0	0	0
9	1	0	0	0	1	0	0	1	0
10	1	0	0	1	0	0	0	0	1
11	1	0	1	0	1	0	1	1	0
12	1	0	1	1	0	1	0	0	1
13	1	1	0	0	1	1	0	1	0
14	1	1	0	1	0	1	1	0	1
15	1	1	1	0	1	1	1	1	0
16	1	1	1	1	0	0	0	0	1

（4）画状态图和时序图。由状态表可画出如图 5-26 所示的状态图，从状态图可知，在 CP 作用下，电路按 0000～1001 这十个有效状态完成一个计数周期，其余六个状态 1010～1111 均为无效状态，因而在有效循环之外。由于电源或外来信号的干扰，电路可能落入到无效状态，但是在 CP 脉冲作用下能自动进入有效循环中来，我们称这种现象具有自启动能力；否则不具有自启动能力。由图 5-26 可以看出，该电路具有自启动能力。

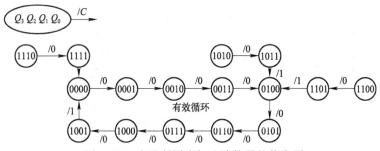

图 5-26 十进制同步加法计数器的状态图

从图 5-27 所示的时序图可知，十进制计数器只按照有效循环工作，时序图中并不体现无效状态。当电路状态转换到 1001（即十进制 9）时，进位信号 C 变成高电平 1，但此时并不表示有进位；只有当第 10 个 CP 脉冲下降沿到来时，C 才会产生一个下降沿，表示产生一个进位信号（逢十进一）去触发高一位计数器（因为高一位触发器也是下降沿触发的），同时电路返回到初始 0000 状态。进位端 C 主要在今后用做多位计数器的级联端。

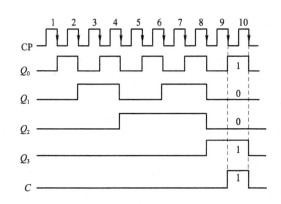

图 5-27 十进制同步加法计数器的时序图

3. N 进制同步计数器

以上讨论的是二进制和十进制计数器，它们是两种基本的常用计数器。实际应用中也常采用其他进制的计数器，如三、五、六、七、十二、十六进制等。这些计数器统称为任意进制计数器，亦称为 N 进制计数器。

图 5-28 所示为三、五、七三种进制的同步加法计数器，可以用同步时序电路的分析方法分析它们的功能，画其状态图。

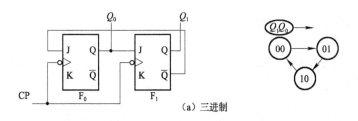

图 5-28 N 进制同步加法计数器

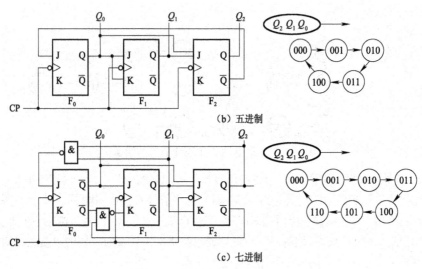

（b）五进制

（c）七进制

图 5-28 N 进制同步加法计数器（续）

5.4.3 异步计数器

所谓异步计数器是指各触发器的计数脉冲 CP 端没有连在一起，即各触发器不受同一 CP 脉冲的控制，在不同的时刻翻转。

1. 二进制异步计数器

1）二进制异步加法计数器

（1）电路组成如图 5-29 所示，由三个下降沿 JK 触发器构成，JK 触发器的输入端 J、K 均悬空（或接高电平），即为 T' 触发器。计数脉冲 CP 加在最低位触发器 FF_0 的时钟端，低一位触发器的输出 Q 端依次触发高一位触发器的时钟端。

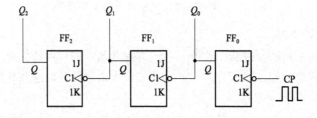

图 5-29 二进制异步加法计数器

（2）工作原理：

① 写相关方程式。时钟方程 CP_0=CP，CP_1=Q_0，CP_2=Q_1。

驱动方程
$$\begin{cases} J_0 = K_0 = 1 \\ J_1 = K_1 = 1 \\ J_2 = K_2 = 1 \end{cases}$$

② 求状态方程：

$$\text{状态方程}\begin{cases}Q_{0(n+1)}=J_0\overline{Q}_{0n}+\overline{K}_0Q_{0n}=\overline{Q}_{0n} & (\text{CP}\downarrow)\\ Q_{1(n+1)}=J_1\overline{Q}_{1n}+\overline{K}_1Q_{1n}=\overline{Q}_{1n} & (Q_0\downarrow)\\ Q_{2(n+1)}=J_2\overline{Q}_{2n}+\overline{K}_2Q_{2n}=\overline{Q}_{2n} & (Q_1\downarrow)\end{cases}$$

③ 列状态表、画状态图。状态表如表 5-11 所示。状态图如图 5-30 所示。

表 5-11　二进制异步加法计数器的状态表

CP 脉冲序号	计数器状态		
	Q_2	Q_1	Q_0
0	0	0	0
1	0	0	1
2	0	1	0
3	0	1	1
4	1	0	0
5	1	0	1
6	1	1	0
7	1	1	1
8	0	0	0

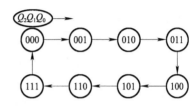

图 5-30　二进制异步加法计数器的状态图

在图 5-30 的状态图中，可直观地看出输出状态 $Q_2Q_1Q_0$ 在 CP 脉冲触发下，由初始 000 状态依次递增到 111 状态，再回到 000 状态。一个工作周期需要 8 个 CP 下降沿触发，所以是 3 位二进制（八进制）异步加法计数器。

为了清楚地描述 $Q_2Q_1Q_0$ 状态受 CP 脉冲触发的时序关系，还可以用时序波形图来表示计数器的工作过程，如图 5-31 所示，图中向下的箭头表示下降沿触发。另外，由时序图可以看出计数器的分频功能：Q_0 的频率是 CP 的 1/2；Q_1 的频率是 CP 的 1/4（$1/2^2$）；Q_2 的频率是 CP 的 1/8（$1/2^3$），即高一位的频率是低一位的 1/2，我们称之为 2 分频。由 n 个触发器构成的二进制计数器，最高位触发器能实现 2^n 分频，也实现了定时的作用（输出周期扩大了 2^n 倍）。

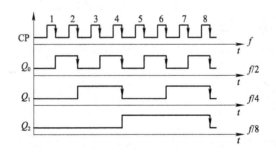

图 5-31　二进制异步加法计数器的时序图及其分频功能

2）二进制异步减法计数器

图 5-32 所示电路为由 JK 触发器构成的下降沿触发的 3 位二进制减法计数器。图中 JK 触发器连成 T 型，低一位触发器的输出 $\overline{Q}$ 依次接到高一位的时钟端。不难分析，当连续输入计数脉冲 CP 时，计数器的状态表如表 5-12 所示，状态图如图 5-33 所示，时序图如图 5-34 所示。

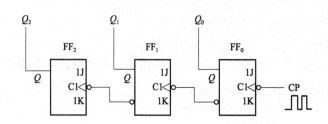

图 5-32　二进制异步减法计数器

表 5-12　二进制异步减法计数器的状态表

CP 脉冲序号	计数器状态		
	Q_2	Q_1	Q_0
0	0	0	0
1	1	1	1
2	1	1	0
3	1	0	1
4	1	0	0
5	0	1	1
6	0	1	0
7	0	0	1
8	0	0	0

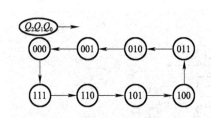

图 5-33　二进制异步减法计数器的状态图

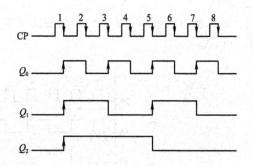

图 5-34　二进制异步减法计数器的时序图

　　由状态图可以看出，减法计数器的计数特点与加法计数器相反：每输入一个 CP 脉冲，$Q_2Q_1Q_0$ 的状态数减 1，输入 8 个 CP 后，$Q_2Q_1Q_0$ 减小到 0，完成一个计数周期。

　　由时序图可以看出，除最低位触发器 FF_0 受 CP 的下降沿直接触发外，其他高位触发器均受低一位触发器的 $\overline{Q}$ 的下降沿（即 Q 的上升沿）触发。同样，减法计数器具有分频功能。

异步计数器也可以用 D 触发器连成的 T'触发器实现。由于 D 触发器为上升沿触发，所以在分析时注意时序触发沿与上相反（见例 5-1），其他功能相同，不再赘述。

二进制异步计数器结构简单，电路工作可靠；缺点是运行速度较慢，这是因为各触发器不是同步触发变化的，而是异步触发变化的，高位触发器的触发脉冲要靠相邻的低位触发器的输出来触发。

值得一提的是，与之对应的二进制同步计数器的运行速度较快，但结构较复杂。

2. 十进制异步计数器

图 5-35 所示电路为由四个 JK 触发器构成的十进制异步加法计数器，图中与门输出 C 为十进制进位输出端。

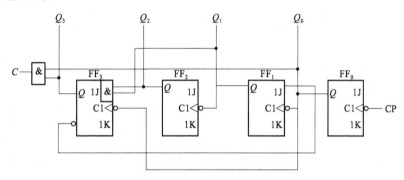

图 5-35 十进制异步加法计数器

1）写相关方程式

输出方程 $C = Q_{0n} Q_{3n}$

时钟方程 $CP_0 = CP$，$CP_1 = CP_3 = Q_0$，$CP_2 = Q_1$

驱动方程 $\begin{cases} J_0 = K_0 = 1 \\ J_1 = \overline{Q}_{3n} \qquad K_1 = 1 \\ J_2 = K_2 = 1 \\ J_3 = Q_{1n} Q_{2n} \qquad K_3 = 1 \end{cases}$

2）求状态方程

状态方程 $\begin{cases} Q_{0(n+1)} = J_0 \overline{Q}_{0n} + \overline{K}_0 Q_{0n} = \overline{Q}_{0n} & (CP\downarrow) \\ Q_{1(n+1)} = J_1 \overline{Q}_{1n} + \overline{K}_1 Q_{1n} = \overline{Q}_{1n} \overline{Q}_{3n} & (Q_0\downarrow) \\ Q_{2(n+1)} = J_2 \overline{Q}_{2n} + \overline{K}_2 Q_{2n} = \overline{Q}_{2n} & (Q_1\downarrow) \\ Q_{3(n+1)} = J_3 \overline{Q}_{3n} + \overline{K}_3 Q_{3n} = Q_{1n} Q_{2n} \overline{Q}_{3n} & (Q_0\downarrow) \end{cases}$

3）列状态表

表 5-13 为图 5-35 电路的状态表。表中打"√"的地方，表示具备时钟触发条件，计数器的状态可能翻转；不打"√"的地方，表示不具备时钟触发条件，其状态保持原态不变。

表 5-13　十进制异步加法计数器的状态表

Q_{3n}	Q_{2n}	Q_{1n}	Q_{0n}	$Q_{3(n+1)}$	$Q_{2(n+1)}$	$Q_{1(n+1)}$	$Q_{0(n+1)}$	C	CP_0	CP_1	CP_2	CP_3
0	0	0	0	0	0	0	1	0	√			
0	0	0	1	0	0	1	0	0	√	√		√
0	0	1	0	0	0	1	1	0	√			
0	0	1	1	0	1	0	0	0	√	√	√	√
0	1	0	0	0	1	0	1	0	√			
0	1	0	1	0	1	1	0	0	√	√		√
0	1	1	0	0	1	1	1	0	√			
0	1	1	1	1	0	0	0	0	√	√	√	√
1	0	0	0	1	0	0	1	0	√			
1	0	0	1	0	0	0	0	1	√	√		√
1	0	1	0	1	0	1	1	0	√			
1	0	1	1	0	1	0	0	1	√	√	√	√
1	1	0	0	1	1	0	1	0	√			
1	1	0	1	0	1	0	0	0	√			√
1	1	1	0	1	1	1	1	0	√			
1	1	1	1	0	0	0	0	1	√	√	√	√

4）画状态图和时序图

由状态表可画出如图 5-36 所示的状态图，由状态图可画出如图 5-37 所示的时序图。

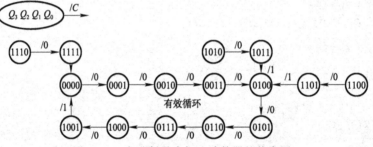

图 5-36　十进制异步加法计数器的状态图

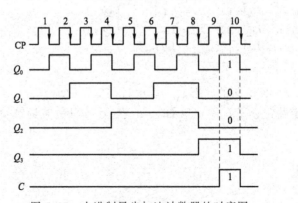

图 5-37　十进制异步加法计数器的时序图

类似十进制同步加法计数器的分析过程，可知该电路是十进制异步加法计数器，它具有自启动能力。

3. N进制异步计数器

图 5-38 所示为五、七、十一进制的异步计数器，可以用分析十进制异步计数器的方法，分析它们的工作原理，在此不再介绍。

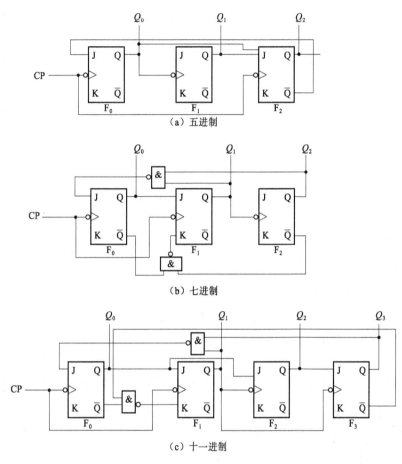

图 5-38　N进制异步计数器

5.4.4　集成计数器及用集成计数器组成 N 进制计数器

目前 TTL 和 CMOS 电路构成的中规模集成计数器品种较多，应用广泛，它们可分为异步、同步两大类。通常集成计数器为 BCD 码十进制计数器和四位二进制计数器，并且还可分为可逆计数器和不可逆计数器。另外按预置功能和清零功能还可分为同步预置、异步预置，同步清零和异步清零。这些计数器功能比较完善，可以自扩展，通用性强。另外，还可以以计数器为核心器件，辅以其他组件实现时序电路的设计。表 5-14 列出了几种常用的 TTL 型 MSI 计数器型号及工作特点。

表 5-14　常用 TTL 型 MSI 计数器

类型	名称	型号	预置	清零	工作频率 /MHz
异步计数器	二-五-十进制计数器	74LS90	异步置 9，高	异步，高	32
		74LS290	异步置 9，高	异步，高	32
		74LS196	异步，低	异步，低	30
	二-八-十六进制计数器	74LS293	无	异步，高	32
		74LS197	异步，低	异步，低	30
	双四位二进制计数器	74LS393	无	异步，高	35
同步计数器	十进制计数器	74LS160	同步，低	异步，低	25
		74LS162	同步，低	同步，低	25
	十进制可逆计数器	74LS190	异步，低	无	20
		74LS168	同步，低	无	25
	十进制可逆计数器（双时钟）	74LS192	异步，低	异步，高	25
	四位二进制计数器	74LS161	同步，低	异步，低	25
		74LS163	同步，低	同步，低	25
	四位二进制可逆计数器	74LS169	同步，低	无	25
		74LS191	异步，低	无	20
	四位二进制可逆计数器（双时钟）	74LS193	异步，低	异步，高	25

下面介绍常用的集成计数器的功能及功能扩展应用。

1. 集成异步二-五-十进制加法计数器（74LS290 或 74LS90）

1）290（或 90）芯片及逻辑功能

290 的逻辑符号及外引线图如图 5-39 所示。其中 $S_{9(1)}$、$S_{9(2)}$ 称为直接置"9"端，$R_{0(1)}$、$R_{0(2)}$ 称为直接置"0"端；$\overline{CP_0}$、$\overline{CP_1}$ 为计数脉冲输入端，$Q_3Q_2Q_1Q_0$ 为输出端，NC 表示空脚。

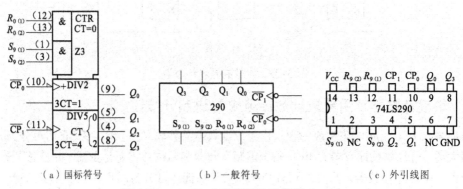

（a）国标符号　　　　　　　（b）一般符号　　　　　　　（c）外引线图

图 5-39　二-五-十进制异步计数器（290）

290 是一种较为典型的中规模集成异步计数器，其内部分为二进制和五进制计数器两个独立的部分。其中二进制计数器从 $\overline{CP_0}$ 输入计数脉冲，从 Q_0 端输出；五进制计数器从 $\overline{CP_1}$ 输入计数脉冲，从 $Q_3Q_2Q_1$ 端输出。这两部分既可单独使用，也可连接起来使用构成十进制计数器，"二-五-十进制型计数器"由此得名。

表 5-15 为 290 的逻辑功能表，由表可知其功能如下：

直接置 9：当 $S_{9(1)}$、$S_{9(2)}$ 全为高电平（H），$R_{0(1)}$、$R_{0(2)}$ 中至少有一个低电平（L）时，不论其他输入 $\overline{CP_0}$、$\overline{CP_1}$ 如何，计数器输出 $Q_3Q_2Q_1Q_0=1001$，故又称异步置 9 功能。

直接置 0：当 $R_{0(1)}$、$R_{0(2)}$ 全为高电平，$S_{9(1)}$、$S_{9(2)}$ 中至少有一个低电平时，不论其他输入状态如何，计数器输出 $Q_3Q_2Q_1Q_0=0000$，故又称异步清零功能或复位功能。

计数：当 $R_{0(1)}$、$R_{0(2)}$ 及 $S_{9(1)}$、$S_{9(2)}$ 不全为 1，输入计数脉冲 CP 时，开始计数。如图 5-40 所示为它的几种基本计数方式：

（1）二、五进制计数。当由 $\overline{CP_0}$ 输入计数脉冲 CP 时，Q_0 为 $\overline{CP_0}$ 的二分频输出，如图 5-40（a）所示；当由 $\overline{CP_1}$ 输入计数脉冲 CP 时，Q_3 为 $\overline{CP_1}$ 的五分频输出，如图 5-40（b）所示。

（2）十进制计数。若将 Q_0 与 $\overline{CP_1}$ 连接，计数脉冲 CP 由 $\overline{CP_0}$ 输入，先进行二进制计数，再进行五进制计数，这样即组成标准的 8421 码十进制计数器，如图 5-40（c）所示，这种计数方式最为常用；若将 Q_3 与 $\overline{CP_0}$ 连接，计数脉冲 CP 由 $\overline{CP_1}$ 输入，先进行五进制计数，再进行二进制计数，即组成 5421 码十进制计数器，如图 5-40（d）所示。

表 5-15　290 的逻辑功能表

$S_{9(1)}$	$S_{9(2)}$	$R_{0(1)}$	$R_{0(2)}$	$\overline{CP_0}$	$\overline{CP_1}$	Q_3	Q_2	Q_1	Q_0
H	H	L	×	×	×	1	0	0	1
H	H	×	L	×	×	1	0	0	1
L	×	H	H	×	×	0	0	0	0
×	L	H	H	×	×	0	0	0	0
$S_{9(1)} \cdot S_{9(2)}=0$				CP	0	二进制			
				0	CP	五进制			
$R_{0(1)} \cdot R_{0(2)}=0$				CP	Q_0	8421 十进制			
				Q_3	CP	5421 十进制			

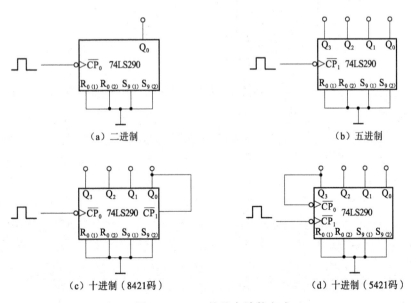

（a）二进制　　　（b）五进制　　　（c）十进制（8421码）　　　（d）十进制（5421码）

图 5-40　290 的基本计数方式

2）290 芯片的应用

通过对 290（或 90）外部引线进行不同方式的连接——主要采用反馈归零法（复位法）可以构成任意 N 进制计数器（分频器）。

（1）构成十进制以内的 N 进制计数器。

【例 5-5】 用 74LS290 构成七进制加法计数器。

解： 用 290 构成的七进制加法计数器如图 5-41 所示。

七进制计数器有七个独立状态，可由 8421 码十进制计数器设法使它跳过三个无效状态（0111～1001）而得到，即反馈归零法。

在计数脉冲 CP 的作用下，当第 7 个 CP 作用时按计数要求应返回到 0000 状态，向高位产生进位。但按其状态转移规律，它的状态由 0110 转换至 0111，不可能返回至 0000 状态。因此在电路上采用反馈归零法，使电路强迫归零。当计

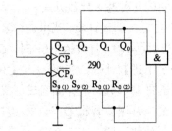

图 5-41　290 构成七进制计数器的外引线图

数到 $Q_3Q_2Q_1Q_0$=0111 状态时，经与门输出使 $R_{0(1)} \cdot R_{0(2)}$=1，置 0 功能有效，计数器迅速复位到 0000 状态。显然，0111 是一个极短的过渡状态（10ns 左右），即刚到 0111 状态时就迅速清零，所以实际出现的计数状态为 0000～0110 这七种（而不含有 0111），故称为七进制计数器。

（2）构成十进制以上的 N 进制计数器。

【例 5-6】 用 74LS290 构成六十八进制加法计数器。

解： 用两片 290（Ⅰ、Ⅱ）构成六十八进制加法计数器如图 5-42 所示。

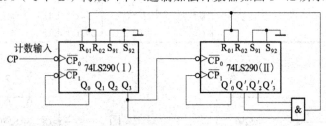

图 5-42　用 290 实现六十八进制计数器

由于超过了十进制，可以通过级联方式来增大计数模值，用两片 290 级联就可以扩展到 100 进制。在此基础上，采用反馈归零法可实现 10～100 以内的任意进制。其中个位（片Ⅰ）的 Q_3 与十位（片Ⅱ）的 $\overline{CP_0}$ 相连，满足"逢十进一"规律，我们称之为级联进位。

（3）可靠归零问题。采用反馈归零法，连接方法十分简单，但存在不能可靠归零（复位）的问题。例如，在图 5-42 所示电路中，当第 68 个 CP 脉冲作用时，计数状态转换到 $Q'_3Q'_2Q'_1Q'_0Q_3Q_2Q_1Q_0$= 01101000，与门的输入 Q'_2、Q'_1、Q_3 同时为"1"，输出为"1"，同时引到两片 290 的 $R_{0(1)}$、$R_{0(2)}$ 端，使两片 290 同时归零。而这个状态一旦出现，又立即使计数器置 0 而脱离这个状态，所以计数器停留在 N=68 这个状态极短，那么置 0 信号的作用时间也极短。因为计数器中各触发器性能上有所差异，它们的复位速度有快有慢，而只要有一

个动作速度快的首先回 0，计数器的置 0 信号便立即消失。这就可能使速度慢的触发器来不及复位，造成整个计数器不能可靠归零，从而导致电路误动作的现象。

为了提高复位的可靠性，在如图 5-43 所示电路中，利用一个基本 RS 触发器，把反馈复位脉冲锁存起来，保证复位脉冲有足够的作用时间，直到下一个计数脉冲高电平到来时复位信号才消失，并在下降沿到来时，重新开始计数。

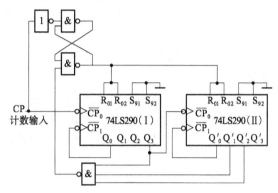

图 5-43　图 5-42 电路的改进电路

2. 集成同步十进制/十六进制加法计数器（74LS160～74LS163）

1）160～163 芯片及逻辑功能

160～163 均在计数脉冲 CP 的上升沿作用下进行加法计数，其中 160/161 二者外引线相同，逻辑功能也相同，所不同的是 160 为十进制，而 161 为十六进制（162/163 与此类似）。下面以 160/161 为例进行介绍。

160/161 的逻辑符号和外引线图如图 5-44 所示。其中 $\overline{R}_D$ 为异步清零端，$\overline{LD}$ 为同步置数端，EP、ET 为保持功能端，CP 为计数脉冲输入端，$D_0 \sim D_3$ 为数据端，$Q_0 \sim Q_3$ 为输出端，RCO 为进位输出端。逻辑功能表如表 5-16 所示。

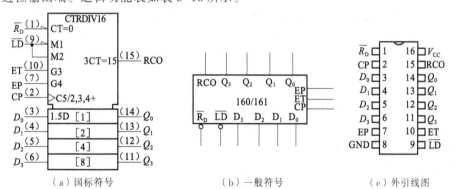

（a）国标符号　　　　　（b）一般符号　　　　　（c）外引线图

图 5-44　计数器 160/161

表 5-16　160/161 的逻辑功能表

输		入			输 出
CP	$\overline{LD}$	$\overline{R}_D$	EP	ET	Q
×	×	L	×	×	全"L"预置
↑	L	H	×	×	数据计数
↑	H	H	H	H	

由表 5-16 可知，160/161 具有以下功能：

（1）异步清零。当 $\overline{R}_D=0$ 时，使计数器清 0。由于 $\overline{R}_D$ 端的清 0 功能不受 CP 控制，故称为异步清零。

（2）同步置数。当 $\overline{LD}=0$，且 $\overline{R}_D=1$（清 0 无效），若 CP↑ 到来时，使 $Q_3Q_2Q_1Q_0=D_3D_2D_1D_0$，即将初始数据 $D_3D_2D_1D_0$ 送到相应的输出端，实现同步预置数据。

（3）计数功能。当 $\overline{R}_D=\overline{LD}=EP=ET=1$（均为 H，无效），且 CP↑ 到来时，160/161 按十进制/十六进制计数。

（4）保持功能。当 $\overline{R}_D=\overline{LD}=1$，同时 EP、ET 中有一个为 0 时，无论有无计数脉冲 CP 输入，计数器输出保持原状态不变。

图 5-45 为 160 的时序图。从时序图能直观地看到，$\overline{R}_D$、$\overline{LD}$、EP、ET 均为低电平（L）有效，且控制级别均高于 CP 脉冲，其中 $\overline{R}_D$ 级别最高，其次是 $\overline{LD}$、ET、EP。当第 10 个 CP 脉冲上升沿到来时，进位信号 RCO 来一个下降沿，表示产生一个进位信号（逢十进一）。

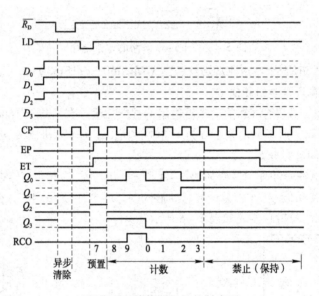

图 5-45　计数器 160 的时序图

另外，162/163 与 160/161 的主要区别是同步清零。所谓同步清零是指当清零端 $\overline{R}_D$ 为低电平时，还需在 CP↑ 作用下，才能完成清零功能。

2）160/161 芯片的应用

对于同步计数器采用不同的方法可构成任意 N 进制计数器。

【例 5-7】采用反馈归零法使 160/161 构成六进制加法计数器。

解：反馈归零法是将 N 进制计数器的输出 $Q_3Q_2Q_1Q_0$ 中是"1"的输出端，通过一个与非门（或与门）反馈到清零端 $\overline{R}_D$，使输出归零。

图 5-46（a）所示电路为采用反馈归零法构成的六进制加法计数器。因为 $N=6$，其对应的二进制数为 $Q_3Q_2Q_1Q_0=0110$，所以将 Q_2、Q_1 通过与非门接至清零端 $\overline{R}_D$。当第 6 个 CP↑ 到来时，Q_2、Q_1 均为"1"，经与非门后使 $\overline{R}_D=0$，同时计数器清 0，从而实现六进制计数，其计数过程如图 5-46（b）所示。注意，这里 0110 只是一个过渡状态，不是计数状态。

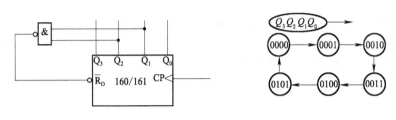

（a）电路连线图　　　　　　　（b）计数过程（状态图）

图 5-46　160/161 反馈归零法构成六进制计数器

【例 5-8】采用预置数法使 160/161 构成六进制加法计数器。

解：预置数法是将 N 进制计数器的输出 $Q_3Q_2Q_1Q_0$ 中是"1"的输出端，通过一个与非门（或与门）反馈到预置端 $\overline{\text{LD}}$，使输入数据 $D_3D_2D_1D_0$ 送到输出端 $Q_3Q_2Q_1Q_0$，实现置数。

因为是同步预置数，所以只能采用 N-1 值反馈法。

图 5-47（a）所示电路是采用预置数法构成的六进制加法计数器。首先令 $D_3D_2D_1D_0=0000$ 并以此为计数初始状态。当第 5 个 CP↑到来时，$Q_3Q_2Q_1Q_0=0101$，则 $\overline{\text{LD}}=\overline{Q_2Q_0}=0$，置数功能有效，但此时还不能置数（因第 5 个 CP↑已过去），只有当第 6 个 CP↑到来时，才能同步置数使 $Q_3Q_2Q_1Q_0=D_3D_2D_1D_0=0000$，完成一个计数周期，计数过程如图 5-47（b）所示。

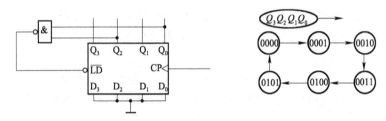

（a）电路连线图　　　　　　　（b）计数过程（状态图）

图 5-47　160/161 预置数法构成六进制计数器

【例 5-9】采用进位输出置最小数法使 161 构成九进制加法计数器。

解：进位输出置最小数法是将进位输出 RCO 经非门反馈到预置端 $\overline{\text{LD}}$，使输入数据 $D_3D_2D_1D_0$ 送到输出端 $Q_3Q_2Q_1Q_0$，实现置最小数。

如图 5-48(a)所示电路是采用进位输出置最小数法构成的九进制加法计数器。因为 $N=9$，最小数 $M=2^4-9=7$（对应二进制的 0111），令 $D_3D_2D_1D_0=0111$，则可实现 0111～1111 共九个有效状态的转换，如图 5-48（b）所示。

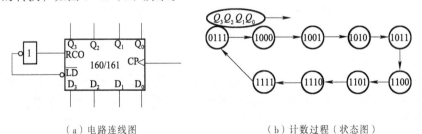

（a）电路连线图　　　　　　　（b）计数过程（状态图）

图 5-48　161 进位输出最小数法构成九进制计数器

【例5-10】采用异步级联方式使2片160构成24进制加法计数器。

解：当计数超过单片计数器的模值（最大计数值）时，就需要用多片计数器来实现，这就产生了级联问题，所谓级联就是片和片之间的进位连接。

用低位计数器的进位输出RCO触发高位计数器的计数脉冲CP，由于各片的CP端没有连在一起，所以为异步连接方式。

图5-49所示电路是采用异步级联方式实现的24进制加法计数器，具体原理可自行分析。应注意的是：因为160在CP↑计数，而RCO在第10个CP↓产生进位输出，为了达到同步进位，必须在两级之间串入一个非门进行反相。

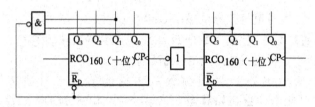

图5-49 160异步级联方式构成24进制计数器

异步级联方式结构简单，方便易行，但由于是异步工作方式，高位计数器必须等待低位的一个计数周期运算完毕产生进位后，才开始计数，所以工作速度较慢。

【例5-11】采用同步级联方式使3片161构成4096进制加法计数器。

解：用低位计数器的进位输出RCO触发高位计数器的EP、ET端，由于各片的CP端都连在一起，所以为同步连接方式。

图5-50所示电路是采用同步级联方式实现的4096进制加法计数器。图中高位片的EP、ET分别由低位片的RCO信号触发，而每片的RCO在计数到1111状态时产生高电平"1"，使高位片开始计数。只有当三片的十二位输出全为"1"（即 $Q_{11}\cdots Q_0=11\cdots1$）后，再来一个CP（即第 $2^{12}=4096$ 个CP）脉冲时，最高位片Ⅲ的RCO端才产生一个进位信号，所以为4096进制。

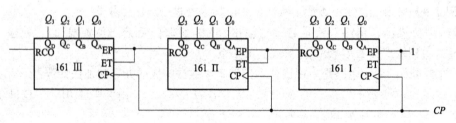

图5-50 161同步级联构成4906进制计数器

3. 集成同步十进制可逆计数器（74LS192）

1）192芯片及逻辑功能

74LS192是同步可预置十进制可逆计数器，其逻辑符号及外引线图如图5-51所示，逻辑功能表如表5-17所示。其中，R_D 为异步清零端（H有效），$\overline{LD}$ 为异步预置数端（L有效），$\overline{Q_{CC}}$ 为进位输出端，$\overline{Q_{CB}}$ 为借位输出端，CP_U 为加计数时钟输入端，CP_D 为减计数时钟输入端，$D_0\sim D_3$ 为数据端，$Q_0\sim Q_3$ 为输出端。

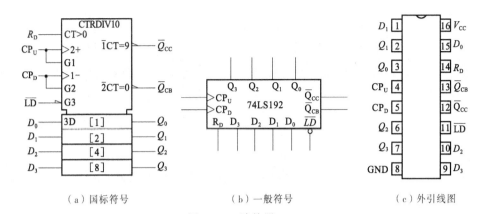

（a）国标符号　　　　　　　　（b）一般符号　　　　　　　（c）外引线图

图 5-51　计数器 192

表 5-17　192 的逻辑功能表

CP$_u$	CP$_p$	$\overline{LD}$	R_D	Q_3	Q_2	Q_1	Q_0
×	×	×	H	0	0	0	0
×	×	L	L	D_3	D_2	D_1	D_0
↑	H	H	L	加法计数			
H	↑	H	L	减法计数			
H	H	H	L	保　持			

由表 5-17 可知，192 具有以下功能：

（1）异步清零。当 R_D=1 时，使计数器清 0。

（2）异步置数。当 $\overline{LD}$=0，且 R_D=0 时，预置输入端 $D_3D_2D_1D_0$ 的数据送至输出端，使 $Q_3Q_2Q_1Q_0=D_3D_2D_1D_0$，实现异步预置数据。

（3）计数功能。当 R_D=0，$\overline{LD}$=1，CP$_D$=1，且 CP$_U$↑到来时，192 按十进制加法计数，当加计数进入 1001 状态后 $\overline{Q}_{CC}$ 端有负脉冲输出；当 R_D=0，$\overline{LD}$=1，CP$_U$=1，且 CP$_D$↑到来时，192 按十进制减法计数，当减计数进入 0000 状态后 $\overline{Q}_{CB}$ 端有负脉冲输出。

（4）保持功能。当 R_D=0，$\overline{LD}$=1，CP$_D$=CP$_U$=1 时，计数器输出保持原状态不变。

2）192 芯片的应用

【例 5-12】采用进位输出置数法使 192 构成六进制加法和减法计数器。

解：图 5-52 所示电路是 192 构成的六进制加法和减法计数器。由于 192 为异步预置，计数值 N=6，最大计数值 M=10。因此，加计数时预置值为 $M-N-1$=10-6-1=3（即 0011），其状态转换为 0011→0100→0101→0110→0111→1000→1001，当出现状态 1001 时，$\overline{Q}_{CC}$ 输出 "0" 给 $\overline{LD}$，输出 $Q_3Q_2Q_1Q_0$ 立即跳变到事先预置的 $D_3D_2D_1D_0$=0011 状态上，而 1001 只是一个过渡状态，不是一个计数状态；减计数时预置值为 6（即 0110），其状态转换为 0110→0101→0100→0011→0010→0001→0000，当出现状态 0000 时，$\overline{Q}_{CB}$ 输出 "0" 给 $\overline{LD}$，输出 $Q_3Q_2Q_1Q_0$ 立即跳变到事先预置的 $D_3D_2D_1D_0$=0110 状态上，而 0000 只是一个过渡状态，同样不是一个计数状态。

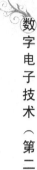

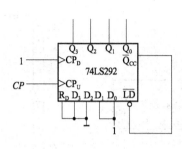

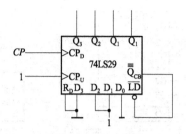

（a）六进制加法计数器　　　　　　　　（b）六进制减法计数器

图 5-52　192 进位输出置数法实现六进制计数器

5.4.5　移位计数器

在数字电路中，移位寄存器除了大量应用于数码的寄存和执行移位操作外，还可以用来构成多种移位计数器。所谓移位计数器，就是以移位寄存器为主体构成的同步计数器，它的状态转换关系除第一级外必须具有移位功能，而第一级可根据需要移进"0"或"1"，其一般结构如图 5-53 所示。

移位计数器中有两种常用计数器，即环型计数器和扭环型计数器。

1. 环型计数器

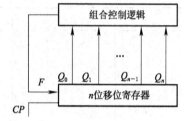

图 5-53　移位计数器一般结构

环型计数器具有如下特点：进位模数与移位寄存器触发器数相等；结构上其反馈函数 $F(Q_1Q_2\cdots Q_n)=Q_n$。如图 5-54 所示，为用 74LS194 构成的四位环型计数器及其状态图。

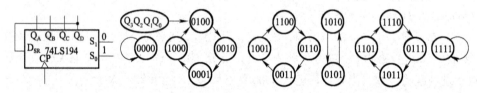

图 5-54　四位环型计数器及其状态图

若起始状态为 $Q_0Q_1Q_2Q_3=1000$，其状态转换为 1000→0100→0010→0001，但存在无效循环和死态（如 0 和 15），即无自启动能力。

由于我们选定环型计数器每个状态只有一个"1"（或选定每个状态只有一个"0"），故无须译码即可直接用于节拍脉冲发生器。但环型计数器状态利用率低，16 个状态仅利用了 4 个。

2. 扭环型计数器（又称约翰逊计数器）

扭环型计数器的特点是：进位模数为移位寄存器触发器级数 n 的 2 倍，即 $2n$；结构上其反馈函数 $F(Q_1Q_2\cdots Q_n)=\overline{Q_n}$。图 5-55 为用 74LS194 构成的四位扭环型计数器及其状态图。由于存在一个无效循环，故无自启动能力。

扭环型计数器可以获得偶数计数器（或称为偶数分频器），如要获得奇数分频器，其反馈函数由相邻两触发器组成，即 $F=Q_mQ_{m+1}$。其规律如下：以右移为例，$F=Q_0Q_1$ 得三分频电路；$F=Q_1Q_2$ 得五分频电路；$F=Q_2Q_3$ 得七分频电路。如要得九分频以上的电路，则应将多片四位 194 扩展为八位。

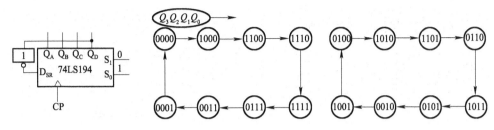

图 5-55　四位扭环型计数器及其状态图

【例 5-13】74LS194 电路如图 5-56 所示，列出该电路的状态转换关系，并说明其功能。

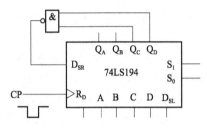

图 5-56　例 5-13 的电路图

解： 状态转换关系如表 5-18 所示，由此表可以看出七个状态一循环，故为七分频电路，即 $f_0=(1/7)f_{cp}$。其波形图如图 5-57 所示。

表 5-18　状态转换关系表

逻辑关系式	$D_{SR}=\overline{Q_C \cdot Q_D}$	Q_A	Q_B	Q_C	Q_D
状态迁移关系	1	0	0	0	0
	1	1	0	0	0
	1	1	1	0	0
	1	1	1	1	0
	0	1	1	1	1
	0	0	1	1	1
	0	0	0	1	1
	1	0	0	0	1

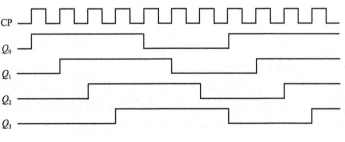

图 5-57　例 5-13 的波形图

图 5-58 所示分别为三分频、五分频、十三分频电路，读者可根据上面介绍的分析方法，对它们进行分析。

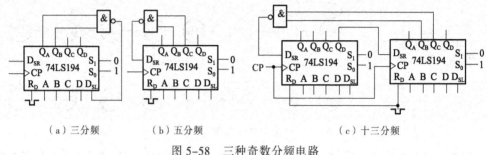

（a）三分频　　　　（b）五分频　　　　　　（c）十三分频

图 5-58　三种奇数分频电路

5.5　节拍脉冲发生器

节拍脉冲发生器（又称时序脉冲发生器、节拍脉冲分配器），是数字系统中常用的一种基本时序逻辑部件。它有许多输出线，在这些输出线上按一定的顺序输出控制脉冲，并按固定周期循环。这些脉冲信号在数字系统中可使系统按事先预定的顺序进行各种运算和操作，在多路通信中又可使时钟脉冲按一定顺序加以分配，从而将一个信道按时间划分为多路。

5.5.1　计数型节拍脉冲发生器

计数型节拍脉冲发生器由计数器和译码器两部分组成，图 5-59 为一个能产生 8 个节拍脉冲的脉冲发生器的逻辑电路图和波形图。由图 5-59（a）可见，三级 D 触发器构成 3 位异步二进制计数器，其状态由译码器译出。这样，在时钟脉冲的作用下，输出端 $P_0 \sim P_7$ 就顺序输出一串脉冲，脉冲的周期为 $8T_{CP}$（T_{CP} 为时钟脉冲的周期），输出端的脉冲依次比前一脉冲滞后一个 T_{CP}。输出脉冲串的周期，也常用节拍数来表示。

在时钟脉冲作用下，计数器中的各触发器不可能同时翻转，而且每次状态变化时，可能有两个或两个以上的触发器向相反方向翻转。这将在译码器的输入端产生信号的竞争，而电路的延迟又是不可避免的，这样就可能在译码器的输出线上产生冒险干扰信号。

如图 5-59 中，当计数器的状态 $Q_2Q_1Q_0$ 由 011 转换为 100 时，三个触发器都将翻转，由于计数器异步工作，触发器翻转时将有较大的延迟，即 3 个触发器不可能同时翻转，因而可能出现如下过程：

当 Q_0 由 $1 \rightarrow 0$，由于触发器 FF_1 延迟翻转，Q_1 还保持 1 态，那么就出现 $Q_2Q_1Q_0$=010 的状态；Q_1 经延迟后由 $1 \rightarrow 0$，但 Q_2 仍保持 0 态，这样又出现 $Q_2Q_1Q_0$=000 的状态，因而在相应的输出线 P_0 和 P_2 上出现冒险尖峰，如图 5-59（b）所示。其他输出线上可能出现的冒险尖峰在图中也一一画出，请读者自行分析。

应该指出，图 5-59（b）中的各波形均为理想化的矩形脉冲。通过分析可知，由于触发器的翻转存在着延迟，只要相邻的两个二进制码有两位上以同时向相反方向变化，就会有冒险尖峰产生。若不加以抑制或消除，就成为干扰信号，造成误动作。

解决冒险尖峰干扰的办法，一是减小尖峰的幅值，最简单的办法是在译码器输出端加上滤波电容来吸收干扰信号，但它使正常的输出波形也变坏；二是将异步计数器改为同步计数器，但由于每个触发器的负载大小和布线不同，各级触发器也不可能同时翻转。所以上述两种方法，都不可能根除尖峰脉冲干扰，只能起到抑制作用。

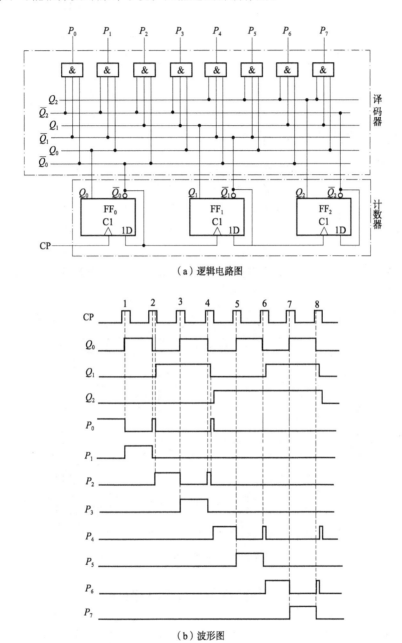

（a）逻辑电路图

（b）波形图

图 5-59　八个节拍脉冲的脉冲分配器

针对冒险尖峰产生的原因，通常采用以下方法加以消除：

（1）在译码电路中加入选通脉冲，以便在触发器翻转过程中封锁译码门，待计数器的状态稳定后，译码器才有输出，如图 5-60 所示。但这时的输出波形与图 5-59 所示的略有不同，即相邻输出之间有一段时间为低电平。

（2）采用扭环型计数器，或采用相邻代码只有一位不相同的计数器。

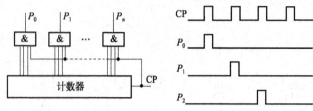

图 5-60　消除冒险尖峰电路

5.5.2　移位型节拍脉冲发生器

将移位寄存器的输出经过适当的反馈连接，可构成移位型节拍脉冲发生器。如果采用环形计数器，则不需要加另外的译码器，每个触发器已能输出一个顺序节拍脉冲，当然也不存在译码冒险尖峰干扰问题。缺点是触发器利用率较低，N 个触发器只能产生 N 个节拍的脉冲。

采用扭环形计数器加译码器构成的节拍脉冲发生器，如图 5-61 所示。由于这种计数器每输入一个 CP 脉冲，只有一个触发器改变状态，译码门也仅有一个输入信号产生变化，所以不会产生冒险尖峰干扰。而且触发器的利用率可提高一倍，N 个触发器能产生 $2N$ 个节拍脉冲。

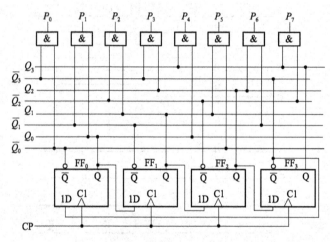

图 5-61　扭环形计数器构成的节拍脉冲发生器

※5.6　时序逻辑电路的设计

设计是分析的逆过程，其任务是设计出满足要求的逻辑电路。时序逻辑电路比组合逻辑电路复杂，它由组合电路和存储电路两部分组成，其设计的主要任务在于存储电路部分的设计。由时序电路的分析过程知道，只要求出了时钟方程、驱动方程和输出方程，画逻辑图就很容易。

5.6.1　同步时序电路的设计

通常，同步时序电路的设计可按下列步骤进行：

（1）根据设计要求画原始状态图或原始状态表。

（2）简化原始状态表。在构成原始状态图或状态表时，往往根据设计要求，为了充分描述电路的功能，可能在列出的状态之间有一定的联系而可以合并，在这种情况下就应消去多余的状态，从而得到最简化的状态表。

（3）状态分配（状态编码）。状态分配是指简化后的状态表中各个状态用二进制代码来表示，因此，状态分配又称状态编码。二进制编码的位数等于存储电路中触发器的数目 n，它与电路的状态数 m 之间应满足 $2^n \geq m \geq 2^{n-1}$。另外，由于状态编码不唯一，选择不同的状态编码设计的电路，其复杂程度是不同的，只有合适的状态编码才能得到简单的电路。

（4）选择触发器。选定了状态编码后，还应选择合适的触发器类型，才能得到对应的最佳电路。在选定触发器后，求出各级触发器的驱动方程、状态方程（特征方程）和输出方程。

（5）检查计数器能否自启动。在各类计数器中，常常是电路的状态没有被全部利用。那么被利用的状态称为有效状态，而没被利用的状态则称为无效状态。电路在工作时，若由于某种原因进入无效状态后，必须能自动转入有效状态的循环中去，否则将是不能自启动的计数器。在这种情况下，必须修改驱动方程，使之变成具有自启动能力的计数器。

（6）画逻辑电路图。由方程组画出组合电路，由触发器的类型和数目画出存储电路，从而构成完整的同步时序逻辑电路。

【例 5-14】设计一个同步六进制加法计数器。

解：（1）建立编码后的状态图及状态表。

如果逻辑任务简单明了，往往原始状态图及原始状态表可以省略，而直接画出经状态编码后的状态图及状态表。

由于 $2^n \geq 6 \geq 2^{n-1}$，所以取 $n=3$，即六进制计数器应由三级触发器组成。三级触发器有 8 种状态，从中选出六种状态，方案很多。现按 000、100、110、111、011、001 这 6 种状态选取，如图 5-62 所示，其状态表如表 5-19 所示。进位关系也在图中表示出来了。

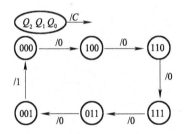

图 5-62 六进制计数器状态转换图

表 5-19 状态转换表

Q_{3n}	Q_{2n}	Q_{1n}	$Q_{3(n+1)}$	$Q_{2(n+1)}$	$Q_{1(n+1)}$	C
0	0	0	1	0	0	0
1	0	0	1	1	0	0
1	1	0	1	1	1	0
1	1	1	0	1	1	0
0	1	1	0	0	1	0
0	0	1	0	0	0	1

（2）选择触发器。选择 JK 触发器。按上述状态关系画出各级触发器的卡诺图，如图 5-63 所示。由此得到各级触发器的状态（次态）方程及驱动方程（函数）。

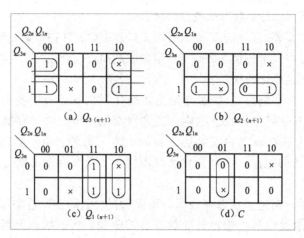

图 5-63 例 5-14 的卡诺图

状态方程
$$\begin{cases} Q_{1(n+1)} = Q_{2n}\overline{Q}_{1n} + Q_{2n}Q_{1n} \\ Q_{2(n+1)} = Q_{3n}\overline{Q}_{2n} + Q_{3n}Q_{2n} \\ Q_{3(n+1)} = \overline{Q}_{1n}\overline{Q}_{3n} + \overline{Q}_{1n}Q_{3n} \end{cases}$$

输出方程 $C = \overline{Q}_{2n}Q_{1n}$

驱动方程
$$\begin{cases} J_1 = Q_{2n} & K_1 = \overline{Q}_{2n} \\ J_2 = Q_{3n} & K_2 = \overline{Q}_{3n} \\ J_3 = \overline{Q}_{1n} & K_3 = Q_{1n} \end{cases}$$

（3）画逻辑电路图。如图 5-64 所示，为六进制加法计数器的逻辑电路图。

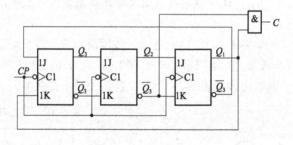

图 5-64 六进制加法计数器的逻辑电路图

（4）检查自启动能力。把无效状态（010、101）代入上述次态方程，得到它们的状态变化情况，如表 5-20 和图 5-65 所示。

表 5-20 均效状态转换表

Q_{3n}	Q_{2n}	Q_{1n}	$Q_{3(n+1)}$	$Q_{2(n+1)}$	$Q_{1(n+1)}$	C
0	1	0	1	0	1	0
1	0	1	0	1	0	0

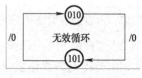

图 5-65 无效状态转换图

可以看出，该电路无自启动能力。为了使电路具有自启动能力，可以修改状态转换关系，

146

即切断无效循环，引入有效的计数循环序列。切断 101→010 的转换关系，强迫它进入 110。根据新的状态转换关系，重新设计。由于 $Q_{2(n+1)}$ 和 $Q_{1(n+1)}$ 的转换关系没有变，只有 $Q_{3(n+1)}$ 改变了，故只要重新设计 Q_3 级即可，如图 5-66（a）所示。

$$Q_{3(n+1)} = \overline{Q}_{2n}Q_{3n} + \overline{Q}_{1n}Q_{3n} + \overline{Q}_{1n}\overline{Q}_{3n} = \overline{Q}_{1n}\overline{Q}_{3n} + \overline{Q_{1n}Q_{2n}}Q_{3n}$$

$$J_3 = \overline{Q}_{1n} \qquad K_3 = Q_{1n}Q_{2n}$$

修改后具有自启动能力的六进制计数器如图 5-66（b）所示。

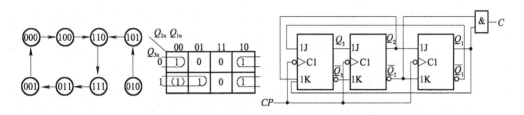

（a）状态图与卡诺图　　　　　　　　　　　（b）逻辑电路图

图 5-66　具有自启动能力的六进制计数器

5.6.2　异步时序电路的设计

异步时序电路的设计方法很多，其基本步骤为：

（1）根据设计要求，画出原始状态图或原始状态表；

（2）确定触发器数目及类型，选择状态编码；

（3）画时序图，选择时钟脉冲；

（4）求状态方程、输出方程，检查能否自启动；

（5）求驱动方程；

（6）画逻辑电路图。

由于异步时序电路中各触发器不是同时翻转的，所以设计时除完成同步时序电路设计的各项工作外，还应为每个触发器选一个合适的时钟信号。具体的方法是根据编码形式的状态转换图，画出其时序图，从而选择各个触发器的时钟脉冲，然后求出方程组。这不仅使异步时序电路的设计较为复杂，而且得到的电路形式也比较多。

【例 5-15】设计一个由 JK 触发器组成的异步五进制加法计数器。

解：（1）画状态图和时序图。选取二进制自然数递增的状态编码，画出其状态图如图 5-67 所示，时序图如图 5-68 所示。

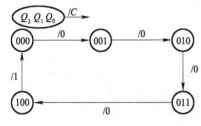

图 5-67　例 5-15 的状态图

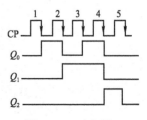

图 5-68　时序图

（2）列状态表。状态无须化简，可直接根据状态图列出含 CP 的状态表，如表 5-21 所示，C 为进位输出信号。需要说明的是，在触发器不需要翻转时，可使 CP=0（即无时钟输入，如 CP_1），这时 J、K 取任意值作为约束项，用来简化 J、K 的逻辑表达式。应尽量选用多输入端的 JK 触发器，不要过多附加门电路。

表 5-21　异步五进制计数器的状态表

Q_{2n}	Q_{1n}	Q_{0n}	J_2	K_2	CP_2	J_1	K_2	CP_2	J_0	K_0	CP_0	C	$Q_{2(n+1)}$	$Q_{1(n+1)}$	$Q_{0(n+1)}$
0	0	0	0	×	1	×	×	0	1	×	1	0	0	0	1
0	0	1	0	×	1	×	1	1	1	×	1	0	0	1	0
0	1	0	0	×	1	×	0	1	1	×	1	0	0	1	1
0	1	1	×	1	1	×	1	1	1	×	1	0	1	0	0
1	0	0	×	1	1	×	0	0	0	×	1	1	0	0	0

（3）选择时钟脉冲，确定 CP 端的接法。对于主从 JK 触发器来说，使其状态翻转的必要条件是：CP 端施加负脉冲信号触发。因此，可以利用外加的 CP 脉冲触发；也可以利用最邻近的低位触发器输出的负脉冲触发，并且低位触发器的负脉冲数必须大于或等于所驱动的高位触发器的翻转次数。据此，可确定各触发器 CP 端的接法如下：

① CP_0 接计数脉冲 CP；

② CP_1 接 Q_0，因为从状态表和时序图可知，FF_1 在计数过程中共翻转两次，即至少需要在 CP_1 端出现两次负跳变，而 Q_0 正好在相应的时刻有两次负跳变；

③ CP_2 既不能接 Q_0 也不能接 Q_1，因为 FF_2 在计数过程中共翻转两次，当 Q_2 第一次由 0→1 时，无论 Q_0 还是 Q_1 的负跳变均可触发 FF_2；但当 Q_2 第二次由 1→0 时，Q_0 和 Q_1 均无负跳变，因此 CP_2 只能接至计数脉冲 CP 端。

（4）画卡诺图，求时钟方程、驱动方程和输出方程。

由状态表可以看出，CP_0、CP_2、K_0、J_1、K_1 和 K_2 都可以为 1。作 J_0、J_2 和 CP_1 的卡诺图，如图 5-69 所示。

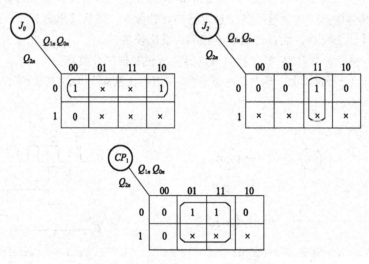

图 5-69　例 5-15 中 J_0、J_2 和 CP_1 的卡诺图

由卡诺图化简得

$$C = Q_{2n}$$
$$J_0 = \overline{Q}_{2n}$$
$$J_2 = Q_{1n}Q_{0n}$$
$$CP_1 = Q_{0n}$$

（5）画逻辑电路图。由此画出的逻辑电路图，如图 5-70 所示。

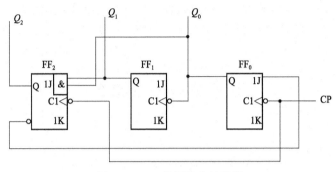

图 5-70   五进制异步计数器

本 章 小 结

本章讲述的主要内容包括：

1．时序逻辑电路的基本特点。在时序电路中，输出不仅取决于现在的输入，而且还与电路的原来状态有关。这是区别于组合电路的一个重要特点。因此，从电路组成上看，时序电路通常包含有触发器（存储电路）和组合电路（门电路）。

2．计数器应用极其广泛，种类繁多。按计数时钟脉冲的引入方式分，可分为同步和异步计数器；按计数长度分，可分为二进制、十进制及任意进制（N 进制）计数器；按计数值的增减方式分，可分为加法、减法及可逆计数器（又称加/减计数器）。

3．寄存器是利用触发器的两个稳定状态来寄存 0 和 1 两个数码的。一般寄存器应具有清除、接收、移位、保存和输出数码的功能。

4．节拍脉冲发生器（分配器）由计数器和译码器构成，有计数型和移位型两种类型。在时钟脉冲的作用下，在其输出端可顺序输出一串脉冲（节拍脉冲）。为消除冒险尖峰，可采用扭环型计数器。

5．序列脉冲发生器由移位寄存器和组合门电路构成，有计数型和移位型两种类型。在时钟脉冲的作用下，在其输出端可顺序输出周期性的串行序列信号。这些信号在一个周期内，1 和 0 数码按一定的顺序排列，并以此不断循环。

按所产生的序列循环长度 M 和触发器数目 n 的关系，可分为三种：①最长循环长度序列脉冲发生器，循环长度 $M=2^n$；②最长线性序列脉冲发生器，循环长度 $M=2^n-1$；③任意循环长度序列脉冲发生器，循环长度 $M<2^n-1$。

6．时序电路的分析方法。时序电路分析的关键是求出状态方程和输出方程。首先写出时钟方程和驱动方程，然后代入触发器的特性方程，从而得到描述触发器状态转换规律的状态方程。根据状态方程和输出方程，就可以列出状态表，画出状态图（或时序图），从而可判断电路的逻辑功能。

7. 时序电路的设计方法。本章简要介绍了用中小规模集成电路（组件）构成计数器及脉冲发生器的设计方法。随着集成电路技术的日益发展，各种类型的集成计数器等集成组件已大量生产和使用，这就使得数字系统的设计发生了根本的变化。为了减少组件的数目、提高电路的可靠性、降低成本，目前数字系统普遍采用中、大规模集成电路。因此，数字系统设计的主要问题是考虑选择合适的集成电路，用最简单的连接方式构成满足需要的逻辑电路系统。这样，利用集成计数器或集成寄存器来构成 N 进制计数器或脉冲发生器的常用方法就显得愈加重要，例如，反馈归零法、预置数法和级联法等方法。由于这几种方法简便、容易掌握，因此应用十分广泛。

思考题与练习题 5

5-1. 选择填空

（1）时序电路可由（   ）组成。

A. 门电路   B. 触发器或触发器与门电路   C. 触发器或门电路

（2）时序电路输出状态的改变（   ）。

A. 仅与该时刻输入信号的状态有关

B. 仅与时序电路的原状态有关

C. 与所述的两个状态都有关

5-2. 由下列数目的触发器构成二进制计数器，能有多少种状态？

（1）4   （2）8   （3）10

5-3. 二进制加法计数器从 0 计到下列数，需要多少个触发器？

（1）3   （2）5   （3）7   （4）14   （5）60   （6）127

5-4. 回答下列问题：

（1）欲将一个存放在左移位寄存器中的二进制数乘以 16，需要多少个 CP 移位脉冲？

（2）如果 CP 的时钟频率是 50kHz，要完成此操作需要多少时间？

5-5. 试比较同步和异步二进制计数器的优缺点。

5-6. 怎样判断一个计数器是同步的还是异步的？分析异步计数器时，要注意什么问题？

5-7. 移位寄存器与数码寄存器有何不同？

5-8. 图 5-71 所示为一个由 D 触发器构成的异步计数器，试画出其状态图与时序图，并简要说明其逻辑功能。

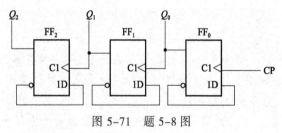

图 5-71   题 5-8 图

5-9. 分析图 5-72 所示时序电路的逻辑功能。

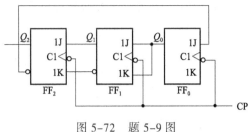

图 5-72　题 5-9 图

5-10. 单向移位（右移）寄存器如图 5-11 所示，当串行输入数据 D_{SR} 为 1011 时，试画出其工作时序图，并说明各需要几个 CP 脉冲可分别完成数据的并行输出和串行输出？

5-11. 分析图 5-73（a）所示时序电路的逻辑功能。要求根据图 5-73（b）所示输入信号波形，对应画出输出 Q_1、Q_2 的波形。

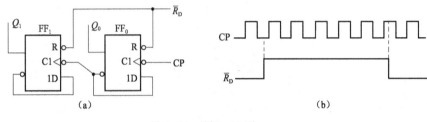

图 5-73　题 5-11 图

5-12. 用示波器测得计数器的三个输出端 Q_2、Q_1、Q_0 波形如图 5-74 所示，试确定该计数器的模（为几进制）。

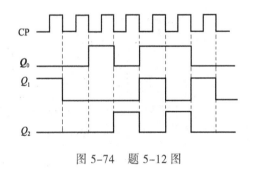

图 5-74　题 5-12 图

5-13. 图 5-75 所示为扭环型计数器电路，试比较它与环形计数器在结构上的区别。若电路初态 $Q_3Q_2Q_1Q_0$ 预置为 0000，随着 CP 脉冲的输入，试分析其输出状态的变化，画出状态图，并简要说明其计数规律。

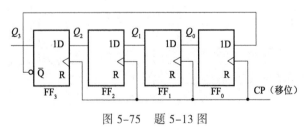

图 5-75　题 5-13 图

5-14. 已知某计数器的电路如图 5-76 所示。试分析该计数器的性质，并画出工作波形。设电路初始状态为 0。

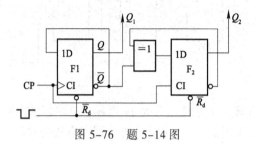

图 5-76　题 5-14 图

5-15. 分析图 5-77 所示的计数器电路，判断它是几进制计数器，有无自启动能力。

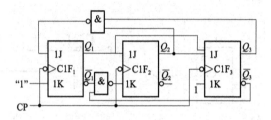

图 5-77　题 5-15 图

5-16. 分析图 5-78 所示的电路，写出方程，列出状态转换表，判断是几进制计数器，有无自启动能力。

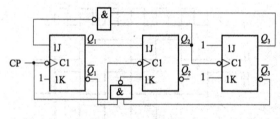

图 5-78　题 5-16 图

5-17. 反馈归零法的主要缺点是存在不可靠归零，为了使其可靠归零，可采取什么措施？

5-18. 用 74LS290 分别构成 8421BCD 码的三进制及七进制计数器。

5-19. 用两片 290 构成的电路如图 5-79 所示，试分析它为几进制计数器？

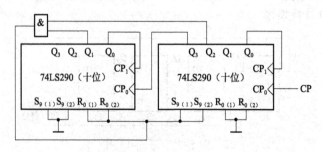

图 5-79　题 5-19 图

5-20. 采用反馈归零法，分别用 74LS161 及 74LS192 构成五进制计数器。

5-21. 采用进位输出置最小数法，分别用 161 及 192 构成七进制计数器。

5-22. 采用预置数法，用 161 构成起始状态为 0100 的十一进制计数器。

5-23. 图 5-80 所示为用 161 构成的 N 进制计数器，试分析其为几进制计数器？

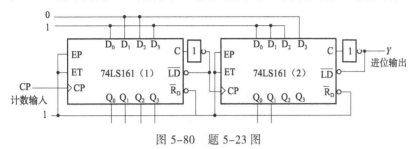

图 5-80　题 5-23 图

5-24. 图 5-81 所示为用 160 构成的 N 进制计数器，试分析其为几进制计数器？

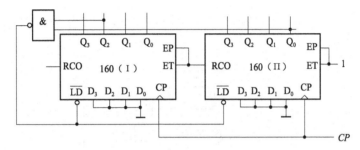

图 5-81　题 5-24 图

5-25. 图 5-82 所示为用 163 构成的 N 进制计数器，试分析其为几进制计数器？

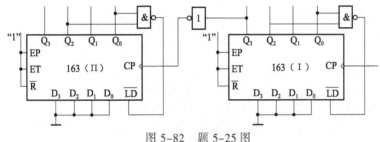

图 5-82　题 5-25 图

5-26. 74LS194 各需要几个 CP 移位脉冲，才可以分别实现串行/并行输出？

5-27. 用 4 位双向移位寄存器 74LS194 构成如图 5-83 所示电路，先并行输入数据，使 $Q_A Q_B Q_C Q_D = 1000$。试分别画出它们的状态表和状态图，并说明它们各是什么功能的电路。

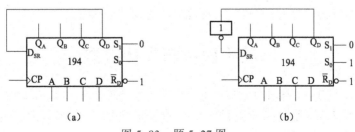

图 5-83　题 5-27 图

5-28. 用 74LS194 构成四位扭环型计数器。

5-29. 74LS194 与数据选择器电路如图 5-84 所示。要求：（1）列出状态转换表；（2）指出输出 Z 的序列。

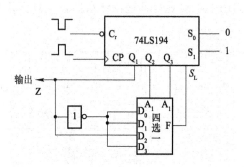

图 5-84 题 5-29 图

5-30. 如图 5-85 所示，设 194 的初态 $Q_0Q_1Q_2Q_3=1111$，试列出在时钟脉冲 CP 作用下，S_1 和 $Q_0Q_1Q_2Q_3$ 的状态转换表。

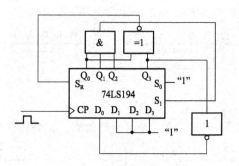

图 5-85 题 5-30 图

5-31. 用 JK 触发器设计 8421 码同步九进制递增计数器。

5-32. 用 JK 触发器设计 8421 码同步五进制递减计数器。

5-33. 用 JK 触发器设计 8421 码异步六进制递增计数器。

5-34. 设计产生循环长度为 $M=15$ 的序列的节拍脉冲发生器。

5-35. 采用四级 D 触发器构成移位寄存器型节拍脉冲发生器。要求：

（1）当初始状态预置为 $Q_3Q_2Q_1Q_0=0110$ 时，产生序列为 011，011，……；

（2）当初始状态预置为 $Q_3Q_2Q_1Q_0=1111$ 时，产生序列为 111100，111100，……；

（3）当初始状态预置为 $Q_3Q_2Q_1Q_0=1000$ 时，产生序列为 100010，100010，……；

（4）当初始状态预置为 $Q_3Q_2Q_1Q_0=0000$ 时，产生全 0 序列。

动手做：药片计数器

图 5-86（a）为一个药片计数器的电路原理图。当药片入瓶时，遮挡光线，产生一个计数脉冲，计数器加 1，每进入一粒药片，计数器加 1 一次，计数器计数后的输出送到子比较器的 A0～A3 端，与设定比值 B0～B3 进行比较。当 $A=B$ 时，计数器停止计数。比较器发出

信号将计数器清零，同时传送带前移一步，开始装第二瓶。

四位数字比较器电路，如图 5-86（b）所示，由四个异或门组成。当四个异或门的两个输入端都分别相同时，输出 $F=1$，否则 $F=0$。图中的单稳态电路可对不规则的光电信号整形，以能够输出标准的计数脉冲，供计数器计数。

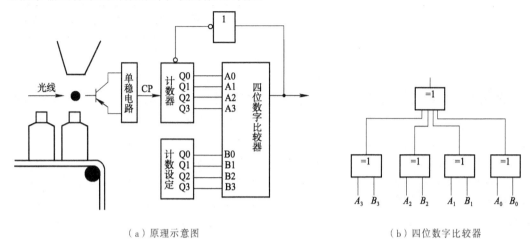

（a）原理示意图　　　　　　　　　　　　　　　（b）四位数字比较器

图 5-86　药片计数器的电路原理图

第 5 章　时序逻辑电路

在数字电路或系统中，常常需要用到不同幅度、宽度以及具有陡峭边沿的脉冲数字信号，例如，时钟脉冲信号、控制过程中的定时信号等，可采用脉冲信号产生电路或通过变换电路对已有的信号进行变换，来获得需要的脉冲波形，以满足实际系统的要求。

我们将能够产生脉冲波形和对其进行整形、变换的电路称为脉冲电路，主要包括用于产生脉冲信号的多谐振荡器，用于波形整形、变换的单稳态触发器和施密特触发器。这些电路可分别由分立元件、集成逻辑门电路和集成电路来实现。本章主要介绍常用的脉冲变换、整形和产生电路——施密特触发器、单稳态触发器、多谐振荡器和 555 定时器的工作原理。

6.1 施密特触发器

施密特触发器是输出具有两个相对稳态的电路（又称双稳态触发器）。所谓相对是指输出的两个高低电平状态必须依靠输入信号来维持，这一点它更像是门电路，只不过它的输入阈值电压有两个不同的值。

6.1.1 由门电路组成的施密特触发器

1. 施密特触发器的功能

施密特触发器可以看成是具有不同输入阈值电压的逻辑门电路，它既有门电路的逻辑功能，又有滞后电压传输特性。如图 6-1 所示为施密特触发器的逻辑符号和电压传输特性。

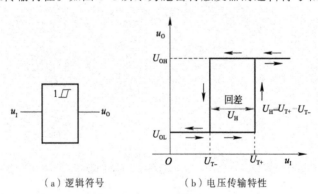

（a）逻辑符号　　　　（b）电压传输特性

图 6-1　施密特触发器的逻辑符号和电压传输特性

其中，U_{T+} 为正向阈值电压，U_{T-} 为负向阈值电压。工作原理为：当 $u_I \geq U_{T+}$ 时，电路处于开门状态；当 $u_I \leq U_{T-}$ 时，电路处于关门状态；当 $U_{T-} \leq u_I \leq U_{T+}$ 时，电路处于保持状态。U_H 为滞后电压或称回差电压，$U_H = U_{T+} - U_{T-}$。

2. 由 CMOS 非门构成的施密特触发器

图 6-2 所示为由 CMOS 非门构成的施密特触发器。

由电路可得

$$u_{\text{I1}} = \frac{R_2}{R_1 + R_2} u_{\text{I}} + \frac{R_1}{R_1 + R_2} u_{\text{O}} \quad （利用叠加原理）$$

若在输入端加一三角波，如图 6-3 所示，则电路的工作过程如下：

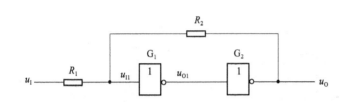

图 6-2　CMOS 非门施密特触发器

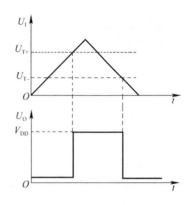

图 6-3　施密特触发器的工作波形

1）$u_{\text{I}}=0$，$u_{\text{O}}=0$

$u_{\text{I}}=0$，G_1 关门，G_2 开门，$u_{\text{O}}=0$。此时

$$u_{\text{I1}} = \frac{R_2}{R_1 + R_2} u_{\text{I}} = 0$$

2）u_{I} 增大，$u_{\text{O}}=1$

u_{I} 增大，u_{I1} 随着增大，当 $u_{\text{I1}}=U_{\text{TH}}$ 时有

$$u_{\text{I1}} = \frac{R_2}{R_1 + R_2} u_{\text{I}} = U_{\text{TH}}$$

$$u_{\text{I}} = \frac{R_1 + R_2}{R_2} U_{\text{TH}} = U_{\text{T}+}$$

此时，G_1 开门，G_2 关门，$u_{\text{O}}=1$

此后，$u_{\text{I}} > U_{\text{T}}$，$u_{\text{I1}} = \dfrac{R_2}{R_1 + R_2} u_{\text{I}} + \dfrac{R_1}{R_1 + R_2} V_{\text{DD}} > U_{\text{TH}}$，$u_{\text{O}}=1$

3）u_{I} 减小，$u_{\text{O}}=0$

u_{I} 减小，u_{I1} 随着减小，当 $u_{\text{I1}}=U_{\text{TH}}$ 时有

$$u_{\text{I1}} = \frac{R_2}{R_1 + R_2} u_{\text{I}} + \frac{R_1}{R_1 + R_2} V_{\text{DD}} = U_{\text{TH}}$$

$$u_{\text{I}} = \frac{R_1 + R_2}{R_2} U_{\text{TH}} - \frac{R_1}{R_2} V_{\text{DD}} = U_{\text{T}-}$$

此时，G_1 关门，G_2 开门，$u_{\text{O}}=0$

第 6 章　脉冲的产生与整形

此后，$u_I < U_{T-}$，$u_{I1} = \dfrac{R_2}{R_1 + R_2} u_1 < U_{TH}$，$u_O = 0$

回差电压 $U_H = U_{T+} - U_{T-} = \dfrac{R_1 + R_2}{R_2} U_{TH} - (\dfrac{R_1 + R_2}{R_2} U_{TH} - \dfrac{R_1}{R_2} V_{DD}) = \dfrac{R_1}{R_2} V_{DD}$

6.1.2 集成施密特触发器

施密特触发器的滞后特性具有非常重要的实用价值，所以在很多逻辑电路中都加入了施密特功能，组成施密特式集成电路，如 74LS13 是带有施密特触发器的双四输入与非门，74LS14 是带有施密特触发器的六反相器，而我们前面介绍的 74LS121 是具有施密特触发器的单稳态触发器。图 6-4 为 74LS14 的逻辑符号及外引线图。

74LS14 片内有六个带施密特触发器的反相器，正向阈值电压 U_{T+} 为 1.6V，负向阈值电压 U_{T-} 为 0.8V，回差电压 U_H 为 0.8V。图 6-5 所示为 74LS14 的电压传输特性。

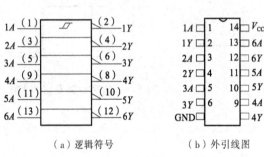
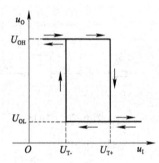

（a）逻辑符号　　（b）外引线图

图 6-4　74LS14 的逻辑符号及外引线图　　　　图 6-5　74LS14 的电压传输特性

6.1.3 施密特触发器的应用

施密特触发器应用非常广泛，可用于波形的变换、整形、幅度鉴别，构成多谐振荡器、单稳态触发器等。

1. 波形的变换与整形

施密特触发器可将正弦波等其他波形变换成矩形波，如图 6-6 所示。施密特触发器可将受干扰的脉冲波形变换成标准矩形波，如图 6-7 所示。

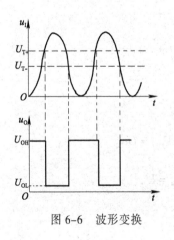
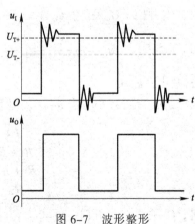

图 6-6　波形变换　　　　　　　　　　图 6-7　波形整形

2. 幅度鉴别

利用施密特触发器可对一串脉冲进行幅度鉴别，如图 6-8 所示，将幅度较小的脉冲去除，保留幅度较大的脉冲。

3. 构成多谐振荡器

利用施密特触发器可构成多谐振荡器，图 6-9 为其电路及波形图。它的原理是利用电容端电压控制施密特触发器导通、翻转，通过 u_O 电压的高低对电容进行充、放电。

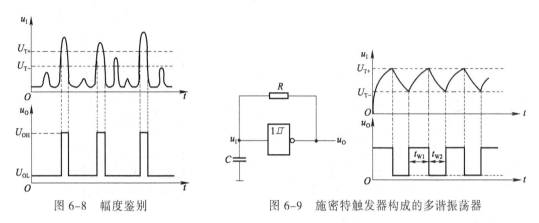

图 6-8　幅度鉴别　　　　　　图 6-9　施密特触发器构成的多谐振荡器

6.2　单稳态触发器

单稳态触发器是输出一个稳态和一个暂稳态的电路。在无外加触发信号时，电路处于稳态；在外加触发信号的作用下，电路从稳态进入暂稳态，经过一段时间后，电路又自动返回稳态。暂稳态维持时间的长短取决于电路本身的参数，与触发信号无关。单稳态触发器在触发信号的作用下能产生一定宽度的矩形脉冲，广泛用于数字系统中的脉冲整形、延时和定时。

6.2.1　微分型单稳态触发器

1. 电路组成

由门电路组成的微分型单稳态触发器电路如图 6-10 所示，门 G_1 的输出经 RC 微分电路耦合到门 G_2 的输入，而门 G_2 的输出直接耦合到门 G_1 的输入。RC 为定时电路，其中 R 的数值要小于 G_2 的关门电阻（R_{OFF}）。

2. 工作原理

微分型单稳态触发器的工作原理可分为四个过程讨论，参看图 6-11 所示工作波形。

1）稳定状态

在无触发信号（u_1 为高电平）时，电路处于静态，由于 $R < R_{OFF}$，G_2 关门，输出 u_{O2} 为高电平，G_1 开门，输出 u_{O1} 为低电平。

2）触发翻转

当在 u_1 端加触发信号（负脉冲）时，G_1 关门，u_{O1} 跳变到高电平，由于电容 C 的电压不发生突变使 u_R 也随之上跳，G_2 开门，u_{O2} 变为低电平并反馈到 G_1 的输入端以维持 G_1 的关门状态，电路进入暂稳态。

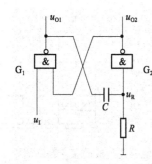

图 6-10　微分型单稳态触发器

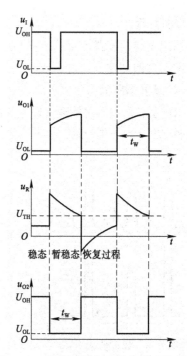

图 6-11　微分型单稳态触发器工作波形

3）自动翻转

进入暂稳态后，u_{O1} 的高电平要通过电阻 R 接地为电容 C 充电使 u_R 逐渐下降，当达到阈值电压 U_{TH}（又称门槛电平）后，G_2 关门，u_{O2} 变回高电平。同时使 G_1 开门，u_{O1} 变回低电平，电路回到稳态。

4）恢复过程

暂稳态结束后，u_{O1} 回到低电平，已充电的电容 C 又沿原路放电（放电时间常数 $\tau \approx RC$），使电容电压 u_C 恢复到稳态值[恢复时间 $t_{re}=(3\sim 5)\tau$]，为下一次触发翻转作准备。恢复过程结束，允许下一个触发脉冲输入。

由以上分析可知，单稳态触发器的输出脉冲宽度 t_W 取决于暂稳态的维持时间，也就是取决于电阻 R 和电容 C 的大小，可近似估算如下：

$$t_W \approx 0.7RC$$

改变 R、C 的数值可以调整脉冲宽度 t_W，然而 C 值不能太小，如果太小甚至与寄生电容相比拟，会使输出脉冲不稳定，因此，C 一般选择在几十皮法以上。为保证稳态时 G_2 处于关门状态，R 值必须小于关门电阻 R_{OFF}。但 R 值又不能任意减小，因为在触发瞬间 u_R 必须大于阈值电压 U_{TH}，否则电路不能翻转。R 值可从暂稳态时 C 的充电等效电路来计算。由于

$$u_R \approx \frac{u_O}{R_O + R}R \geq U_{TH}$$

式中，R_O 为门 G_1 的输出侧内阻。将 $u=3.6\text{ V}$、$R_O=100\ \Omega$、$U_{TH}=1.4\text{ V}$ 代入上式得 $R \geq 64\ \Omega$，因此，电阻 R 的选择应在 $64\ \Omega \sim 0.9\text{ k}\Omega$ 之间（选取 R_{OFF} 为 $0.9\text{ k}\Omega$）。

在应用微分型单稳态触发器时，对触发信号 u_I 的脉宽和周期有一定的限制。要求脉宽要小于暂稳态时间，周期要大于暂稳态加恢复过程时间，这样才能保证电路正常工作。

6.2.2 积分型单稳态触发器

1. 电路组成

图 6-12 是由 CMOS 或非门构成的积分型单稳态触发器的电路图。电阻 R 和电容 C 构成积分型延时环节；u_i 为输入触发脉冲，低电平触发。

2. 工作原理

积分型单稳态触发器工作波形如图 6-13 所示。

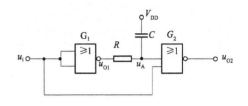

图 6-12　积分型单稳态触发器

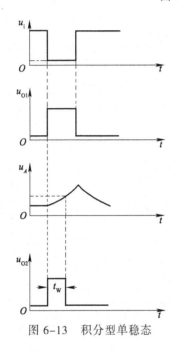

图 6-13　积分型单稳态

其工作原理如下：

稳态时，$u_i=1$，G_1、G_2 均导通，此时 $u_{O1}=0$，$u_A=0$，$u_{O2}=0$。

当 u_i 负跳变到 0 时，G_1 截止，u_{O1} 随之跳变到 1。由于电容电压不能跳变，u_A 仍为 0，故门 G_2 截止，u_{O2} 跳变到 1。在 G_1、G_2 截止时，电容 C 通过电阻 R 和门 G_1 的导通管放电，使 u_A 逐渐上升。当 u_A 上升到管子的开启电压 u_T 时，如果 u_i 仍为低电平，G_2 导通，u_{O2} 变为 0。当 u_i 回到高电平后，G_1 导通，电容 C 又通过电阻 R 和门 G_1 的导通管充电，电路恢复到稳定状态。

6.2.3 集成单稳态触发器

单稳态触发器应用较广，电路形式也较多。其中集成单稳态触发器由于外接元件少、工作稳定、使用灵活方便而更为实用。

单稳态触发器根据工作状态不同可分为不可重复触发和可重复触发两种。其主要区别在于：不可重复触发单稳态触发器在暂稳态期间不受触发脉冲的影响，只有暂稳态结束触发脉冲才会再起作用；可重复单稳态触发器在暂稳态期间还可以接收触发信号，电路可被重新触发。当然，暂稳态时间也会顺延。图 6-14 所示为两种单稳态触发器的工作波形。

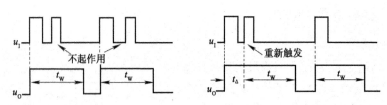

图 6-14　两种单稳态触发器的工作波形

常见的集成单稳态触发器有 TTL 型的 74121、221、122、123，高速 CMOS 型的 74H123、221、4538，CMOS4000 型的 CC4098、14528 等。本节仅以 74121 为例介绍其功能。

1. 74121 组成及功能

TTL 型单稳态触发器 74121 是一种不可重复触发单稳态触发器，其逻辑符号、外引线图如图 6-15 和图 6-16 所示。

该芯片是 14 引脚、双列直插结构，片内集成了微分型单稳态触发器及控制、缓冲电路。A_1、A_2、B 为触发输入端，Q 和 $\overline{Q}$ 为互补输出端，9 脚、10 脚和 11 脚为外接定时元件端。

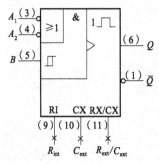

图 6-15　74121 逻辑符号

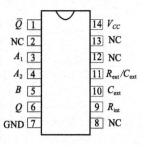

图 6-16　74121 外引线图

功能表如表 6-1 所示，前四行是稳态，后五行为暂稳态。A_1、A_2 为下降沿触发，B 为上升沿触发。当 A_1、A_2 中至少有一个为低电平，B 由 0 跳变到 1；或者 B 为高电平，A_1、A_2 中至少有一个由 1 跳变到 0（另一个为高电平）时，电路由稳态翻转到暂稳态。

2. 输出脉宽

74121 外接定时元件有两种方式，如图 6-17 所示。

图 6-17（a）外接定时电容 C_{ext} 和电阻 R_{ext}，输出脉冲宽度估算为

$$t_W = 0.7 R_{ext} C_{ext}$$

图 6-17（b）利用片内定时电阻 R_{int}，仅外接定时电容 C_{ext}，输出脉冲宽度估算为

$$t_W = 0.7 R_{int} C_{ext} = 1.4 C_{ext}$$

式中，电阻 R_{ext} 的取值范围为 $2\sim100$ kΩ，电容 C_{ext} 的取值范围为 10 pF$\sim$10 μF，输出脉宽为 40 ns$\sim$1 s。

表 6-1　74121 功能表

输	入		输	出
A_1	A_2	B	Q	$\overline{Q}$
L	X	H	L	H
X	L	H	L	H
X	X	L	L	H
H	H	X	L	H
H	↓	H	⊓	⊔
↓	H	H	⊓	⊔
↓	↓	H	⊓	⊔
L	X	↑	⊓	⊔
X	L	↑	⊓	⊔

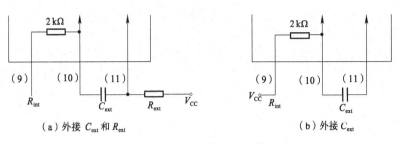

（a）外接 C_{ext} 和 R_{ext}　　　　　　（b）外接 C_{ext}

图 6-17　74121 外接定时元件方式

6.2.4　单稳态触发器的应用

单稳态触发器应用十分广泛，根据它所起的作用，可分为脉冲的改变、整形、定时和延时等。

1. 改变脉宽

根据需要可通过调整单稳态触发器定时元件的参数来改变输出脉宽 t_{W}，其脉宽 t_{W} 不仅与定时元件的参数有关，也与电源电压值有关。在使用时，一般应选取较大的电阻和较小的电容。

2. 波形整形

在数字信号的采集、传输过程中，经常会遇到不规则的脉冲信号。这时，便可利用单稳态触发器将其整形。具体方法是：将不规则的脉冲信号作为触发信号加到单稳态触发器的输入端，合理选择定时元件，即可在输出端产生标准脉冲信号，如图 6-18 所示。

3. 脉冲定时

由于单稳态触发器能根据需要产生一定宽度 t_{W} 的脉冲输出，所以常用做定时电路使用。即用计时开始信号去触发单稳态触发器，经 t_{W} 时间后，单稳态触发器便可给出到时信号。

4. 脉冲延时

如图 6-19 所示，u_{I} 负脉冲加到单稳触发端，在单稳态触发器输出接一微分电路，则经 t_{W} 延时，即可得到一负脉冲 u_{O}'。

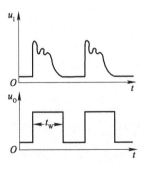

图 6-18　单稳整形波形

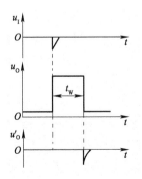

图 6-19　单稳延时波形

6.3　多谐振荡器

多谐振荡器是一种矩形波发生器，它无须外加输入信号，便可自动产生一定频率的具有高、低电平的矩形波形，它内含丰富的高次谐波分量，故称为多谐振荡器。由于多谐振荡器产生的矩形脉冲总是在高、低电平间相互转换，没有稳定状态，所以也称为无稳态电路（无稳态触发器）。

6.3.1　环形多谐振荡器

图 6-20 所示电路为由三个非门构成的带有 RC 定时电路的环形多谐振荡器。R、C 为定时元件，R_S 为隔离电阻，通常 $R_S=100\ \Omega$，是保护非门 G_3 中晶体管的限流电阻。图 6-21 为其工作波形。

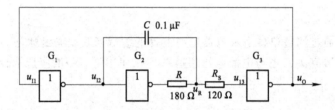

图 6-20　RC 环形多谐振荡器

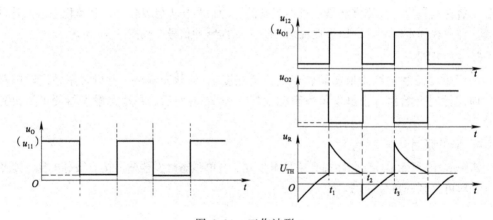

图 6-21　工作波形

它的工作原理是，利用电容的充、放电过程，控制电压 u_R，从而控制非门的自动开启（开门）和关闭（关门），形成多谐振荡。其工作过程为：

当 $t < t_1$ 时，u_{11} 为高电平，G_1 开门，G_2 和 G_3 关门，输出电压 u_O 为高电平，如图 6-21 所示。由于 u_{O2} 为高电平，而 u_{O1}（即 u_{12}）为低电平，电容 C 被充电，充电路径为：$u_{O2} \rightarrow R \rightarrow C \rightarrow u_{O1}$。随着 C 的充电，电压 u_R 按指数规律上升。

当 $t=t_1$ 时，u_R 上升到阈值电压 U_{TH}，G_3 开门。输出电压 u_O 下跳为低电平，G_1 关门，其输出电压 u_{O1} 上跳为高电平，G_2 开门，其输出电压 u_{O2} 下跳为低电平。由于电容 C 两端的电压不能突变，因此，u_R 也将随 u_{O1} 的上跳而上跳。这样，振荡器自动翻转一次，进入 $t_1 \sim t_2$ 的暂稳态。

当 $t > t_1$ 时，由于 u_{O1} 为高电平，而 u_{O2} 为低电平，电容 C 开始放电，放电路径为：$u_{O1} \rightarrow C \rightarrow R \rightarrow u_{O2}$。随着 C 的放电，电压 u_R 按指数规律下降，但只要电压 u_R 未下降到 G_3 的阈值电压，3 个非门的状态保持不变，即暂稳态维持不变。

当 $t = t_2$ 时，u_R 下降到阈值电压 U_{TH}，G_3 关门，使输出 u_O 上跳为高电平，G_1 开门，输出 u_{O1} 下跳为低电平，从而使 G_2 关门，其输出 u_{O2} 上跳为高电平。同时，由于电容两端的电压不突变，u_R 也将随 u_{O1} 的下跳而下跳。这样，振荡器又自动翻转一次，进入一个新的暂稳态。

当 $t > t_2$ 时，与 $t < t_1$ 时的状态相同，电容 C 又被充电，电压 u_R 按指数规律上升。只要 u_R 未上升到阈值电压，3 个非门的状态保持不变，即新的暂稳态保持不变。

当 $t = t_3$ 时，将重复 $t = t_1$ 的过程。上述过程周而复始，就形成多谐振荡。这样，在多谐振荡器的输出端就可产生连续的振荡脉冲波形。

根据过渡过程公式的 RC 电路的三要素，可求得振荡周期 T，推导过程从略。假设非门输出的高、低电平以及阈值电压分别为 $U_{OH} = 3.6\ \text{V}$、$U_{OL} = 0.3\ \text{V}$ 和 $U_{TH} = 1.4\ \text{V}$，则充电时间 t_{W1} 和放电时间 t_{W2} 分别为 $t_{W1} \approx 1.386RC$，$t_{W2} \approx 0.916RC$，则振荡周期为

$$T = t_{W1} + t_{W2} \approx 1.386RC + 0.916RC \approx 2.3RC$$

由上式可见，RC 环形多谐振荡器的振荡频率，可通过改变 R、C 的值来调节。一般电容 C 用做粗调，电阻 R 用电位器做细调。但 R 的阻值不能高于 $1\text{k}\Omega$，否则电路不能正常工作，这是它的缺点。另外，R_S 也不能取得过大，必须保证 $R + R_S < R_{OFF}$（非门的关门电阻），这就限制了频率的调节范围。为了获得更宽的频率调节范围，可用电压跟随器替代 R_S，得到 RC 环形多谐振荡器的改进电路，如图 6-22 所示。在这个电路中，R 可扩大到几十千欧。

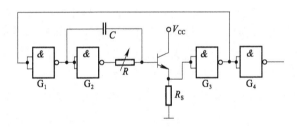

图 6-22　RC 环形多谐振荡器的改进电路

6.3.2　由 CMOS 门组成的多谐振荡器

由于 CMOS 门电路输入阻抗高，无须大电容就能获得较大的时间常数，而且 CMOS 门电路的阈值电压稳定，所以常用来构成低频时钟振荡器。

图 6-23 所示为由二级 CMOS 非门构成的多谐振荡器电路及工作波形。

电路由二级非门经 R_S、C 构成闭环正反馈，由定时元件 R、C 控制振荡频率。设电路处于 G_1 输出高电平，G_2 输出低电平的暂稳态。u_{I2} 经 R 对 C 充电，使 u_R 升高。当 u_R 升高至 $u_{I1} \geqslant U_{TH}$ 时，电路状态翻转，G_1 输出为低电平，G_2 输出为高电平，电路进入另一暂稳态。此时电容 C 经 R 放电，使 u_R 下降。当 u_R 下降至 $u_{I1} \leqslant U_{TH}$ 时，电路再次翻转，G_1 输出为高电平，G_2 输出为低电平。如此反复循环，在 G_2 的输出端得到连续的振荡脉冲波形。

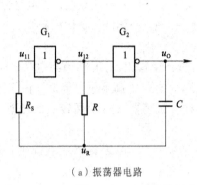

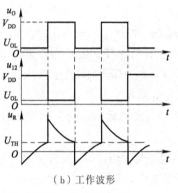

（a）振荡器电路　　　　　　　　　（b）工作波形

图 6-23　CMOS 非门多谐振荡器电路及工作波形

电路振荡周期为

$$T = 2RC\ln\frac{V_{DD}+U_{TH}}{V_{DD}-U_{TH}}$$

当 $U_{TH}=（1/2）V_{DD}$ 时，$T\approx 2.2RC$。

电路中 R_S 的作用是隔离 G_1 输入端的 RC 放电回路，以改善电源电压 V_{DD} 变化对振荡频率的影响，提高频率稳定性。通常取 $R_S\geqslant 2R$，但 R_S 过大会造成 u_R 波形移相，影响振荡频率的提高。

6.3.3　石英晶体多谐振荡器

石英晶体特殊的物质结构可等效为如图 6-24（a）所示电路，其阻抗频率特性如图 6-24（b）所示。

其中 C_0 为晶体不振动时的静态电容，约几十 pF。晶体振动时，机械振动的惯性可用电感 L 来等效，其值约为几十 mH 到几百 mH。晶片的弹性可用电容 C 等效，一般仅为 0.0002～0.1pF。电阻 R 则等效于晶片因摩擦而造成的损耗，其值约为 100Ω。因为 L 很大，R、C 很小，回路的 Q 值极高，可达 $10^4\sim 10^6$。加上晶片本身的固有频率只与晶片的几何尺寸有关，所以很稳定，而且可以做得很精确。因此，利用石英晶体组成振荡电路，可获得很高的频率稳定性。

在石英晶体两端加不同频率的电压信号，它表现出不同的阻抗特性，f_s 为等效串联谐振频率（也称固有频率），f_p 为等效并联谐振频率。由于 $C\ll C_0$，故 f_s 与 f_p 的值非常接近。在 $f_s<f<f_p$ 的窄小范围内，石英晶体呈感性，其余区间均呈容性。

石英晶体对频率特别敏感，频率超过 f_s 或小于 f_s 其等效阻抗会迅速增大，而在 f_s 处其等效阻抗近似为零。利用石英晶体组成的多谐振荡器如图 6-25 所示。

图 6-25 中，两个反相器 G_1 和 G_2 的输入和输出端分别并接电阻 R_1 和 R_2，用以确定反相器的静态工作点，使其工作在传输特性的折线上，即使反相器工作在线性放大区。另外，从结构上看 G_1 与 G_2 的输出和输入交叉反馈，中间接入石英晶体和电容 C_1 以及电容 C_2。其中 C_1 和 C_2 为耦合电容，同时可通过 C_1 来微调振荡频率。

当信号频率 $f=f_s$ 时，其等效阻抗最小，因而信号最容易通过，并在电路中形成正反馈，产生多谐振荡。

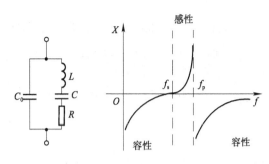

（a）等效电路　　　（b）阻抗频率特性

图 6-24　石英晶体的等效电路及阻抗频率特性

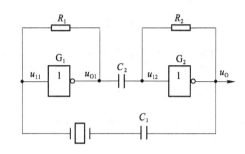

图 6-25　石英晶体多谐振荡器

由于石英晶体的品质因数很高，选频特性好，频率稳定性高，因此，由石英晶体组成的多谐振荡器具有很高的频率稳定性，在时钟、计算机等高精度系统中常作为基准时钟信号。

6.4　555 定时器及应用

555 定时器是一种将模拟电路和数字电路混合在一起的中规模集成电路，它结构简单，使用灵活方便，应用非常广泛。通常只要在外部配接少量的元件就可形成实用电路。

555 定时器可分为 TTL 和 CMOS 电路两种类型，TTL 电路标号为 555 和 556（双），电源电压 5～16V，输出最大负载电流 200 mA，CMOS 电路标号为 7555 和 7556（双），电源电压 3～18V，输出最大负载电流 4 mA。

6.4.1　555 定时器电路的结构与功能

1. 555 定时器电路的结构及原理

TTL 型 555 定时器的电路结构、逻辑符号、外引线图如图 6-26 所示。它由一个分压器、两个电压比较器、一个基本 RS 触发器、一个反相缓冲器及放电管组成。整个芯片八个引脚，各引脚名称如图中所标。

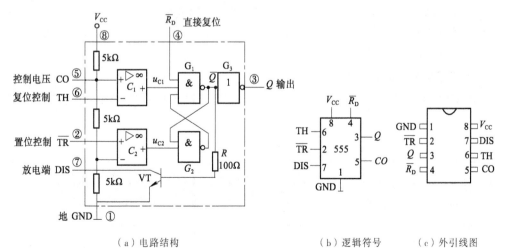

（a）电路结构　　　　　　　（b）逻辑符号　　（c）外引线图

图 6-26　555 定时器

1）分压器

分压器由三个 $5\mathrm{k}\Omega$ 的电阻组成，它为两个电压比较器提供基准电平。当 5 脚悬空时，电压比较器 C_1 的基准电平为 $\frac{2}{3}V_{\mathrm{CC}}$，比较器 C_2 的基准电平为 $\frac{1}{3}V_{\mathrm{CC}}$。改变 5 脚的接法可改变比较器 C_1、C_2 的基准电平。如果就采用 $\frac{2}{3}V_{\mathrm{CC}}$ 和 $\frac{1}{3}V_{\mathrm{CC}}$，则 5 脚需通过一个 $0.01\sim0.1\mu\mathrm{F}$ 的电容接地，以防止干扰信号影响 5 脚的电压值。

2）比较器

比较器 C_1、C_2 是两个结构完全相同的高精度电压比较器。C_1 的输入端为引脚 6 的复位控制端（高触发端），当高触发端 $\mathrm{TH}>\frac{2}{3}V_{\mathrm{CC}}$ 时，C_1 输出 $u_{\mathrm{C1}}=0$（低电平）；当 $\mathrm{TH}<\frac{2}{3}V_{\mathrm{CC}}$ 时，C_1 输出 $u_{\mathrm{C1}}=1$（高电平）。C_2 的输入端为引脚 2 的置位控制端（低触发端），当低触发端 $\overline{\mathrm{TR}}>\frac{1}{3}V_{\mathrm{CC}}$ 时，C_2 输出 $u_{\mathrm{C2}}=1$；当 $\overline{\mathrm{TR}}<\frac{1}{3}V_{\mathrm{CC}}$ 时，C_2 输出 $u_{\mathrm{C2}}=0$。C_1、C_2 的输出直接控制基本 RS 触发器的动作。

3）基本 RS 触发器

RS 触发器由两个与非门 G_1、G_2 组成，它的状态由两个比较器的输出控制。根据基本 RS 触发器的逻辑功能，就可以决定触发器输出端的状态。

由图 6-26 可以看出，$u_{\mathrm{C1}}=1$、$u_{\mathrm{C2}}=1$，触发器保持原态；$u_{\mathrm{C1}}=0$、$u_{\mathrm{C2}}=1$，触发器置 0 态，$Q=0$、$\overline{Q}=1$；$u_{\mathrm{C1}}=1$、$u_{\mathrm{C2}}=0$，触发器置 1 态，$Q=1$、$\overline{Q}=0$；$u_{\mathrm{C1}}=0$、$u_{\mathrm{C2}}=0$，此时，$Q=\overline{Q}=1$，破坏了触发器的正常功能，正常使用 555 定时器时，不允许出现这种情况。

$\overline{R}_\mathrm{D}$ 是专门设置的可从外部进行置"0"的直接复位端，当 $\overline{R}_\mathrm{D}=0$ 时，经 G_1 反相使 $\overline{Q}=1$，输出 $Q=0$。

4）放电管和输出缓冲级

放电管 VT 是 NPN 型晶体管，其控制基极为 0 电平（$\overline{Q}=0$）时截止，为 1 电平（$\overline{Q}=1$）时导通。晶体管导通时，可提供放电通路。

反相器 G_3 构成输出缓冲级。当 RS 触发器置 0（$\overline{Q}=1$）时，放电管饱和导通，定时器输出"0"态；当触发器置 1（$\overline{Q}=0$）时，放电管截止，定时器输出"1"态。

反相器的设计考虑了有较大的电流驱动能力，一般可驱动两个 TTL 门电路。同时，输出级还起隔离负载对定时器影响的作用。

2. 555 定时器的逻辑功能

综上所述，根据图 6-27 所示电路结构图可以很容易得到 555 定时器的功能表，如表 6-2 所示。

表 6-2　555 定时器的功能表

输	入		输	出
TH	$\overline{\mathrm{TR}}$	$\overline{R}_\mathrm{D}$	Q	VT 状态
×	×	0	0	导通
$>\frac{2}{3}V_{\mathrm{CC}}$	$>\frac{1}{3}V_{\mathrm{CC}}$	1	0	导通

输	入		输	出
TH	$\overline{TR}$	$\overline{R}_D$	Q	VT 状态
$< \dfrac{2}{3}V_{CC}$	$< \dfrac{1}{3}V_{CC}$	1	1	截止
$< \dfrac{2}{3}V_{CC}$	$> \dfrac{1}{3}V_{CC}$	1	不变	不变

如果在控制电压 CO 端外加一控制电压 U_{CO}，则两个电压比较器的参考电压将变为

$$U_{TH}=U_{CO} \qquad U_{TR}=\frac{1}{2}U_{CO}$$

用 555 定时器通过外接少量元件可容易地构成多谐振荡器、单稳态触发器和施密特触发器。

6.4.2 555 定时器电路的应用

1. 555 定时器组成多谐振荡器

1）电路组成

用 555 定时器组成多谐振荡器的电路如图 6-27 所示。R_1、R_2 和 C 为外接定时元件，复位控制端与置位控制端相连并接到定时电容上，R_1 和 R_2 的接点与放电端相连，控制电压端不使用，通常外接 $0.01\mu F$ 的电容。

2）工作原理

接通电源后，V_{CC} 通过 R_1、R_2 对电容 C 充电，u_C 上升。开始时 $u_C < \dfrac{1}{3}V_{CC}$，即复位控制端 $TH < \dfrac{2}{3}V_{CC}$，置位控制端 $\overline{TR} < \dfrac{1}{3}V_{CC}$，定时器置位，$Q=1$、$\overline{Q}=0$，放电管截止。

当 $u_C \geqslant \dfrac{2}{3}V_{CC}$ 时，复位控制端 $TH > \dfrac{2}{3}V_{CC}$，置位控制端 $\overline{TR} > \dfrac{1}{3}V_{CC}$，定时器复位，$Q=0$、$\overline{Q}=1$，放电管饱和导通，$C$ 通过 R_2 经 555 内部三极管 VT 放电，u_C 下降。

当 $u_C \leqslant \dfrac{1}{3}V_{CC}$ 时，又回到复位控制端 $TH < \dfrac{2}{3}V_{CC}$，置位控制端 $\overline{TR} < \dfrac{1}{3}V_{CC}$，定时器又置位，$Q=1$、$\overline{Q}=0$，放电管截止，$C$ 停止放电而又重新充电。如此反复，形成图 6-28 所示的振荡波形。

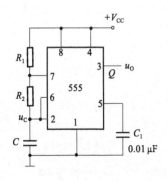

图 6-27 555 组成的多谐振荡器

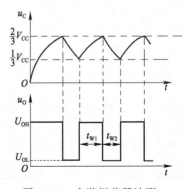

图 6-28 多谐振荡器波形

第 6 章 脉冲的产生与整形

图中 t_{W1} 是充电时间，t_{W2} 是放电时间，可用下式进行估算

$$t_{W1} \approx 0.7(R_1+R_2)C$$

$$t_{W2} \approx 0.7R_2C$$

多谐振荡器的振荡周期 T 为

$$T=t_{W1}+t_{W2} \approx 0.7(R_1+R_2)C+0.7R_2C=0.7(R_1+2R_2)C$$

可见，调节 t_{W1} 和 t_{W2} 可改变振荡周期。这样就引入了占空比的概念

$$D = \frac{t_{W1}}{t_{W1}+t_{W2}} = \frac{R_1+R_2}{R_1+2R_2}$$

若调节占空比，将同时改变振荡周期。为此，将电路略加改进就得到占空比可调的多谐振荡器，如图 6-29 所示。该电路已将充、放电路回路分开，充电回路为 R_1、VD_1、C，放电回路为 C、VD_2、R_2 和放电管。改变 D，但 R_1+R_2 的和值不变，所以该电路的振荡周期为

$$T \approx 0.7(t_{充}+t_{放}) =0.7(R_1+R_2)C$$

占空比为

$$D = \frac{t_{W1}}{t_{W1}+t_{W2}} = \frac{R_1}{R_1+R_2}$$

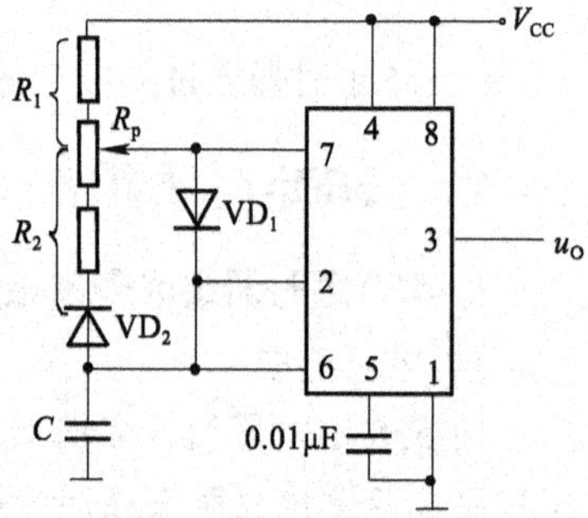

图 6-29　占空比可调振荡器

可利用多谐振荡器组成模拟声响电路，如图 6-30（a）所示，A、B 两个 555 电路均为多谐振荡器。若调节振荡器 A 的振荡频率为 1Hz，振荡器 B 的振荡频率为 1kHz，由于 A 输出接至 B 的 $\overline{R_D}$ 端，故只有 u_{O1} 输出为高电平时，B 振荡器才振荡，u_{O1} 输出为低电平时，B 振荡器停止振荡，使扬声器发出 1kHz 的间歇声响。若将 u_{O1} 改接至 5 脚，则 B 将产生两种频率的信号。当 u_{O1} 为高电平时，u_{o2} 为较低频率信号；当 u_{O1} 为低电平时，u_{O2} 为较高频率信号。这样会产生类似救护车的双频声响。若由振荡器 A 的 6 脚引出电容充放电波形（类似线性扫描波形），通过运算放大器接至振荡器 B 的 5 脚，如图 6-30（b）所示，则 u_{O2} 波形的频率是变化的，将产生类似警车的声响效果。

2．555 定时器组成单稳态振荡器

1）电路组成

用 555 定时器组成单稳态振荡器的电路如图 6-31 所示。R 和 C 为外接定时元件，复位控制端与放电端相连并连接定时元件，置位控制端作为触发输入端，同样，控制电压端不使用，外接 0.01μF 的电容。工作波形如图 6-32 所示。

2）工作原理

静态时，触发输入 u_I 为高电平，V_{CC} 通过 R 对电容 C 充电，u_C 上升。当 $u_C \geq \frac{2}{3}V_{CC}$ 时，复位控制端 TH $> \frac{2}{3}V_{CC}$，置位控制端 $\overline{TR} > \frac{1}{3}V_{CC}$，定时器复位，$Q=0$、$\overline{Q}=1$，放电管饱和导通，$C$ 通过 555 内部三极管 VT 放电，u_C 迅速下降。由于 u_I 为高电平使 $\overline{TR} > \frac{1}{3}V_{CC}$，所以即使 $u_C \leq \frac{2}{3}V_{CC}$，定时器也保持复位，$Q=0$、$\overline{Q}=1$，放电管始终饱和导通，$C$ 可以将电放完，$u_C \approx 0$，电路处于稳态。

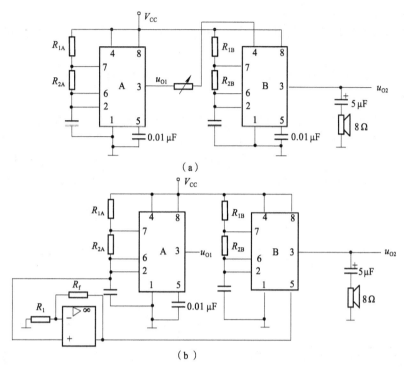

图 6-30　模拟声响电路

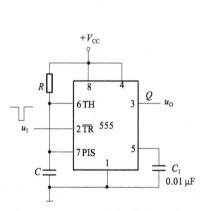

图 6-31　555 组成的单稳态触发器

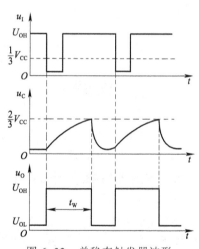

图 6-32　单稳态触发器波形

当触发输入 u_I 为低电平，使置位控制端 $\overline{TR} < \frac{1}{3}V_{CC}$，而此时 $u_C \approx 0$，又使复位控制端 TH $< \frac{2}{3}V_{CC}$，则定时器置位，$Q=1$、$\overline{Q}=0$，放电管截止，电路进入暂稳态。之后，V_{CC} 通过 R 对 C 充电，u_C 上升。当 $u_C \geqslant \frac{2}{3}V_{CC}$ 时，复位控制端 TH $> \frac{2}{3}V_{CC}$，而此时 u_I 已完成触发回到高电平使置位控制端 $\overline{TR} > \frac{1}{3}V_{CC}$，定时器又复位，$Q=0$、$\overline{Q}=1$，放电管又导通，$C$ 通过 VT 再放

电，恢复过程结束，电路回到稳态。

此单稳态电路的暂稳态时间可按下式估算

$$t_W \approx 1.1RC$$

该电路要求输入触发脉冲宽度要小于 t_W，并且必须等电路恢复后方可再次触发，所以为不可重复触发电路。

利用单稳态触发器我们也可以获得线性锯齿波。由上述工作原理和波形可以看出，在电容 C 两端可得到按指数规律上升的电压，为获得线性锯齿波，只要对电容 C 恒流充电即可。故用恒流源代替 R，即可组成线性锯齿波电路，如图 6-33（a）所示。其中晶体管 VT 及电阻 R_e、R_{b1}、R_{b2} 组成恒流源，给定时电容提供恒定的充电电流。电容两端电压随时间线性增长

$$u_C = \frac{1}{C}\int_0^t i_C dt = \frac{I_0}{C}t$$

I_0 为恒定电流，电路工作波形如图 6-33（b）所示。实际中为了防止负载对定时电路的影响，u_C 输出常常通过射极输出器输出。

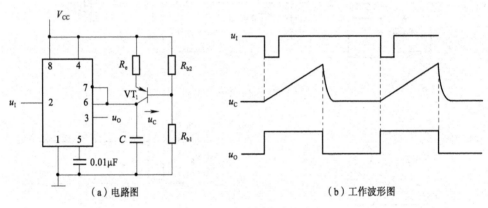

（a）电路图　　　　　　　　　　（b）工作波形图

图 6-33　线性锯齿波电路

外接电阻 R 的范围为 2 kΩ～20 MΩ，定时电容 C 为 100 pF～1000 μF，因此，单稳态电路的延迟时间 t_W 可由几微秒到几小时，精度可达 0.1%。

3. 555 定时器组成施密特触发器

1）电路组成

用 555 定时器组成施密特触发器的电路如图 6-34 所示。复位控制端与置位控制端相连并作为触发输入端，同理，控制电压端不使用，外接 0.01 μF 的电容。

2）工作原理

设输入为三角波，如图 6-35 所示。由电路可知，当输入 $u_I \le \frac{1}{3}V_{CC}$ 时，$TH = \overline{TR} < \frac{1}{3}V_{CC}$，定时器置位，输出 u_O 为高电平。当输入 $u_I > \frac{2}{3}V_{CC}$ 时，$TH = \overline{TR} > \frac{2}{3}V_{CC}$，定时器复位，输出 u_O 为低电平。可以看出，此电路的正、负向阈值电压分别为

$$U_{T+} = \frac{2}{3}V_{CC} \qquad U_{T-} = \frac{1}{3}V_{CC}$$

回差电压为

$$U_H = U_{T+} - U_{T-} = \frac{1}{3}V_{CC}$$

如果在控制电压端 CO 加控制电压 U_{CO}，则正、负向阈值电压和回差电压均会相应改变为

$$U_{T+} = U_{CO} \qquad U_{T-} = \frac{1}{2}U_{CO} \qquad U_H = \frac{1}{2}U_{CO}$$

555 定时器成本低、功能强、使用灵活方便，是非常重要的集成电路器件。由它组成的各种应用电路变化无穷。

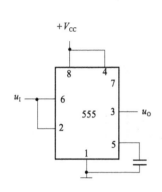

图 6-34　555 组成的施密特触发器

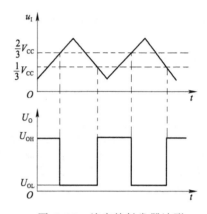

图 6-35　施密特触发器波形

本 章 小 结

本章主要介绍了两类脉冲电路。一类是用于产生脉冲信号的脉冲振荡电路，这类电路的特点是不需要外界的触发输入信号，接通电源后，电路即可自行振荡产生矩形脉冲。本章介绍的 TTL 非门及 CMOS 非门构成的多谐振荡器、石英晶体振荡器以及由 555 定时器构成的多谐振荡器等都属于这一类电路。

另一类则是用于脉冲整形、变换的脉冲变换电路，它们不能自行产生脉冲信号，但可以把其他波形信号（例如正弦波、三角波等）变换成矩形脉冲，属于这类电路的有施密特触发器和单稳态触发器。

组成上述电路可以采用 TTL 门或 CMOS 门，也可以采用中规模集成电路（如单稳态、施密特触发器），以及 555 定时器等。

脉冲电路的分析方法不同于数字逻辑电路，主要采用波形分析法。这种方法首先通过电路的工作原理分析，画出电路的电压波形图，然后根据波形图通过计算得到波形参数，这是脉冲电路常用的一种分析方法。

上述脉冲电路的用途十分广泛。例如，施密特触发器除了做波形整形、变换外，还用做脉冲幅度鉴别、脉冲展宽、闭合触点消抖等；单稳态触发器可作为脉冲的延时、定时（定时器可用于分频）单元电路等；555 定时器不仅可以构成上述脉冲电路，而且应用更广泛，如在测量与控制、家用电器、电子玩具等各方面都得到应用。

第 6 章　脉冲的产生与整形

思考题与练习题 6

6-1. 简述 555 定时器的工作原理。

6-2. 试述单稳态触发器的工作特点和主要用途。

6-3. 石英晶体多谐振荡器的特点是什么？其振荡频率与电路中的电阻和电容等元件参数有无关系？为什么？

6-4. 施密特触发器最重要的特点是什么？它的主要用途有哪些？

6-5. 为什么施密特触发器要有回差电压？在什么情况下要求回差电压大，什么情况下要求小？

6-6. RC 环形多谐振荡器，如图 6-36 所示。其中 $R_S=82\Omega$，$R_P=1\Omega$，$C=0.015\mu F$。

（1）试定性画出 u_{O1}、u_{O2}、u_{O3}、u_A 的波形；

（2）估算频率调整范围。

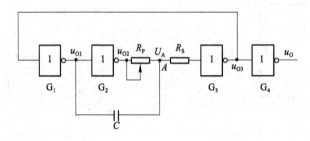

图 6-36 题 6-6 图

6-7. 图 6-37 所示为 CMOS 反相器构成的多谐振荡器。其中 $R_S=160k\Omega$，$R=82k\Omega$，$C=220\mu F$。试简述其振荡原理，估算振荡频率。

6-8. 某一音频振荡电路如图 6-38 所示，试定性分析其工作原理。

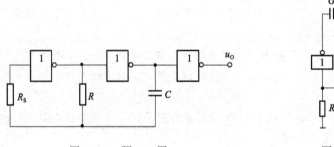

图 6-37 题 6-7 图　　　　图 6-38 题 6-8 图

6-9. 图 6-39 所示为由 CMOS 与非门和反相器构成的微分型单稳态触发器。已知输入脉宽 $t_{W1}=2\mu s$，电源电压 $V_{DD}=10V$，$U_{TH}=5V$。

（1）分析电路工作原理，画出各点电压波形；

（2）估算输出脉冲宽度 t_{W0}；

（3）试分析如果 $t_{W1}>t_{W0}$，电路能否工作？

6-10. 图 6-40 所示为由 CMOS 与非门和反相器构成的积分型单稳态触发器。已知输入

脉宽 $t_{W1}=60\mu s$，电源电压 $V_{DD}=10V$，$U_{TH}=5V$。

（1）分析电路工作原理，画出各点电压波形；

（2）估算输出脉冲宽度 t_{W0}；

（3）试分析如果 $t_{W1} < t_{W0}$，电路能否工作？

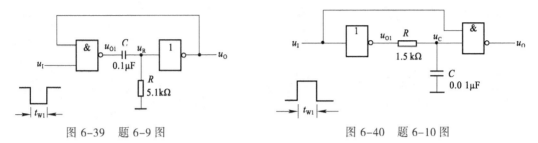

图 6-39　题 6-9 图　　　　　　　　　图 6-40　题 6-10 图

6-11. 在图 6-41 所示电路中，已知 $V_{DD}=5\,V$，$U_{T+}=3\,V$，$U_{T-}=1.5\,V$，$R_1=4.7\,k\Omega$，$R_2=7.5\,k\Omega$，$C=0.01\,\mu F$。

（1）分析电路工作原理，画出 u_C 和 u_O 的波形；

（2）计算电路的振荡频率和占空比。

6-12. 图 6-42（a）所示为具有施密特功能的 TTL 与非门，如果 A、B 输入端加入图 6-42（b）所示的波形，试画出输出 u_O 的波形。

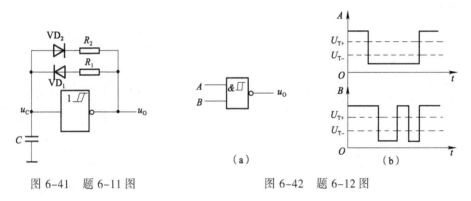

图 6-41　题 6-11 图　　　　　　　　　图 6-42　题 6-12 图

6-13. 555 定时器连接如图 6-43（a）所示，试根据图 6-43（b）所示的输入波形确定输出波形，并说明该电路相当于什么器件。

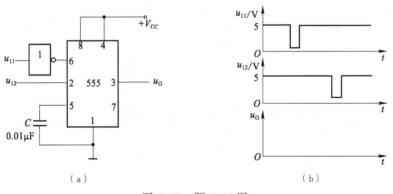

（a）　　　　　　　　　　　　　　（b）

图 6-43　题 6-13 图

6-14. 555 定时器连接图 6-44（a）所示，试根据图 6-44（b）所示的输入波形确定输出波形。

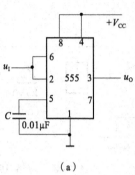 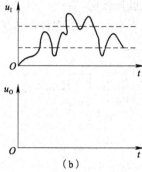

图 6-44　题 6-14 图

6-15. 图 6-45 所示为过压监视电路。当电压 U_X 超过一定值时，发光二极管会发出闪光报警信号。

（1）试分析电路工作原理；

（2）计算闪光频率（设电位器在中间位置）。

6-16. 图 6-46 所示为一时钟脉冲产生电路，占空比（脉冲宽度与周期之比）是可调的，问如何减小占空比？

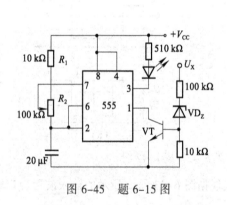 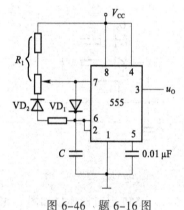

图 6-45　题 6-15 图　　　　　　　　　　图 6-46　题 6-16 图

6-17. 图 6-47 所示为一简易 NPN 型晶体管测试器。当晶体管插入时，若扬声器发声是好的，不发声则是坏的；且 β 值越高，声音越响；说明其工作原理。

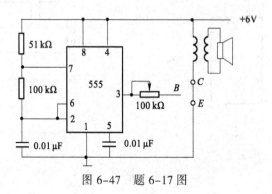

图 6-47　题 6-17 图

6-18. 在图 6-27 所示的多谐振荡器中，已知 V_{CC}=10 V，C=0.1μF，R_1=20 kΩ，R_2=80 kΩ，求振荡周期 T。

6-19. 图 6-48 所示为单稳态电路，试分析：

（1）如果其 5 脚不接 0.01μF 电容，而是外接电源 U_R，当 U_R 变大和变小时，单稳态电路的输出脉冲宽度如何变化？

（2）若 5 脚改接 R=10 kΩ 的电阻接地，其脉冲宽度又如何变化？

（3）如果 V_{CC}=10 V，R=10 kΩ，C=0.1 μF，求输出脉冲宽度 t_W，并对应画出 u_1、u_O、u_C 的波形。

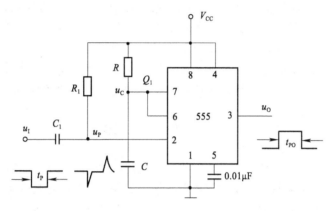

图 6-48 题 6-19 图

6-20. 在由 555 定时器构成的施密特电路中，其输入波形如图 6-49 所示，V_{CC}=15 V，试画出电路的输出波形。如果 5 脚改接 10 kΩ 电阻，再画输出波形。

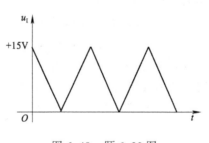

图 6-49 题 6-20 图

第7章

数/模和模/数转换器

随着数字电子技术的迅速发展，用数字系统处理模拟信号的情况越来越多，如数字彩色电视机、计算机等。在一般的控制系统中，传感器检测的信号是模拟信号，如电流、电压、温度、声音、图像等。如果用计算机处理这些物理量，必须先将模拟量转换成数字量才能被计算机运算或处理。另外，数字系统处理的数字信号通常最后需要转换成模拟信号输出，如数字彩色电视机或计算机输出的声音、图像等信号。

7.1 概　述

数字电路由于其电路简单和抗干扰性能强。尤其是与计算机技术相结合后的各种优良特性使其得到迅速的发展和推广。但数字电路只能处理数字信号，在科学研究和工程实际中绝大多数信号不具有数字性而具有连续性。因此，为了用数字电路处理连续变化的信号，就必须解决对连续信号的数字化问题。连续变化的信号称为模拟信号，如温度、压力、流量、位移等。用数字电路处理模拟信号必须首先把模拟信号转换成相应的数字信号后才能进行。同时，往往还要求把经过处理后的数字信号再转换成相应的模拟信号作为最后的输出。用数字电路处理模拟信号的系统框图如图7-1所示。

我们把模拟信号转换为数字信号称为模/数转换，或A/D（Analog to Digital）转换，把实现 A/D 转换的电路称为A/D 转换器（Analog–Digital Converter, ADC）；把数字信号转换为模拟信号称为数/模转换，或 D/A（Digital to Analog）转换，把实现 D/A 转换的电路称为 D/A 转换器（Digital–Analog Converter, DAC）。

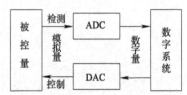

图 7-1　用数字电路处理模拟信号的系统框图

为了保证数据处理结果的准确性，ADC 和 DAC 必须有足够的转换精度。同时，为了适应快速过程的控制和检测的需要，ADC 和 DAC 还必须有足够快的转换速度。因此，转换精度和转换速度是衡量 ADC 和 DAC 性能的主要指标。

7.2　数/模转换器（DAC）

数/模转换器的功能是把输入的数字信号转换成随时间连续变化的模拟信号并输出。

图7-2为 D/A 转换器的原理图，它的基本组成可分为四个部分：译码网络，模拟电子开关，求和运算放大器和基准电压源 V_{REF}。

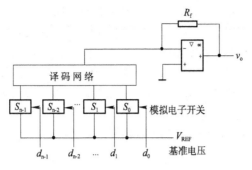

图 7-2 D/A 转换器的原理图

D/A 转换器的基本工作原理是对电流求和。图 7-2 中，输入的数字信号是 n 位二进制数，将它作为电子开关的控制信号。如果某一位为 1，则开关相对应的支路接通，使得总电流中包含此支路电流。如果某一位为 0，则断开对应的支路，总电流中不包含此支路电流。运算放大器将各支路电流求和，实现数字信号到相应模拟信号的转换。一个 n 位二进制数 $D=d_{n-1}d_{n-2}\cdots d_1d_0$，$D$ 也可以按位权展开为十进制数

$$D=d_{n-1}\times 2^{n-1}+d_{n-2}\times 2^{n-2}+\cdots+d_1\times 2^1+d_0\times 2^0 \tag{7-1}$$

D/A 转换器的输出量是和输入的数字量成正比的模拟量 A。即

$$A=KD=K\left(d_{n-1}\times 2^{n-1}+d_{n-2}\times 2^{n-2}+\cdots+d_1\times 2^1+d_0\times 2^0\right) \tag{7-2}$$

运算放大器将代表各位权值的各个模拟量相加求和，得到与输入数字量大小成正比的模拟量信号，从而实现数字量向模拟量的转换。

D/A 转换器通常根据译码网络的不同，分为多种类型，如 T 型电阻网络型，倒 T 型电阻网络型和权电流型等。

7.2.1 T 型电阻网络 D/A 转换器

一个多位二进制数中每一位 1 所代表的数值大小称为这一位的权。如果一个 n 位二进制数用 $D_n=d_{n-1}d_{n-2}\cdots d_1d_0$ 表示，那么最高位到最低位的权依次为 2^{n-1}，2^{n-2}，$\cdots$，2^1，2^0。最高位简写为 MSB，最低位简写为 LSB。

图 7-3 为 4 位 T 型电阻网络 D/A 转换器的原理图，它由权电阻网络、4 个模拟开关、基准电压和求和放大器组成。

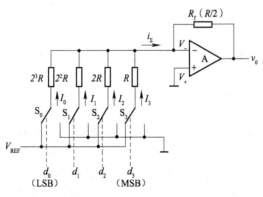

图 7-3 4 位 T 型电阻网络 D/A 转换器原理图

S_3、S_2、S_1、S_0 是四个电子开关，其状态分别由输入代码 d_3、d_2、d_1、d_0 的取值来控制。代码为 1 时，开关接到基准电压 V_{REF} 上，代码为 0 时，开关接地。故 d_i 为 1 时，有支路电流 I_i 流向求和放大器，d_i 为 0 时，支路电流为零。

求和放大器是一个接成负反馈的运算放大器。为了简化分析运算，设运算放大器为理想放大器。即它的开环放大倍数为无穷大，输入电流为零（输入电阻无穷大），输出电阻为零。

根据理想运算放大器虚短、虚断的概念，只要输入电压使 V_- 稍高于 V_+，便在输出端产生负的输出电压 v_o，v_o 经 R_f 反馈到 V_- 端，使 V_- 降低，其结果必然使 $V_- \approx V_+ = 0$、$V_i = 0$、$I_+ = I_- = 0$。在上述条件下可得到

$$v_o = -R_f i_\Sigma = -R_f (I_3 + I_2 + I_1 + I_0) \qquad (7\text{-}3)$$

各支路电流为

$$I_3 = \frac{V_{REF}}{R} d_3 \qquad (d_3 = 1 \text{ 时，} I_3 = \frac{V_{REF}}{R}; \ d_3 = 0 \text{ 时，} I_3 = 0)$$

$$I_2 = \frac{V_{REF}}{2R} d_2$$

$$I_1 = \frac{V_{REF}}{2^2 R} d_1$$

$$I_0 = \frac{V_{REF}}{2^3 R} d_0$$

将 I_3、I_2、I_1、I_0 代入（7-3）式，取 $R_f = R/2$，则得到

$$v_o = -\frac{V_{REF}}{2^n} (d_{n-1} 2^{n-1} + d_{n-2} 2^{n-2} + \cdots + d_1 2^1 + d_0 2^0) \qquad (7\text{-}4)$$

上式表明，输出的模拟电压正比于输入的数字量 D_n，从而实现了数字量到模拟量的转换。

当 $D_n = 0$ 时，$v_o = 0$，当 $D_n = 11\cdots 11$ 时，$v_o = -\frac{2^n - 1}{2^n} V_{REF}$，故 v_o 的变化范围为 $0 \sim \frac{2^n - 1}{2^n} V_{REF}$。

从式（7-4）中还可以看到，在 V_{REF} 为正电压时输出 v_o 始终为负值。要想得到正的输出电压，可将 V_{REF} 取负值。

T 型电阻网络 D/A 转换器的优点是电路结构简单，电阻元件数量少。缺点是各电阻的阻值相差较大，尤其是输入信号的位数较多时，这个问题就更加突出。例如，当输入信号增加到 8 位时，若 T 型电阻网络中最小的电阻 $R = 10\text{k}\Omega$，那么最大的电阻值将达到 $2^7 R = 1.28\text{M}\Omega$。若想在极为宽广的阻值范围内保证每个电阻都有很高的精度是十分困难的，尤其对制作集成电路更加不利。

7.2.2 倒 T 型电阻网络 D/A 转换器

为了解决 T 型电阻网络 D/A 转换器中电阻值相差悬殊的问题，产生了图 7-4 所示的倒 T 型电阻网络 D/A 转换器。

从图 7-4 可以看出，倒 T 型电阻网络 D/A 转换器电路的结构也很简单，所用的电阻数量比 T 型转换器稍多一些，但电阻值只有 R 和 $2R$ 两种，便于制作集成电路。

由 D/A 转换器的基本原理，求图 7-4 中 4 位倒 T 型电阻网络的各支路电流。根据理想运算放大器虚地的概念，$V_- = V_+ = 0$。这样，无论模拟开关接通哪个位置，都相当于接地，则流过每条支路的电流保持不变，其电阻网络的等效电路如图 7-5 所示。

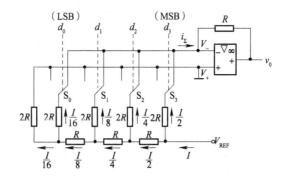

图 7-4   4 位倒 T 型电阻网络 D/A 转换器原理图

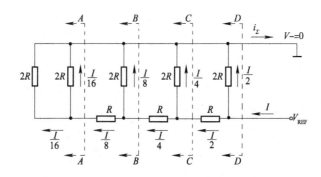

图 7-5   4 位倒 T 型电阻网络的等效电路

由图 7-5 可以看出,无论从四条支路的哪级端口看去,其等效电阻均为 R,总电流 $I=\dfrac{V_{\text{REF}}}{R}$,各条支路电流为

$$I_3=\frac{I}{2} \qquad I_2=\frac{I_3}{2}=\frac{I}{2^2} \qquad I_1=\frac{I_2}{2}=\frac{I}{2^3} \qquad I_0=\frac{I_3}{2}=\frac{I}{2^4}$$

由于输入的数字量不同, 开关 S_3、S_2、S_1、S_0 的状态受输入代码 d_3、d_2、d_1、d_0 的控制, 当代码值为 1 时, 相应的开关将电阻接到运算放大器的反相输入端;当代码值为 0 时, 相应的开关将电阻接到运算放大器的同相输入端。因此

$$i_\Sigma=\frac{I}{2}d_3+\frac{I}{2^2}d_2+\frac{I}{2^3}d_1+\frac{I}{2^4}d_0=\frac{V_{\text{REF}}}{2^4R}(d_3\times2^3+d_2\times2^2+d_1\times2^1+d_0\times2^0)$$

输出电压可表示为

$$v_o=-i_\Sigma R=-\frac{V_{\text{REF}}}{2^4}(d_3\times2^3+d_2\times2^2+d_1\times2^1+d_0\times2^0)$$

若为 n 位的 D/A 转换器, 则 v_o 的表达式为

$$v_o=-\frac{V_{\text{REF}}}{2^n}(d_{n-1}2^{n-1}+d_{n-2}2^{n-2}+\cdots+d_12^1+d_02^0)=-\frac{V_{\text{REF}}}{2^n}D_n \qquad （7-5）$$

倒 T 型电阻网络 D/A 转换器的特点是:电阻阻值差别小, 便于制成集成电路;模拟开关在虚地和地之间转换, 不论开关状态如何变化, 各支路电流始终不变, 因此, 不需要电流建

立时间;各支路电流直接流入运算放大器的输入端,不存在传输时间差,因而提高了转换速度,并减小了动态过程中输出电压的尖峰脉冲。

倒 T 型电阻网络 D/A 转换器是目前生产的 D/A 转换器中速度较快的一种,也是用得最多的一种。

7.2.3 集成 D/A 转换器及其主要技术参数

1. 集成 D/A 转换器

目前使用的 D/A 转换器都是集成电路,而且许多 D/A 转换器都把一些外围器件也集成到芯片的内部。集成 D/A 转换器的内部基本结构框图如图 7-6 所示。

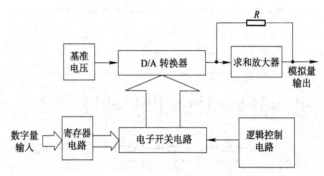

图 7-6　DAC 的内部结构框图

DAC 电路的主要结构特征是:内部带有基准电压源,输出放大器可实现模拟电压的单极性和双极性输出,有输入锁存器,有的一个芯片中集成几个 D/A 转换器。根据转换精度的不同,DAC 有 8 位到 16 位的 D/A 转换器,位数越多转换精度越高,价格也越高。

常用 DAC0830 系列（0830/0831/0832）是具有 8 位分辨率,双缓冲结构的 D/A 转换器,内部主要由 8 位输入锁存器、8 位 DAC 寄存器、8 位 D/A 转换器和转换控制电路构成。采用 20 脚双列直插封装。主要特性参数如下:

（1）8 位分辨率;

（2）电流稳定时间为 1μs;

（3）可单缓冲,双缓冲或直接数字输入;

（4）只需在满量程下调整线性度;

（5）单电源供电（+5～+15V）;

（6）低功耗（200mW）。

主要特点是:

（1）有两级锁存控制功能,能实现多通道 D/A 的同步输出。

（2）内部无基准电压源,使用时必须外接基准电压源。

（3）电流输出型,要获得模拟电压输出,需外接转换电路。运用运算放大器实现加法运算,使第一级电压输出增加一个偏移值,可实现双极性输出。典型的两级运算放大器构成的模拟电压输出变换电路如图 7-7 所示。

图中 a 点输出为单极性模拟电压,从 b 点输出为双极性模拟电压。若基准电压为+5V,则 a 点输出电压为-5～0V, b 点输出电压为 ±5V。

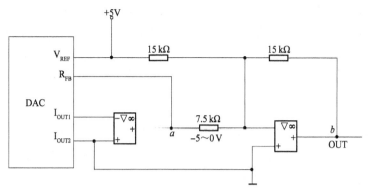

图 7-7　模拟电压输出变换电路

DAC0830 系列引脚图如图 7-8 所示,各引脚功能如下:

$D_0 \sim D_7$:8 位数据输入线。

$\overline{ILE}$:数据允许锁存信号,低电平有效。

$\overline{CS}$:输入寄存器选择信号,低电平有效。

$\overline{WR_1}$:输入寄存器写选通信号,低电平有效。

$\overline{XFER}$:数据传递信号,低电平有效。

$\overline{WR_2}$:DAC 寄存器写选通信号。

V_{REF}:基准电源输入引脚。

R_F:反馈信号输入引脚。

I_{OUT1}、I_{OUT2}:电流输出引脚,电流 I_{OUT1} 与 I_{OUT2} 的和为常数,I_{OUT1}、I_{OUT2} 随 DAC 寄存器的内容线性变化。

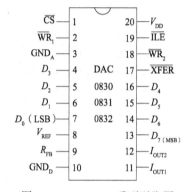

图 7-8　DAC0830 系列引脚图

V_{DD}:电源输入引脚。

GND_A:模拟信号地。

GND_D:数字信号地。

图 7-9 为 DAC0832 的内部功能框图。

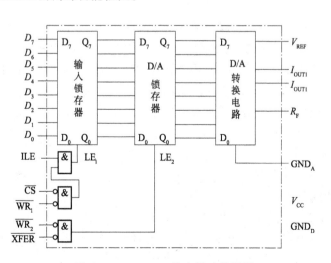

图 7-9　DAC0832 的内部功能框图

输入锁存器的锁存信号 LE_1 由 ILE、$\overline{CS}$、$\overline{WR_1}$ 的逻辑组合产生，当 ILE 为高电平，$\overline{CS}$ 为低电平，$\overline{WR_1}$ 输入负脉冲时，LE_1 为高电平，输入锁存器的状态随数据输入线的状态而变化，LE_1 的负跳变将数据线上的信号锁入输入锁存器。DAC 锁存器的锁存信号 LE_2 由 $\overline{XFER}$、$\overline{WR_2}$ 的逻辑组合产生。当 $\overline{XFER}$ 为低电平，$\overline{WR_2}$ 输入负脉冲时，LE_2 产生正脉冲，LE_2 为高电平时，DAC 锁存器的输出和输入锁存器的状态一致。IE_2 负跳变时，输入锁存的内容存入 DAC 锁存器。

DAC0832 内部的两个锁存器，可以构成对输入数据的不同控制方式。

（1）无缓冲输入方式。无缓冲输入方式是指输入数据不需要任何控制，直接送到 D/A 转换电路的输入端，使两个锁存器的使能信号一直有效。两个锁存器都处于常通状态，可实现无缓冲方式，其连接方式如图 7-10 所示。

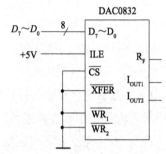

图 7-10 DAC0832 的无缓冲输入模式

（2）单缓冲输入方式。单缓冲输入方式指输入数据只受一个锁存器的锁存，另一个锁存器处于常通状态，或者两个锁存器同时锁存或打开。在单缓冲方式下，输入数据只能在控制信号有效期间通过受控制的锁存器，其连接方式如图 7-11 所示。只有在 $\overline{CS}$ 和 $\overline{WR}$ 均为低电平时，输入数据才进入 D/A 转换电路的输入端。

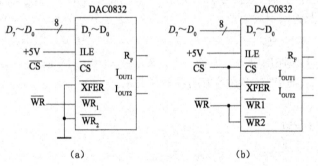

(a)　　　　　　　　　(b)

图 7-11 DAC0832 的单缓冲输入模式

（3）双缓冲输入模式。双缓冲输入模式指输入数据受两个锁存器的锁存。在双缓冲方式下，输入数据只能在两个锁存器的控制信号均有效时才能进入 D/A 转换电路的输入端。其连接方式如图 7-12 所示。当 $\overline{CS}$ 为低电平且 ILE 为高电半时，输入数据通过第一个锁存器进入到第二个锁存器的输入端。这时，如果 $\overline{WR}$ 为低电平，则已经通过第一个锁存器的数据通过第二个锁存器进入 D/A 转换电路的输入端。

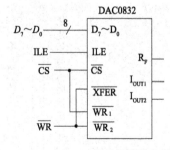

图 7-12 DAC0832 的双缓冲输入模式

2. 主要技术参数

从对 D/A 转换器基本原理的分析可知，D/A 转换的结果，不仅与数字量的大小 D 有关，还与数字量的位数 n 和基准电压源 V_{REF} 有关。在基准电压 V_{REF}、数字量 D 大小一定的情况下，数字量的位数 n 越多，D/A 转换能分辨的最小电压越小，分辨率越高。但位数越多，电阻网络越大，硬件的开销越大。另外，在数字量 D 和数字量的位数 n 一定的情况下，基准电压 V_{REF} 越大，输出电压越大，更能适应大电压输出的需要。同时，输出电压的大小还受到运算放大器的性能指标以及电阻、模拟开关等因素的影响。对 D/A 转换器来说，主要用转换精度和转换速度来衡量其性能。

1）转换精度

在 D/A 转换器中，一般用分辨率和转换误差描述转换精度。

（1）分辨率。用 D/A 转换器所能分辨的最小输出电压 V_{LSB}（输入数字代码最低有效位为 1，其他均为零时）与满刻度输出电压 V_m（输入数字代码各位均为 1 时）之比来表示，即

$$分辨率 = \frac{V_{LSB}}{V_m} = \frac{1}{2^n - 1} \tag{7-6}$$

从理论上讲，当 V_m 一定时，输入代码的位数 n 越多，分辨率的值越小，分辨能力越高。所以也常用输入二进制数码的位数给出分辨率。例如，DAC0832 是 8 位 D/A 转换器，它的分辨率是 $\frac{1}{2^8 - 1} = \frac{1}{255}$。若基准电压为 +10V，则最低有效位（LSB）对应的输出模拟电压（又称最小输出电压增量）约为 $\frac{1}{2^8 - 1}V_{REF} = \frac{1}{255}V_{REF} \approx 39 \text{ mV}$

然而，由于 D/A 转换器的各个环节的参数、性能与理论值之间不可避免地存在差异，所以实际上达到的转换精度要由转换误差来决定。

（2）转换误差。这是由各种因素（如译码网络电阻值的偏差，模拟开关的导通内阻和导通压降，求和运算放大器的零点漂移和基准电压源的波动）在转换过程中引起误差的一个综合性指标，也可称为线性误差。它表示实际的 D/A 转换特性和理想的转换特性之间的最大偏差。线性误差一般用最低有效位的倍数表示。例如，给出 DAC0832 转换误差为 1LSB，就表示输出模拟电压和理论值之间的绝对误差小于等于当输入为 00…01 时的输出电压 39 mV。

此外，也可以用输出电压满刻度 FSR（Full Scale Range 的缩写）的百分数表示输出电压误差绝对值的大小。

2）转换速度

通常用建立时间 test 来定量描述 D/A 转换器的转换速度，建立时间 test 是指从数码输入开始，直到模拟电压稳定输出且与稳态值相差 LSB/2 范围以内这段时间。所以输入的数字量变化越大，建立时间越长。一般在产品说明书中给出的都是输入由全 0 变全 1（或由全 1 变全 0）时的建立时间。目前在不包含运算放大器的单片集成 D/A 转换器中，建立时间最短的可达到 0.1μs 以内。在包含运算放大器的单片集成 D/A 转换器中，建立时间最短的可达到 1.5μs 以内。DAC0832 的建立时间为 1μs。

用外加运算放大器组成完整的 D/A 转换器时，完成一次转换的全部时间应包括建立时间和运算放大器的上升时间（或下降时间）两部分。若运算放大器输出电压的转换速度为 S_R（即输出电压的变化速度，也称压摆率），则完成一次 D/A 转换的最大转换时间为 $T_{TR}(max) = t_s + u_o(max)/S_R$，其中，$u_o(max)$ 为输出模拟电压最大值。若选用 μA741 运算放大器，其压摆率 $S_R = 0.7 \text{ V/μs}$。

7.3 模/数转换器（ADC）

A/D 转换器的功能是在规定的时间内（转换时间）把模拟信号在时刻 t 的幅度值（电压值）转换为一个相应的数字量。

7.3.1 A/D 转换器的基本原理

由于模拟信号在时间上是连续的，数字信号是离散的，A/D 转换的过程是：将连续变化的模拟电压信号通过保持电路变成时间上离散的电压值，然后通过保持电路保证在规定的时间内使该模拟电压值稳定不变，并且在规定的时间内将离散的各段模拟电压值变成数字量后，按一定的编码形式输出。其转换过程如图 7-13 所示。

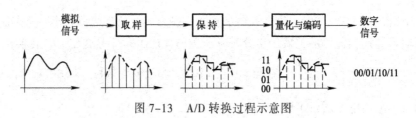

图 7-13 A/D 转换过程示意图

1. 取样与保持

取样就是将输入的连续时间模拟信号转变为离散时间的模拟信号。取样的过程就是用取样脉冲控制一个开关，使输入模拟信号被取样脉冲分隔成离散的模拟信号，如图 7-14 所示。对于一个频率有限的模拟信号，可以由取样定理确定取样脉冲的频率。

$$f_s \geqslant 2f_i(\text{max})。 \tag{7-7}$$

式中，f_s 为取样脉冲频率，$f_i(\text{max})$ 为输入模拟信号频率的上限值。

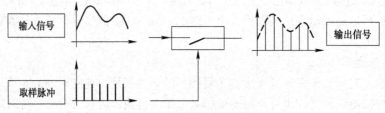

图 7-14 取样原理示意图

由于取样时间极短，取样输出为一串断续的窄脉冲。而要把一个取样信号数字化需要一定的时间，因此，在前后两次取样之间，应将取样得到的模拟信号暂时保存起来，以便将它们数字化。我们把每次的取样值存储到下一个取样脉冲到来之前称为保持。

图 7-15（a）为集成取样-保持电路 LF198 的原理图。A_1、A_2 分别为输入和输出运算放大器，S 是模拟开关，L 是控制 S 状态的逻辑单元。

V_L 和 V_{REF} 是逻辑单元的两个输入电压信号，当 $V_L > V_{\text{REF}} + V_{\text{TH}}$ 时，S 闭合，开始取样。而当 $V_L < V_{\text{REF}} + V_{\text{TH}}$ 时，S 断开，取样结束。V_{TH} 称为阈值电压，约为 1.4V。D_1、D_2 组成保护电路，防止 A_1 的输出进入饱和状态使开关 S 承受过高电压。V_L 为开关控制信号，C_H 为保持电容。为了使电路不影响输入信号源，要求 A_1 具有很高的输入阻抗；为了在保持阶段使 C_H 不

易泄放电荷，要求 A_2 也具有很高的输入阻抗，同时作为输出级的 A_2 还必须具有很低的输出阻抗。为此，A_1，A_2 均工作在单位增益的电压跟随器状态。

图 7-15（b）所示为 LF198 的典型接法。由于 $V_{REF}=0$，而且设 V_L 为 TTL 逻辑电平，则 $V_L=1$ 时，S 闭合，$V_L=0$ 时，S 断开。

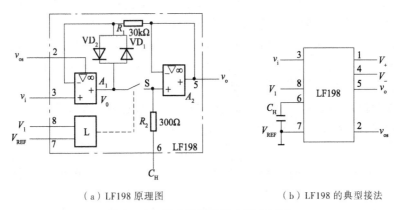

（a）LF198 原理图　　　　　（b）LF198 的典型接法

图 7-15　集成取样保持电路 LF198

取样时，$V_L=1$，S 闭合，A_1，A_2 均为工作在单位增益的电压跟随器状态，所以有 $v_o=v_i$，如果 R_2 的引出端与地之间接入电容 C_H，那么电容 C_H 上的电压稳态值也为 v_i。

取样结束时，$V_L=0$，S 断开。由于 A_2 的输入阻抗很高，C_H 上的电压基本保持不变，所以输出电压 v_o 的电位维持 v_i 不变。当下一个取样控制信号到来后，S 又闭合，电容 C_H 上的电压又跟随此时的 v_i 而变化。

2. 量化与编码

数字信号不仅在时间上是离散的，在数值上的变化也是不连续的，这就是说，任何一个数字量的大小，都是以某个最小数量单位的整数倍来表示的。因此，在用数字量表示取样电压时，也必须把取样电压化成这个最小数量单位的整数倍，这个转化过程称为量化。所规定的最小数量单位称为量化单位，用 Δ 表示。显然，数字信号最低有效位（LSB）的"1"所代表的数量大小就等于 Δ。把量化的数值用二进制代码表示，称为编码。这个二进制代码就是 A/D 转换的输出结果。

既然模拟电压是连续的，那么它就不一定能被 Δ 整除，因而不可避免地会引入误差。我们把这种误差称为量化误差。在把模拟电压信号划分为不同的量化等级时，用不同的划分方法将得到不同的量化误差。

将模拟电压的最大值 2^n 等分，得到对应的 2^n 个量化电压值，并对这些量化值进行编码。大于某量化值而小于另一个相邻量化值的模拟电压，都量化为该值。例如，把 $0\sim+1$V 的模拟电压用三位二进制代码表示，取量化单位 $\Delta=\dfrac{1}{8}$V。其量化编码与电压值的对应关系如图 7-16（a）所示。

可以看出，这种编码方式所产生的最大量化误差为 Δ，即 1/8V。例如，某个离散电压值为 5.99/8V，虽然离 6/8V 很近，量化为 $6\Delta=6/8$V 更合理一些，但按照这种量化编码的方法规定，它属于 6/8V 与 5/8V 之间的值，只能量化为 $5\Delta=5/8$V，误差接近一个 Δ，即 1/8V。

另一种量化编码方法如图 7-16（b）所示，将模拟电压的最大值 2^{n+1} 等分，得到对应的 2^{n+1} 个量化电压值，但对相隔的一个量化值编码，而将相邻两个量化值范围内的模拟电压量化为该值。例如，将 0～+1V 电压经 2^4=16 等分后，分为 1V，14/15V，13/15V…2/15V，1/15V，0V 共 16 个量化值，取 14/15V，12/15V，10/15V，8/15V，6/15V，4/15V，2/15V，0 作为编码的对应值，而将 1～14/15V，1/15V～0 之间的模拟电压值分别量化为 111 和 000，把与 12/15V 相邻的 13/15V，11/15V 之间的模拟电压值量化为 6Δ=12/15V，对应编码为 110。可以看出，这种编码方式的 Δ=2/15V，最大误差可达 1/15V。例如，某个电压正好为 11/15V，如果量化为 6Δ=12/15V，与实际相差 1/15V，如果量化为 5Δ=10/15V，与实际值也相差 1/15V。因此，这种量化编码方案的最大量化误差为 $\Delta/2$。

比较以上两种方案可以看出，后一种方案的量化误差比前一种方案小一倍，因此，在工程实际中常使用后一种量化编码方案。

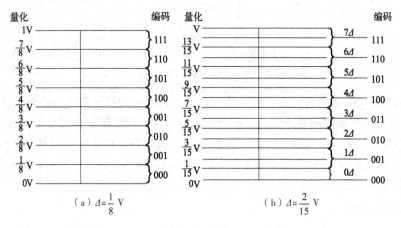

图 7-16 编码与电压值的对应关系

3. A/D 转换器的分类

A/D 转换器的种类很多，但从转换过程看可以分成两大类。一类是直接 A/D 转换器，采用比较计数的方法，把模拟电压直接转换成数字代码输出；另一种为间接 A/D 转换器，采用将输入的模拟电压信号转换成一个中间变量（时间或频率），然后再将中间变量转换成数字代码的方式。A/D 转换器的分类大致归纳如下：

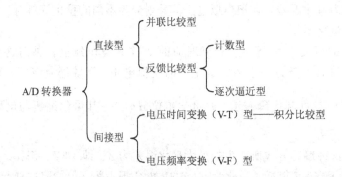

下面介绍两种常用的 A/D 转换器：逐次逼近型 A/D 转换器和积分比较型 A/D 转换器。

7.3.2　逐次逼近型 A/D 转换器

逐次逼近型 A/D 转换器的转换过程类似于用天平称重的过程。假设砝码的重量满足二进制数的关系，即一个比一个重量小一半。称重时，将各种重量的砝码从大到小逐一放在天平上加以试探，经比较确定取舍，一直到天平基本平衡为止。二进制砝码的重量之和即表示被称物体的重量。

图 7-17 为逐次逼近型 A/D 转换器的工作原理框图。它由寄存器、D/A 转换器、电压比较器、顺序脉冲发生器及相应的控制电路组成。

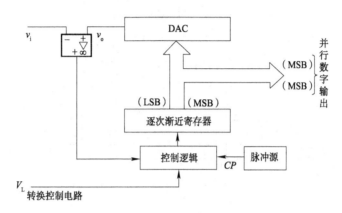

图 7-17　逐次逼近型 A/D 转换器的工作原理框图

转换开始前先将寄存器清零，加给 DAC 的数字信号也是零。转换控制信号 V_L 为高电平时开始转换。在时钟脉冲 CP 的作用下，首先，将寄存器的最高位置 1，使寄存器输出为 100…00，这个数字量经 DAC 电路被转换成模拟电压 v_o，送到比较器与输入电压 v_i 进行比较。如果 $v_o > v_i$，说明数字过大，应将这个数消除；如果 $v_o \leqslant v_i$，说明数字不够大，应将这个数保留。然后，再将次高位置 1，并按上述方法确定这位的 1 是否保留。这样逐位比较下去，直到最低位为止。这时寄存器里的数码就是所求的输出数字量。

根据上述原理构成的 3 位逐次逼近型 A/D 转换器的逻辑电路如图 7-18 所示。

图 7-18 中，三个同步 RS 触发器 F_A、F_B、F_C 作为寄存器，$FF_1 \sim FF_5$ 构成的环形计数器作为顺序脉冲发生器，控制电路由门电路 $G_1 \sim G_9$ 组成。

设参考电压 $V_{REF} = 5V$，待转换的模拟电压 $u_i = 3.2$ V。工作前先将寄存器 F_A、F_B、F_C 清零，同时将环形计数器置成 $Q_1Q_2Q_3Q_4Q_5 = 10000$ 状态。转换控制信号 V_L 变成高电平以后，转换开始。

（1）第一个 CP 脉冲的上升沿到来时，因为 $Q_1 = 1$，所以 $CP = 1$ 期间 F_A 被置 1，F_B、F_C 保持 0 状态。这时寄存器的状态为 $Q_AQ_BQ_C = 100$，并加到三位 D/A 转换器的输入端，在 D/A 转换器的输出端得到相应的模拟电压 $v_o = 5 \times 2^{-1}$ V = 2.5 V。因为 $v_o < v_i$，比较器的输出 $V_B = 0$ 为低电平。同时环形计数器的状态为 $Q_1Q_2Q_3Q_4Q_5 = 01000$。

（2）第二个 CP 脉冲的上升沿到来时，因为 $Q_2 = 1$，所以 F_B 被置 1。由于 $V_B = 0$ 为低电平，封锁了与门 G_1，Q_A 保持 1 状态。因此，$Q_AQ_BQ_C = 110$，经 D/A 转换器转换后得到相应的模拟电压 $v_o = 5 \times (2^{-1} + 2^{-2})$ V = 3.75 V。因为 $v_o > v_i$，比较器的输出 $V_B = 1$ 为高电平。同时环形计数器的状态为 $Q_1Q_2Q_3Q_4Q_5 = 00100$。

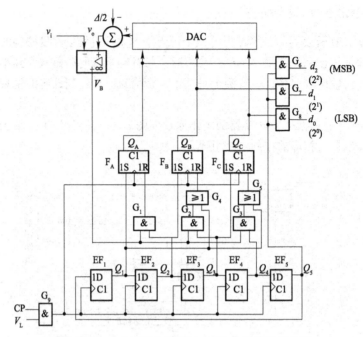

图 7-18　3 位逐次逼近型 A/D 转换器的逻辑电路

（3）第三个 CP 脉冲的上升沿到来时，因为 $Q_3=1$，所以 F_C 被置 1。由于 $V_B=1$，与门 G_2 被打开，Q_3 通过门 G_2 使 F_B 置 0，此时由于 $Q_1=Q_2=0$，故 F_A 保持原状态。$Q_A Q_B Q_C=101$，经 D/A 转换后得到相应的模拟电压 $v_o=5 \times (2^{-1}+2^{-3})=3.125V$。因为 $v_o < v_i$，比较器输出 $V_B=0$ 为低电平。同时环形计数器的状态为 $Q_1 Q_2 Q_3 Q_4 Q_5=00010$。

（4）第四个 CP 脉冲的上升沿到来时，由于比较器的输出 $V_B=0$，封锁了与门 $G_1 \sim G_3$，而且 $Q_1 \sim Q_3$ 均为 0，故 F_A、F_B、F_C 保持原状态，即 $Q_A Q_B Q_C=101$。同时，环形计数器的状态为 $Q_1 Q_2 Q_3 Q_4 Q_5=00001$。$Q_5=1$，打开三态门，输出转换器结果 $d_2 d_1 d_0= Q_A Q_B Q_C=101$。

（5）第五个 CP 脉冲的上升沿到来时，环形计数器的状态为 $Q_1 Q_2 Q_3 Q_4 Q_5=10000$，返回初始状态。同时，因为 $Q_5=0$，门 $G_6 G_7 G_8$ 被封锁，转换输出信号消失。

常用的逐次逼近型 A/D 转换器有 8、10、12 和 14 位等，其优点是精度高、转换速度快。由于它的转换速度快，简化了与计算机的同步，所以常常用做微机接口。

7.3.3　双积分型 A/D 转换器

积分比较型 A/D 转换器主要利用电容的充放电原理，将电压参数转换为时间参数再利用计数器对时间进行统计，得到对应的时间，可以证明，这个时间与输入模拟电压成正比，则计数器所计的时间数值即为输入模拟电压的数字量编码。

双积分 A/D 转换器的工作原理框图如图 7-19 所示。它由基准电压 $-V_{REF}$、积分器 A、过零比较器 C、计数器、控制电路和控制开关组成。其中，开关 S_1 由控制逻辑电路的状态控制，将被测模拟电压 v_i 和基准电压 $-V_{REF}$ 分别接入积分器 A。过零比较器 C 用来监测积分器输出电压的过零时刻，其输出 V_B 控制计数器工作。

双积分 A/D 转换器在一次转换过程中进行两次积分，如图 7-20 所示。

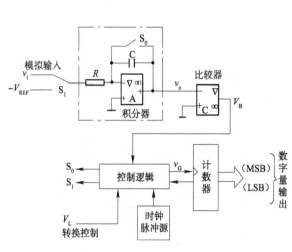

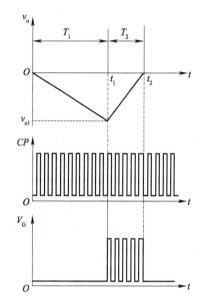

图 7-19 双积分型 A/D 转换器的工作原理框图　　图 7-20　双积分 A/D 转换器的电压波形图

第一次积分为取样阶段。控制逻辑电路使开关 S_1 接至 v_i，在固定时间 T_1 内进行积分，积分结束时积分器的输出电压 v_{o1} 与 v_i 的大小成正比。

$$v_{o1}(t) = -\frac{1}{RC}\int_0^{T_1} v_i \mathrm{d}t = -\frac{v_i}{RC}T_1 \qquad (7\text{-}8)$$

当取样结束时，通过控制逻辑电路使开关 S_1 改接到 $-V_{REF}$ 上。

第二次积分为比较阶段。积分器对基准电压 $-V_{REF}$ 进行反向积分，同时计数器开始计数。积分器的输出 v_{o2} 由 $-v_i T_1/RC$ 开始回升，经时间 T_2 后回到零。比较器输出为 0，停止计数，比较结束。比较阶段的时间 T_2 与采样结束时积分器的输出 v_{o1} 成正比

$$v_{o2}(t) = v_{o1}(t) - \frac{1}{RC}\int_{t_1}^{t_2}(-V_{REF})\mathrm{d}t = 0 \qquad (7\text{-}9)$$

而 $$-\frac{1}{RC}\int_{t1}^{t2}(-V_{REF})\mathrm{d}t = \frac{V_{REF}}{RC}T_2$$

所以 $$\frac{v_i}{RC}T_1 = \frac{V_{REF}}{RC}T_2$$

即 $$T_2 = \frac{v_i}{V_{REF}}T_1 \qquad (7\text{-}10)$$

因为 V_{REF} 为常数，所以计数器对时间 T_2 的计数值即为 v_i 的数字量编码。

图 7-21 所示为双积分 A/D 转换器的逻辑电路。转换开始前，转换器控制信号 $V_L=0$，将 n 位二进制计数器和附加计数器 FF_A 均置 0，同时 S_0 闭合，积分电容 C 充分放电。当 $V_L=1$ 后，S_0 断开，S_1 接入输入信号 v_i，转换开始。

第一次积分：积分器在固定时间 T_1 内对 v_i 进行积分。积分开始时，因为 $v_o \le 0$，比较器输出 $V_B=1$，门 G 打开，计数器以周期为 T_C 的时钟脉冲从 0 开始计数，当计到最大容量 $N_1=T_1$ 时，计数器回到 0 状态，同时附加触发器 FF_A 的输出 $Q_A=1$，S_1 转接到基准电源 $-V_{REF}$ 上，第一次积分结束。此时

$$T_1=N_1T_C=2^nT_C \qquad\qquad (7\text{--}11)$$

因为 2^nT_C 不变，所以 T_1 是固定值。

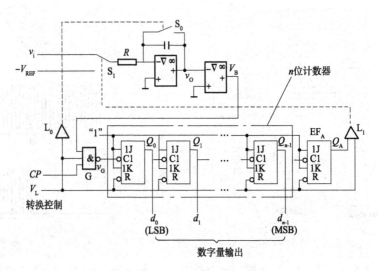

图 7-21　双积分 A/D 转换器的逻辑电路

第二次积分：将第一次积分获得的取样电压转换成时间参量 T_2。由于开关 S_1 接至 $-V_{REF}$ 上，积分器开始反向积分，计数器又开始从 0 计数，经时间 T_2 后积分电压上升至 0。比较器输出 V_B 为低电平，将门 G 封锁，计数器停止计数，转换结束。

在 T_2 时间内计数器所计的数 N_2 为

$$N_2=\frac{T_2}{T_C}=\frac{T_1 v_i / V_{REF}}{T_C}=\frac{2^n}{V_{REF}}v_i \qquad\qquad (7\text{--}12)$$

N_2 与输入电压 v_i 在 T_1 时间内的平均值成正比。只要 $v_i < V_{REF}$，转换器就可以将模拟电压转换成数字量。当 $V_{REF}=2^nV$ 时，$N_2=v_i$，计数器所计的数在数值上就等于被测电压。

积分型 A/D 转换器的基本原理就是利用不同幅度输入信号电压在相同时间内积分结果不同，使得放电时间不同，通过记录放电时间，形成与输入电压成比例的数字信号。

积分型 A/D 转换器具有直接利用数字电路控制积分器，不使用专用 A/D 转换电路的优点和抗干扰能力强的优点。缺点是转换时间长。

7.3.4　集成 A/D 转换器及其主要技术参数

1. 集成 A/D 转换器

我们以常用集成 A/D 转换器——ADC0809 为例，介绍集成 ADC 的工作特点

ADC0809 是内部带有 8 路模拟信号选择开关,应用逐次比较原理制成的 8 位 A/D 转换器，其内部功能框图如图 7-22 所示。

ADC0809 可连接 8 路模拟信号（允许 8 路模拟信号输入），通过 3 位地址输入选择其中的一路分时进行 A/D 转换，转换结果为 8 位二进制数，最大值为 255。ADC0809 片内有带锁存功能的 8 路模拟开关、地址锁存译码器、256R 阶梯电阻、树状电子开关、逐次逼近寄存器

（SAR）、比较器、控制与时序等电路。

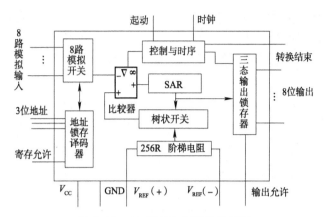

图 7-22　ADC0809 内部功能框图

主要特性参数如下：

（1）8 位分辨率。

（2）最大不可调误差小于+1LSB。

（3）单电源供电+5 V，模拟输入电压范围 0～+5V。

（4）功耗 15mW。

（5）转换速度取决于输入时钟频率。时钟频率范围 10～1 280 kHz，当时钟频率 CLK 为 500 kHz 时，转换速度为 128 μs。

（6）不必进行零点和满度调整。

ADC0809 的引脚图如图 7-23 所示。

各引脚的功能如下：

IN_0～IN_7：8 路模拟量输入端。

B_0～B_7：8 位数字量输出端。

START：启动信号控制端。下降沿启动 A/D 转换。

ALE：模拟量输入通道地址锁存信号控制端。上升沿锁存选通的模拟通道。

EOC：转换结束标志端。转换结束时，$EOC=1$。正在转换时 $EOC=0$。

OE：输出允许控制端。OE 为低电平，三态锁存器为高阻态，OE 为高电平，打开三态输出锁存器，将转换结果——数字量信号输出到数据总线上。

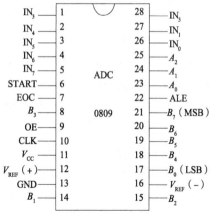

图 7-23　ADC0809 的引脚图

$V_{REF}(+)$、$V_{REF}(-)$：基准电压输入端。

CLK：时钟输入端。

V_{CC}：主电源输入端。

GND：接地端。

A_0、A_1、A_2：8 路模拟开关的三位地址选通输入端，其对应关系如表 7-1 所示。

表 7-1　地址输入与选通的通道的对应关系

地　　址　　码			对应的输入通道
A_0	A_1	A_2	
0	0	0	IN_0
0	0	1	IN_1
0	1	0	IN_2
0	1	1	IN_3
1	0	0	IN_4
1	0	1	IN_5
1	1	0	IN_6
1	1	1	IN_7

ADC0809 的工作过程如下：

（1）ALE 有效时，将通道选择数据 A_0、A_1、A_2 锁存，选通 8 路输入模拟信号的一路。

（2）启动信号 START 启动 A/D 转换。

（3）转换完成后，发出 EOC 转换结束信号。这时可以提供输出允许信号 OE，实现数字量输出。

ADC0809 的输出逻辑电平与 TTL 系列以及 5V 的 CMOS 系列兼容，可以形成 8 位数据接口电路。例如，直接连接到译码器电路对转换结果进行数字显示。也可以直接连接到单片机的数据接口。ADC0809 允许使用的最大时钟频率为 1 MHz。在 640 kHz 时，转换时间约为 120 μs。

2. 主要技术参数

1）分辨率

通常以输出数字量的位数表示分辨率的高低，因为数字量位数越多，对应的量化单位越小，对输入信号的分辨能力越高。

2）转换速度

A/D 转换器的转换速度可用转换时间和转换频率来表示。转换时间指完成一次转换所需要的时间；转换频率指单位时间内完成的转换次数。低速的 A/D 转换器完成一次转换需 1～30 ms，中速约需 50 μs，而高速为 50 ns 左右。

3）转换误差

转换误差反映了 A/D 转换器输出的数字量和理想输出数字量之间的差别，并用最低有效位的倍数表示。

本 章 小 结

1. A/D 转换器是现代数字系统中的重要组成部件。

2. 由于倒 T 型电阻网络只需两种阻值的电阻，最适合于集成工艺，集成 D/A 转换器普遍采用这种电路结构。模拟开关在虚地和地之间转换，无论开关状态如何，各支路电流始终不变。不需要电流建立时间，各支路电流直接流入运算放大器的输入端，转换速度快。

3. 逐次逼近型 A/D 转换器在集成单元电路中用得最多，使用方便，可直接与数字电路相连。

4. 双积分比较型 A/D 转换器虽然转换速度较低，但电路简单，抗干扰能力强，在低速系统中得到广泛应用。

5. 为了得到较高的转换精度，除了选用分辨率较高的 A/D、D/A 转换器之外，还应保证供电电源和基准电源有足够的稳定度，并尽量减小温度的变化。

思考题与习题

7-1. 模拟信号经过取样后是否就是数字信号？

7-2. 什么叫量化处理？

7-3. 如果信号的最高频率为 200Hz，问是否可以使用转换时间为 1 ms 的 A/D 转换器？

7-4. 如图 7-3 所示，T 型电阻网络 D/A 转换器中，若取 $V_{REF}=5V$，试计算当输入数字量 $d_3d_2d_1d_0 =0110$ 时，输出电压的大小。

7-5. 一逐次逼近型 8 位 A/D 转换器的参考电压 V_{REF} 为 5V，那么，当模拟输入电压为 0.3125V 时，进行 A/D 转换后的数字量输出是多少？

7-6. 在双积分型 A/D 转换器中，若 $|v_i|>|V_{REF}|$，问转换过程中将产生什么现象？

第8章

半导体存储器

半导体存储器几乎是当今数字系统中不可缺少的组成部分，它可用来存储大量的二值数据。按照集成度划分，半导体存储器属于大规模集成电路。

本章首先介绍半导体存储器分类方法、电路结构和工作原理，然后介绍一些简单的电路应用。

8.1 概　述

存储器用来存储二进制数，是计算机和一般数字系统必不可少的器件。目前大量使用的存储器有半导体存储器、磁盘存储器和光盘存储器。可编程逻辑器件是基于半导体存储器技术、微电子技术和计算机技术发展起来的复杂数字器件，可实现运用计算机对其编程、测试和仿真，以构成各种数字系统，是数字电子技术发展的新方向。

1. 半导体存储器的分类及特点

半导体存储器是能够存储大量二进制数据的半导体器件，不仅可以存储文字的编码数据，还可以存储声音和图像的编码数据，是组成电子计算机等数字系统的重要组成部分。

根据制造工艺的不同，存储器分为双极型存储器和 CMOS 存储器两大类。双极型存储器的存取速度快，但集成度低，一般用于对工作速度要求较高的场合。CMOS 存储器的存取速度较慢，但功耗低，集成度高，制作工艺简单，主要用于存储信息量大的场合。

根据存取信息的方式不同，存储器可分为三大类：顺序存取存储器、随机存取存储器和只读存储器。

顺序存取存储器（Sequential Access Memory，SAM）是指数据的写入或读出是按顺序进行的，即先进先出（FIFO）或先进后出（FILO）。

随机存取存储器（Random Access Memory，RAM）是指数据可以在任何时间写入到存储单元，或在任何时间从存储单元中读取数据。根据电路的结构不同，RAM 又可分为 SRAM（静态随机存储器）和 DRAM（动态随机存储器）。DRAM 的存储单元电路结构简单，集成度高，价格便宜，但需要刷新电路，大部分的 PC 机都使用 DRAM 存储器。SRAM 的存储单元电路复杂，集成度不高，但不需要刷新电路，速度快，使用简单。随机存储器既可读又可写，但断电后数据会消失。

只读存储器（Read-Only Memory，ROM）任何时候只能从存储单元中读出数据。只读存储器中的数据是在存储器生产时确定的，或事先用特殊工具写入的。写入 ROM 中的数据可以长期保留，断电也不会消失。

只读存储器中的数据如果由生产厂家一次写入，用户只能读出，这种存储器称为固定只读存储器。如果数据可以由用户通过特殊的写入器写入，这种存储器称为可编程只读存储器，简称 PROM。

数据可擦除的可编程只读存储器中，有用紫外线照射擦除数据的 EPROM，有用一定电压条件下擦除数据的电可擦除的可编程只读存储器 EEPROM。另外，近几年生产出的利用 MOS 管的一种新结构制成的新一代 EEPROM，称为快闪存储器（Flash Memory）。

2. 存储器的基本原理和主要技术指标

1）基本原理

存储器实现数据存取的基本原理如图 8-1 所示。

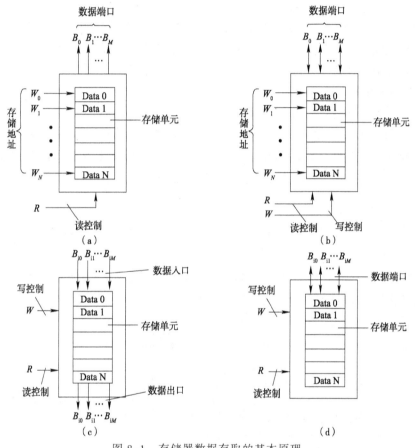

图 8-1　存储器数据存取的基本原理

存储器就像一个很多格子的容器，数据放在格子里，这些格子就是存储单元。每个存放数据的存储单元都有自己的编号 W_0、W_1、…、W_N，这些编号称为存储地址（又称字线）。存储单元和存储地址一一对应，各存储单元组成存储矩阵。存储在存储单元中的数据由多位二进制数组成，存储器按位存储数据，数据位的输入、输出线称为位线，如 B_1、B_2、…、B_M。存储器主要由存储矩阵、存储地址和读写控制三大部分组成。

图 8-1（a）中，数据是事先存好的，当读控制信号 R 有效时，根据当前指定的存储地址，对应存储单元中的数据将按位输出到数据端口。

图 8-1（b）中，数据可随时写入或读出。当读控制信号 R 有效而写控制信号 W 无效时，根据当前指定的存储地址，对应存储单元中的数据将按位输出到数据端口。当写控制信号 W

有效而读控制信号 R 无效时，根据当前指定的存储地址，数据端口上的数据将按位写入到对应的存储单元。

图 8-1（c）中，数据可随时写入或读出，但必须顺序写入或读出。当读控制信号 R 有效而写控制信号 W 无效时，最下面一个存储单元内的数据输出到数据端口。当写控制信号 W 有效而读控制信号 R 无效时，数据端口上的数据写入到最上面的一个空存储单元中，即先进先出。

图 8-1（d）中，数据也可随时写入或读出，但必须顺序写入或读出。当读信号 R 有效而写信号 W 无效时，最新存放的数据将输出到数据端口，当写信号 W 有效而读 R 信号无效时，数据端口上的数据将写到最上面的一个存储单元中，即先进后出。

从上面的分析看出，SAM 虽然没有存储地址线引脚，但并不意味着 SAM 没有存储地址。SAM 的存储地址隐含在存储器中，每当读出或写入数据后，内部的地址指针自动移动，指向下一个要写入或读出的存储单元。

2）主要技术指标

存储器的主要技术指标有存储容量和存储时间。

1）存储容量。存储容量指存储器的存储矩阵中能存放数据的多少。存储容量与存储器中存储单元的数量(字数)和每个数据的长度（位数）有关。一般把存储一位信息的单元称为基本存储单元，存储容量指存储器具有的基本存储单元的个数。

【例 8-1】一个存储器能存放 256 个数据，每个数据有 8 位，则该存储器的存储容量为 256 字 × 8 位=2048=2 K(1K=1024)。

一般将 8 位称为一个字节，也可称该存储器的存储容量为 256 字节(256 B)，或直接用 256 × 8 表示。

2）存取时间。存储器的存取时间指两次连续读取（或写入）数据之间间隔的时间，间隔时间越短，说明存取时间越短，存储器工作速度越高。

8.2　只读存储器

只读存储器用于存储不可随时更改的固定数据。数据经一定方法写入（存入）存储器后，就只能读出数据而不能随时写入新数据，数据可长期保存。只读存储器靠电路的物理结构存储数据，故断电后数据仍能保存，不会丢失。

8.2.1　固定只读存储器（ROM）

工厂根据要存储的数据设计掩膜板，采用掩膜工艺制造 ROM 器件。掩膜 ROM 器件出厂后，内部电路结构不能更改，存储的数据是固定的，所以称为固定 ROM，简称 ROM，一般是大批量生产，成本较低。

1）ROM 的组成

ROM 主要由三部分组成：存储矩阵、地址译码器和输出缓冲器。存储矩阵由大量存储单元电路按矩阵方式排列而成，每一个或者一组存储单元有一个对应的地址编码。地址译码器的作用是将输入地址代码转换成相应的控制信号，由这个信号从存储矩阵里选出(找到)对应的存储单元，并把其中的数据送到输出缓冲器。输出缓冲器的作用一是提高带负载能力，二是实现对输出端的三态控制，以便和总线连接。

2）ROM 的存储单元

ROM 的基本存储单元有二极管、晶体管和 MOS 管三种电路结构，如图 8-2 所示。

图 8-2（a）中，字线 WL 与位线 BL 之间接有二极管时，若字线被选通（WL=1），二极管导通，就可以从位线上读出 1；字线 WL 与位线 BL 之间未接二极管，当字线被选通时，位线上读出的数据始终为 0。因此，可从字线与位线之间是否接有二极管，判断出此存储单元中存储的数据是 1 还是 0。

对图 8-2（b）而言，若字线 *WL* 与位线 *BL* 之间接有晶体管，当 WL=1 时，晶体管处于导通状态，使得 BL=1；如果字线与位线之间未接晶体管，当 WL=1 时，从位线上读出的数据始终为 0。因此，可以从字线与位线之间是否接有晶体管，来判断存储单元中存储的数据是 1 还是 0。

对图 8-2（c）而言，位线上 MOS 管的栅极和漏极连接在一起，构成了一个有源电阻。如果字线与位线之间未接 MOS 管，当 WL=1 时，构成有源电阻的 MOS 管始终处于导通状态，使得 BL=0。如果字线与位线之间接有 MOS 管，当字线 WL=1 时，字线与位线之间的 MOS 管导通，使得 BL=1。因此，可用字线与位线之间是否接有 MOS 管，来判断此逻辑单元中存储的数据是 1 还是 0。

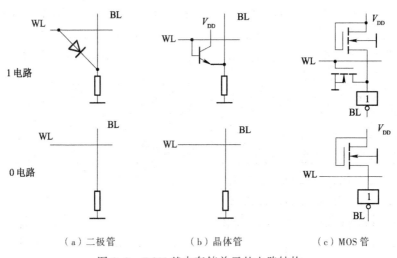

（a）二极管　　　　　（b）晶体管　　　　　（c）MOS 管

图 8-2　ROM 基本存储单元的电路结构

ROM 存储单元的电路结构非常简单，通过字线与位线之间是否接有二极管、晶体管或 MOS 管，可以确定存储单元中存储的数据。ROM 电路一旦制作结束，所保存的数据就不能再改变。

3）存储器的地址译码

存储器的核心是存储矩阵，在存储矩阵中，每个存储单元都有各自的地址。例如，能存储 1024 个数据的存储器，需要有 1024 条字线。对存储器而言，不可能把所有的字线都引到外引脚上，因此，必须用二进制编码来表示每条字线，通过编码与字线的对应关系找到相应的存储单元。二进制编码对应字线的过程称为地址译码。图 8-3 所示为一个 4×4 位的 MOS ROM 电路。

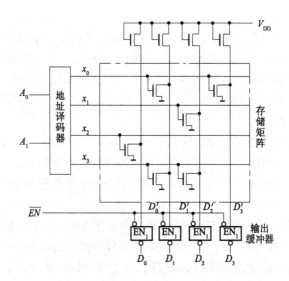

图 8-3　4×4 位的 MOS ROM 电路

存储矩阵的行线 $X_0 \sim X_3$ 也叫字线，列线 $D_0' \sim D_3'$ 又称位线，行线和列线交汇处为一个存储单元。设其中接有 MOS 管表示存储数据 1，未接 MOS 管表示存储数据 0（有无连接 MOS 管是根据电路设计方案需要人为设定的）。

A_1A_0 为地址译码器的输入地址码，$X_0 \sim X_3$ 是地址译码器的 4 条输出线，即字线，每条字线可选中一组（4 个）存储单元。

输出缓冲器由 4 个三态门组成，数据 $D_0' \sim D_3'$ 可由 $\overline{EN}$ 控制，反相输出为 $D_0 \sim D_3$。

由存储矩阵中 MOS 管的连接情况，可得到存储器中存储的数据情况，如表 8-1 所示。

表 8-1　ROM 的数据表

地	址	数		据	
A_1	A_0	D_3	D_2	D_1	D_0
0	0	1	0	1	0
0	1	0	1	0	0
1	0	0	0	0	1
1	1	0	1	1	0

采用 MOS 工艺制作的通用大规模集成电路 ROM 工艺简单、集成度高、可大批量生产，故成本低、售价也低。

8.2.2　可编程只读存储器（PROM）

PROM 也是由存储矩阵、地址译码器和输出电路三部分组成的。和 ROM 不同的是，在 PROM 存储矩阵的行、列交汇处都制作了存储元件，即在出厂时每个存储单元都存入了数据 1，用户可根据自己的设计方案对电路进行写 0 修改编程。

图 8-4 为一个 16×8 位 PROM 的电路结构原理图，存储矩阵中的存储单元是由一只晶体管和串联在发射极上的快速熔断器组成。熔丝用很细的低熔点合金丝或者多晶硅导线制成。

在写入数据时只要设法将需要存入 0 的存储单元中的熔丝烧断即可。

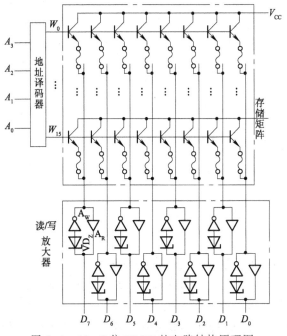

图 8-4　16×8 位 PROM 的电路结构原理图

编程过程如下：首先，输入地址码，找到要写入 0 的存储单元。然后，将电源 V_{CC} 和选中的字线提高到编程所要求的高电平。同时，在要写入 0 的位线（$D_0 \sim D_7$）上加上高压正脉冲（幅度约 20 V，脉宽约十几微秒），使稳压管 VD_z 工作在反向击穿状态，使写入放大器 A_w 的输出为低电平、低内阻状态，晶体管饱和导通，有较大的电流流过熔丝，将其熔断，即写入 0。平常工作时读出放大器 A_R 输出的高电平不足以使 VD_z 击穿导通，写入放大器 A_w 不工作。

可编程只读存储器在出厂时已被全部存入了数据，使用时，用户可根据自己的设计方案对数据进行擦除和改写，但其正常的功能仍为读工作状态。根据存储单元所采用的 MOS 管结构不同以及数据擦除的方法不同，可编程只读存储器分为 EPROM（Erasable Programmable Read-Only Memory），EEPROM（Electrically Erasable Programmable Read-Only Memory）和 Flash Memory。

8.2.3　可擦出只读存储器（EPROM 与 EEPROM）

1. 光擦除可编程只读存储器（EPROM）

EPROM 是用电的方法写入数据，用紫外线照射的方法擦除数据，存储单元电路采用了浮置栅雪崩注入 MOS 管（Floating-gate Avalanche-Injection MOS，FAMOS）管。存储单元的电路结构如图 8-5 所示，用一个 PMOS 管和一个 FAMOS 管串联组成存储单元。

器件出厂时所有的 FAMOS 管截止，存入数据 0。写入数据时，字线上加低电平，在相应的位线上加高压负脉冲，使

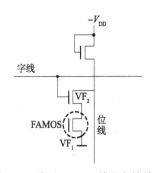

图 8-5　采用 FAMOS 管的存储单元

FAMOS 发生雪崩击穿，存储单元写入 1。读出数据时，输入指定的地址码，被选中字线上所连接的一行存储单元中，FAMOS 管未被击穿的，为截止状态，所接的位线为低电平，读出 0；FAMOS 管已被击穿的，位线为高电平，读出 1。

为了在存储单元中省去 PMOS 管从而提高电路的集成度，目前采用叠栅注入 MOS 管（Stacked-gate Injection MOS，SIMOS）制作 EPROM 存储单元，如图 8-6 所示。

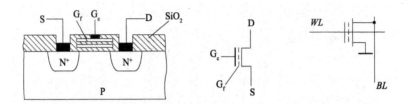

图 8-6　叠栅 MOS 管的结构、符号及组成的 EPROM 存储单元

SIMOS 管是一个 N 沟道增强型 MOS 管，有两个重叠的栅极——控制栅 G_c 和浮置栅 G_f，控制栅用于控制读出和写入数据，浮置栅用于长期保存注入的电荷。

浮置栅未注入电荷前，相当于存储数据 0。在控制栅上加正常高电平能使漏—源之间产生导电沟道，SIMOS 管导通，输出低电平。

在 SIMOS 管的漏 – 源之间加上较高的电压（+20～+25 V）时，将发生雪崩击穿，如果同时在控制栅上加高压脉冲（幅度约+25 V，脉宽约 50 ms），则在栅极电场作用下，浮置栅上形成注入电荷，相当于存入数据 1。

当浮置栅注入负电荷之后，在栅极加上通常的高电平不能使 SIMOS 管导通，输出为高电平 1。

2. 电可擦除可编程只读存储器（EEPROM）

EEPROM 是通过电的方法写入和擦除数据的。存储单元中采用了浮栅隧道氧化层 MOS 管（Floating gate Tunnel oxide，Flotox）管，其结构、符号和组成的 EEPROM 存储单元电路如图 8-7 所示。

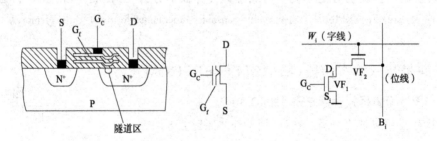

图 8-7　Flotox 管的结构，符号和组成的 EEPROM 存储单元

Flotox 管与 SIMOS 管相似，也属于 N 沟道增强型 MOS 管，也有两个栅极——控制栅 G_c 和浮置栅 G_f。所不同的是 Flotox 管的浮置栅与漏区之间有一极薄的氧化层区域，称为隧道区，当隧道区的电场强度大到一定程度时，便在漏区和浮置栅之间形成导电隧道，电子可以双向通过，形成电流，这种现象称为隧道效应。

加到控制栅 G_c 和漏极 D 上的电压是通过浮置栅 – 漏区间的电容和浮置栅 – 控制栅间的电容分压加到隧道区上的，为了使加到隧道区上的电压尽量大，需要尽量减小浮置栅和漏区间的电容，因而要求把隧道区的面积做得非常小。

根据 Flotox 管的浮置栅上是否充有负电荷来区分存储单元的 1 或 0 状态。为了提高对数据擦除、写入的可靠性，并保护隧道区的超薄氧化层，在存储单元电路中加了一个选通管 VF_2。

图 8-8 所示为 EEPROM 存储单元在三种不同工作状态下各个电极所加电压的情况。

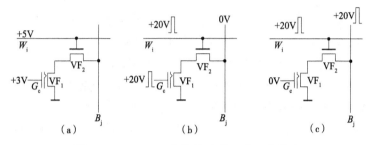

图 8-8　EEPROM 存储单元的三种工作状态

读出状态下，G_c 加+3V 电压，字线 W_i 给出+5V 高电平，如图 8-8（a）所示，选通管 VF_2 导通。如果 Flotox 管的浮置栅上未充有负电荷（存储了数据 0），则 VF_1 处于导通状态，位线 B_j 上读出低电平（数据 0）；反之，Flotox 管的浮置栅上充有负电荷，则 VF_1 处于截止状态，位线上读出高电平（数据 1）。

擦除状态下，Flotox 管在控制栅 G_c 和字线 W_i 上加幅度约+20V、脉宽约 10 ms 的脉冲电压，漏极接 0 电平，如图 8-8（b）所示，这时经 G_c – G_f 间电容和 G_f – 漏区间电容分压在隧道区产生强电场，吸引漏区的电子通过隧道区到达浮置栅，形成存储电荷，使 Flotox 管的开启电压提高到+7V 以上，成为高开启电压管。擦除了数据 0，存储单元为 1 状态。

写入状态下，使控制栅 G_c 为 0 电平，同时在字线 W_i 和位线 B_j 上加幅度约+20 V，脉宽度约 10 ms 的脉冲电压，如图 8-8（c）所示，这时浮置栅上的存储电荷将通过隧道区放电，使 Flotox 管的开启电压降为 0V 左右，成为低开启电压管，存储单元为 0 状态。

虽然 EEPROM 改用电压信号进行擦除，但由于擦除和写入时需加高电压脉冲，而且擦写时间较长，所以在系统正常工作状态下，仍然只能工作在读出状态，作只读存储器 ROM 使用。

3. 快闪存储器（Flash Memory）

快闪存储器采用了叠栅 MOS 管组成单管存储单元，如图 8-9 所示。

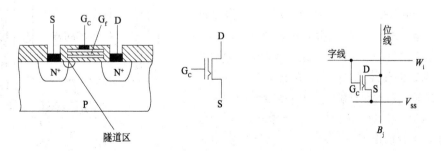

图 8-9　快闪存储器的叠栅 MOS 管、符号及组成的存储单元

快闪存储器的叠栅 MOS 管结构与 EPROM 中的 SIMOS 管极为相似，两者最大的区别是浮置栅与衬底间氧化层的厚度不同。EPROM 中这个氧化层的厚度为 30～40nm，而快闪存储器中仅为 10～15nm，且浮置栅与源区重叠部分是由源区的横向扩散形成的，面积极小，因而浮置栅¯源区间的电容要比浮置栅¯控制栅间的电容小的多。当控制栅和源极间加上电压时，大部分电压都降在浮置栅与源极之间的电容上。

读出状态下，字线给出 +5V 逻辑高电平，存储单元公共端 V_{ss} 为 0 电平。如果浮置栅上未充有负电荷（存储了数据 0），则叠栅 MOS 管道导通，位线上输出低电平；反之，浮置栅上充有负电荷（存储了数据 1），叠栅 MOS 管截止，位线上输出高电平。

快闪存储器的写入方法和 EPROM 相同，即利用雪崩注入方式使浮置栅充电，在写入时，叠栅 MOS 管的漏极经位线接至幅度为 12V 左右、宽度为 10μs 的正脉冲，使叠栅 MOS 管的 D—S 间产生雪崩击穿，形成浮置栅充电电荷。浮置栅充电后，叠栅 MOS 管的开启电压上升到 7V 以上，字线为正常的逻辑电平，不会使它导通。

快闪存储器的擦除操作是利用隧道效应完成的，这一点又类似于 EEPROM 写入 0 时的操作，在擦除状态下，令控制栅处于 0 电压，同时在源极 V_{ss} 加入幅度为 12V 左右、宽度约为 100ms 的正脉冲，这时在浮置栅与源区间极小的重叠部分产生隧道效应，使浮置栅上的电荷经隧道区释放，叠栅 MOS 管的开启电压降到 2V 以下，在其控制栅上加 +5V 电压时一定会使其导通。

快闪存储器片内所有叠栅 MOS 管的源极是连在一起的，所以全部存储单元同时被擦除，这也是它不同于 EEPROM 的一个特点。

自上世纪 80 年代末期快闪存储器问世以来，以其高集成度、大容量、低成本和使用方便等优点而引起普遍关注，已成为较大容量磁性存储器（例如，微型计算机中软磁盘和硬磁盘等）的替代品。

8.3 随机存储器（RAM）

随机存储器也叫读/写存储器，简称 RAM。RAM 用于存储可随时更换的数据，可以随时从给定地址码的存储单元读出（输出）数据，也可以随时往给定地址码的存储单元写入（输入）新数据。

RAM 靠存储电路的状态存储数据 1 或 0，故断电后 RAM 的存储数据会丢失。

8.3.1 RAM 存储单元与工作原理

RAM 分为 SRAM（静态 RAM）和 DRAM（动态 RAM）。在接通电源的情况下，SRAM 可以一直保存数据，但电路结构较复杂。而 DRAM 需要专门的刷新电路，不断地对电路所保存的数据进行刷新，否则就会丢失数据，但存储单元的电路结构简单。目前，DRAM 的刷新电路一般都制作在 DRAM 器件内部。

RAM 的电路由存储矩阵、地址译码器和读/写（输出/输入）控制电路三部分组成，其结构框图如图 8-10 所示。

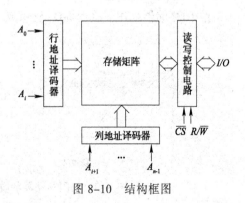

图 8-10 结构框图

（1）存储矩阵由大量存储单元排列成行列矩阵结构，每个存储单元存储 1 位二进制数据（0 或 1），在地址译码和读/写控制电路的控制下，可实现对数据的写入和读出。地址译码器一般分为行地址译码器和列地址译码器两部分。

（2）行地址译码器将输入地址码的若干位译成对应字线上的有效信号，在存储矩阵中选中一行存储单元；列地址译码器将输入地址的其余几位译成对应输出线上的有效信号，从字线选中的存储单元中再选 1 位或 n 位，使这些被选中的存储单元与读/写控制电路接通，由读/写控制电路决定对这些单元进行读/写操作。

（3）读/写控制电路的读/写操作由信号 $R/\overline{W}$ 控制。读出操作将被选中的存储单元中的数据送到输入/输出（I/O）端上；写入操作将 I/O 端上的数据写入被选中的存储单元中。图 8-10 中的双向箭头表示一组可双向传输数据的导线，它所包含的导线数目等于并行输入/输出数据的位数。$\overline{CS}$ 为片选信号端，片选信号有效时，选中该电路工作，片选信号无效时，电路 I/O 端呈高阻态，不能进行读/写操作。

1. SRAM 的存储单元

静态随机存储器的存储单元是在触发器基础上附加门控开关制成的，靠触发器的状态存储数据，门控开关控制触发器与读/写控制电路的连接状态。

存储单元电路有 CMOS 型、NMOS 型和双极型三种，由于 CMOS 电路具有微功耗的特点，大容量的 SRAM 几乎都采用 CMOS 电路作存储单元。如图 8-11 所示为 CMOS 静态存储单元和读/写控制电路的逻辑图。

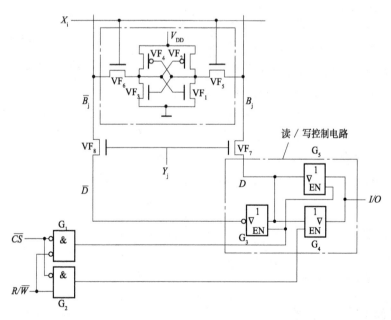

图 8-11　CMOS 静态存储单元和读/写控制电路逻辑图

图中，VF_1 和 VF_3 为 NMOS 管，VF_2 和 VF_4 为 PMOS 管，它们组成 CMOS 基本 RS 触发器，可存储 1 位二进制数码（图中的 MOS 管栅极画有小圆圈表示是 PMOS 管，无小圆圈表示为 NMOS 管）。VF_5 和 VF_6 是 NMOS 门控管，由字线 X_i 控制。若 $X_i=1$，则 VF_5、VF_6 导通；若 $X_i=0$，

则 VF₅、VF₆ 关断。当 X_i=1 时，VF₅、VF₆ 导通，触发器和位线 B_j 及 $\overline{B_j}$ 接通。此时，如果列地址译码器输出线 Y_i=1，则 VF₇、VF₈ 导通，使位线 B_j 及 $\overline{B_j}$ 和数据线 D 及 $\overline{D}$ 接通，存储单元被选中，可以进行读/写操作。

当 $\overline{CS}$=0，$R/\overline{W}$=1 时，G_1 输出 0，使 G_3、G_5 输出高阻态；G_2 输出 1，使 G_4 工作，D 线上的数据经 G_4 输出到 I/O 端，实现读出操作。

当 $\overline{CS}$=0，$R/\overline{W}$=0 时，G_2 输出 0，使 G_4 输出高阻态；G_1 输出 1，使 G_3 和 G_5 工作，I/O 端上的数据经 G_3 和 G_5 输入到 D 线上，实现写入操作。

采用 CMOS 工艺的 SRAM 存储单元不仅正常工作时功耗很低，而且能在降低电源电压的状态下保存数据，因此，它可以在交流供电系统断电后用电池供电，继续保持存储器的数据，这种办法弥补了半导体随机存储器数据易丢失的缺点。但这种电路使用了较多的 MOS 管，集成度较低。

2. DRAM 的存储单元

DRAM 的存储单元是利用 MOS 管栅极电容可以存储电荷的原理制成的，结构非常简单。但是由于栅极电容的容量很小（仅为几皮法），而 MOS 管的漏电流又不可能为零，所以电荷保存的时间较短。为了保存数据，必须定时给栅极电容补充电荷。通常称这种操作为刷新或再生。因此，DRAM 工作时必须辅以刷新控制电路（有的刷新电路做在 DRAM 内部）。DRAM 是目前大容量 RAM 的主流产品。

常用的 DRAM 存储单元有四 MOS 管，三 MOS 管和单 MOS 管电路。其中单 MOS 管存储单元电路是最简单的一种。虽然它的外围控制电路比较复杂，但由于在提高集成度上所具有的优势，使它成为目前所有大容量 DRAM 的首选存储单元电路。

如图 8-12 所示为 DRAM 单管 MOS 存储单元的电路结构图。存储单元由一只 N 沟通增强型 MOS 管 VF 和一个电容 C_S 组成，C_B 是位线上的分布电容。信息保存在 C_S 中，VF 起门控作用，控制数据的写入或读出。

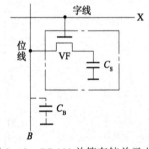

读操作时，字线上给出高电平，并使 VF 导通。C_S 经 VF 向位线上的分布电容 C_B 提供电荷，使位线获得读出信号的电平。设 C_S 上原来存有正电荷，电压 V_{cs} 为高电平，而位线电位 V_B=0。执行读操作后，位线电平上升为

图 8-12 DRAM 单管存储单元电路

$$V_B=[C_S/(C_S+C_B)]V_{cs}$$

因为在实际存储器电路中位线上总是同时接有很多存储单元，使 $C_B \gg C_S$，所以位线上读出的电压信号很小，同时，读出后 C_S 上的电压也下降很多，所以这是一种破坏性读出。因此，需要在 DRAM 中设置灵敏的读出放大器，一方面将读出信号加以放大，另一方面将存储单元中原来的存储信号恢复。

8.3.2 RAM 的工作原理

1. SRAM 的工作原理

图 8-13 为 SRAM（2114）的结构框图，它的容量为 1024×4 位，4096 个存储单元排列成 64 行 64 列的存储矩阵。

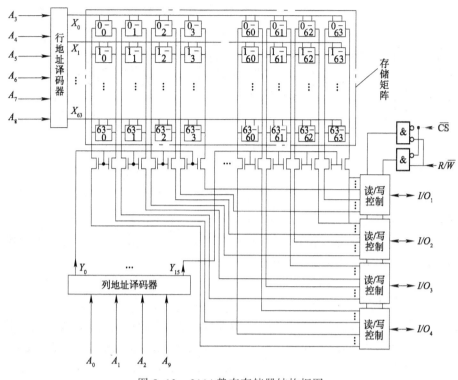

图 8-13　2114 静态存储器结构框图

10 位地址码分成两组进行译码，$A_3 \sim A_8$ 六位地址码加到行地址译码器，它的输出信号从 64 行存储单元中选出一行。另外 4 位地址码加到列地址译码器，它的输出信号再从已选出的一行中挑出可进行读/写操作的四个存储单元。

当 $\overline{CS}=0$，$R/\overline{W}=1$ 时，由地址译码器选中的四个存储单元中的数据被读出到 $I/O_1 \sim I/O_4$ 端。$\overline{CS}=0$，$R/\overline{W}=0$ 时，$I/O_1 \sim I/O_4$ 端的数据被写入到由地址译码器选中的四个存储单元中。

若 $\overline{CS}=1$，则所有的 I/O 端处于高阻状态，使存储器内部电路和外部连线（数据总线）隔离。因此，可以直接把 $I/O_1 \sim I/O_4$ 和系统总线相连，或将多片 2114 的 $I/O_1 \sim I/O_4$ 端并联使用。

2. DRAM 的工作原理

为了在提高集成度的同时，减少器件的引脚个数，目前大容量 DRAM 多采用 1 位输入、1 位输出和地址分时输入的方式。如图 8-14 所示为一个 64K×1 位 DRAM 的总体结构框图。从总体上讲，它仍包含存储矩阵、地址译码器和输入/输出电路三个组成部分。存储矩阵中的单元按行、列排列。为了压缩地址译码器的规模，地址代码是分两次从同一引脚输入的。

分时操作由 $\overline{RAS}$ 和 $\overline{CAS}$ 两个时钟信号来控制。首先，令 $\overline{RAS}=0$，输入地址代码的 $A_0 \sim A_7$ 位；然后令 $\overline{CAS}=0$，再输入地址代码的 $A_8 \sim A_{15}$。$A_0 \sim A_6$ 被送到行地址译码器并被锁存。

A_7 送入对应的寄存器。行地址译码器的输出同时从存储矩阵（1）和存储矩阵（2）中各选中一行存储单元，然后再由 A_7 通过输入/输出电路从两行中选中一行。$A_8 \sim A_{15}$ 被送往列地址译码器，列地址译码器的输出从 256 列中选中一列。

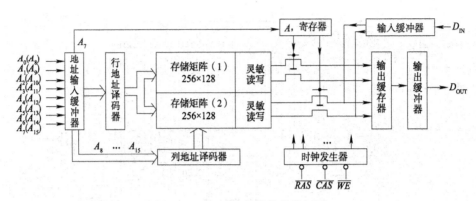

图 8-14 DRAM 的总体结构框图

$\overline{WE}=1$ 时，进行读操作。被输入地址代码选中的单元中的数据经过输出锁存器、输出三态缓冲器到达数据输出端 D_{OUT}。$\overline{WE}=0$ 时，进行写操作，加到数据输入端 D_{IN} 上的数据经过输入缓冲器写入输入地址代码选中的单元中。

8.3.3 RAM 的扩展

目前，尽管各种容量的存储器产品已经很丰富，且最大容量已达 1 Gbit 以上，用户能够比较方便地选择所需要的芯片。但是，只用单个芯片不能满足存储容量要求的情况仍然存在。个人电脑中的内存条就是一个典型的例子，它由焊在一块印制电路板上的多个芯片组成。此时，便涉及存储容量的扩展问题。

扩展存储容量的方法可以通过增加字长（位数）或字数来实现。

1. 字长(位数)的扩展

通常 RAM 芯片的字长为1位、4 位、8 位、16 位和 32 位等。当实际的存储器系统的字长超过 RAM 芯片的字长时，需要对 RAM 实行位扩展。

位扩展可以利用芯片的并联方式实现，即将 RAM 的地址线、读／写控制线和片选信对应地并联在一起，而各个芯片的数据输入／输出端作为字的各个位线。如图 8-15 所示，用四个 4 K×4 位 RAM 芯片可以扩展成 4 K×16 位的存储系统。

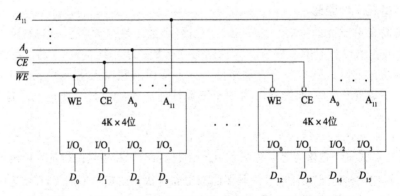

图 8-15 用 4 K×4 位 RAM 芯片构成 4 K×16 位的存储器系统

2. 字数的扩展

字数的扩展可以利用外加译码器控制存储器芯片的片选使能输入端来实现。例如，利用

2 线—4 线译码器 74139 将 4 个 8 K×8 位的 RAM 芯片扩展为 32 K×8 位的存储器系统。

扩展方式如图 8-16 所示,图中,存储器扩展所要增加的地址线 A_{14}、A_{13} 与译码器的 74139 的输入相连,译码器的输出 Y_0~Y_3 分别接至四片 RAM 的片选信号控制端 CE。这样,当输入一个地址码(A_{14}~A_0)时,只有一片 RAM 被选中,从而实现了字的扩展。

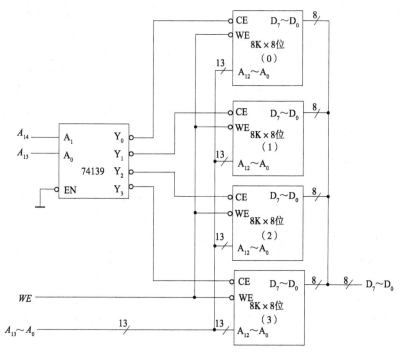

图 8-16 用 8K×8 位 RAM 芯片构成 32K×8 位的存储器系统

实际应用中,常将两种方式相互结合,以达到字和位均扩展的要求。可见,无论需要多容量的存储器系统,均可利用容量有限的存储器芯片,通过位数和字数的扩展来构成。

8.4 ROM 应用

ROM 除了在单片机和微型计算机中存储运行外,还有多种用途,分述如下。

8.4.1 构成组合数字电路

在 8.2.2 节的分析中可知,位线与相连的各字线的关系为或逻辑,而字线是地址码的最小项,所以字线 W 实际上是一个与项,从输出位线和地址输入关系看,D 是一个最小项的与或式。在组合数字电路中我们知道任何一个组合数字电路都可以变换为若干个最小项之和的形式,因此都可以用 ROM 实现。

【例 8-2】用 ROM 构成全加器

解:全加器的逻辑式为

$$S_i(A,B,C_0) = \overline{A}\,\overline{B}C_0 + \overline{A}B\overline{C_0} + A\overline{B}\,\overline{C_0} + ABC_0 = m_1 + m_2 + m_4 + m_7$$

$$C_i(A,B,C_0) = \overline{A}BC_0 + A\overline{B}C_0 + AB\overline{C_0} + ABC_0 = m_3 + m_5 + m_6 + m_1$$

它有三个输入变量，加数 A 和 B 以及低位的进位信号 C_0，所以选用一个 ROM，确定三个地址线，分别代表 A，B 和 C_0。从输出位线中先两个，分别代表 S_i 和 C_i。于是可以确定或矩阵中的存储单元，用 ROM 构成全加器的阵列如图 8-17 所示。

所以，用 ROM 构成组合数字电路的方法是先将逻辑函数化为最小项之和的形式，即与或标准型，然后画阵列图。由上述分析可以知道用 ROM 构成组合数字电路时，不必像用小规模集成逻辑门构成组合数字电路那样，应先进行化简。因为 ROM 中给出了全部最小项，用也存在，不用也存在。其次 ROM 一般都有多条位线，所以可以方便地构成比较复杂的输出组合数字电路

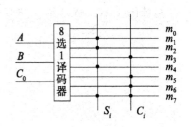

图 8-17　用 ROM 构成全加器阵列图

8.4.2　构成序列脉冲发生电路

在各种数字电路中，例如雷达，数字通信，遥控，遥测等系统中，往往需要一组或多组序列信号，我们可以通过译码器、计算器来实现，也可以用一个 N 进制计数器加上 ROM 来实现。序列脉冲占几个时钟节拍，计数器就选几进制的。

N 进制计数器在 CP 脉冲作用下，每 N 个 CP 脉冲是它的状态循环一次。第一个 CP 脉冲作用之前，总清零，计数器的初始状态为全"0"，对应最小项 $m_0=1$，第一个 CP 来到后，计数器状态相当 $m_1=1$，随后 $m_2 \cdots m_7$ 依次出现高电平。在位线 P_1 上有关交点打上黑点就可获得所需要的序列脉冲输出。这种实现序列脉冲的方法，显然比用译码器，计数器来实现序列脉冲的方法优越，同时有几条位线就可以输出几个序列脉冲。

【例 8-3】 用 ROM 和计数器实现图 8-18 所示的序列脉冲。

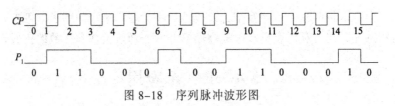

图 8-18　序列脉冲波形图

解： 以第 1 号时钟来到前的态序 0 计数序列脉冲的起始位置，P_1 脉冲序列是 01100010，共占 8 个时钟节拍。P_2 的脉冲序列是 10001110，也占 8 个时钟节拍。所以，用一个 3 位二进制计数器加上 ROM 组成图 8-19 的阵列图，即可产生所需要的序列脉冲。

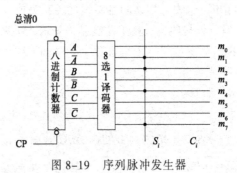

图 8-19　序列脉冲发生器

本 章 小 结

1. 半导体存储器作为信号的存储器件是数字电路系统特别是计算机中的重要组成部分，它主要分为只读存储器 ROM 和随机存储器 RAM 两大类。

2. ROM 可存储长期需要保存的固定信息，正常工作时，只能读出，电后信息不会丢失。ROM 按信息写入方式不同分为固定 ROM，可编程 ROM（PROM）和可改写的 ROM（EPROM、E^2PROM）。它们属于组合逻辑电路范畴，可实现任意一个最小项。

3. RAM 具有随时读写功能，断电后信息便会丢失，一般 RAM 用于信息的暂存。RAM 分静态 RAM（SRAM）和动态 RAM（DRAM）两种。静态 RAM 靠触发器存储信息，动态 RAM 靠 MOS 管的内部电容存储信息，动态 RAM 电路简单，但需定时刷新。静态 RAM 电路复杂，但不用刷新。RAM 属于时序逻辑电路范畴。

4. 可编程逻辑器件（PLD）可通过用户编程来确定器件内部的逻辑结构，从而实现所需要的逻辑功能。在四种 PLD（PROM，PLA，PAL，GAL）中，使用较为广泛的是 PAL 和 GAL，它们均可用计算机进行设计和编程，并具有较好的开发设计软件和开发系统支持。

思考题与练习题 8

8-1. 什么是存储器的存储容量？

8-2. 有一存储器，其地址线有 12 根为 $A_{11} \sim A_0$，数据线有 8 根为 $D_7 \sim D_0$，它的存储容量有多大？

8-3. SRAM 和 DRAM 的主要区别是什么？

8-4. ROM 和 RAM 在电路结构和工作原理上有何不同？

8-5. 用 516×4 位的 RAM 扩展成一个 $2K \times 8$ 位的存储器，需几片 RAM，试画出其连接图。

8-6. 用 ROM 设计一个组合逻辑电路，用来产生下列一组逻辑函数，列出 ROM 应有的数据表，画出存储矩阵的点阵图。

$$\begin{cases} Y_1 = \overline{A}BCD + \overline{AB}CD + \overline{A}B\overline{C}\overline{D} \\ Y_2 = AB + CD \\ Y_3 = \overline{A}BC + AB\overline{C}\overline{D} \end{cases}$$

8-7. 用 ROM 设计一个 8421BCD 码七段字型显示译码器（画出 ROM 点阵图）。

小制作：多种信号的频率合成器的制作

电路如图 8-20 所示，只使用集成电路的只读存储器、计数器、数/模转化电路和运算放大器，便可以产生任何对称的波信号。例如要产生一个最不容易得到的正弦波信号，首先要对波形数字化，使用公式：$D = \sin(a) \times 255$（$0 < a < 360$）计算出每个点的正弦函数值，再把每个的数乘以 255 一大道归一化，然后进行四舍五入，最后把每个数转换成相应的 8 位二进制数，并用其补数来对只读存储器进行编程。当 CD4060 不断产生脉冲信号时，在运放的输出端就会得到一个连续的正弦波信号。改变计数脉冲的频率，也同时改变了信号的频率。要想得到其他波形的信号，只需通过计算得到此波形的相应二进制数，写入只读存储器即可。

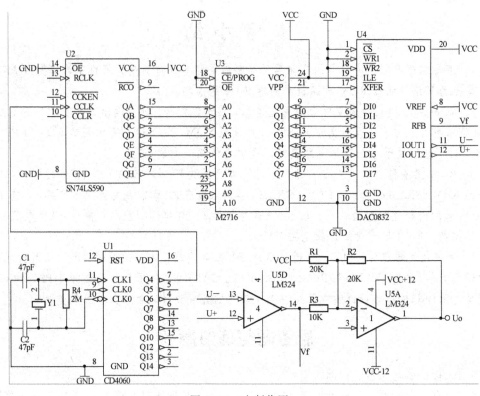

图 8-20 小制作图

第9章

可编程逻辑器件

数字电路系统中大量使用数字集成逻辑器件。从逻辑功能的特点上讲可将数字集成电路分为专用型和通用型两大类。数字逻辑电路课程中介绍的中小规模集成电路都属于通用型数字集成电路。它们的逻辑功能比较简单，而且固定不变。从理论上来说，可以运用这些通用数字集成电路组成任何复杂的数字系统。但需要大量的芯片及芯片连接，且功耗大、体积大、可靠性差。专用型数字集成电路（Application Specific Integrated Circuit，ASIC）是为某种专门用途而设计的集成电路，它不仅能减小电路的体积、重量和功耗，而且使电路的可靠性大幅度提高。但是，在用量不大的情况下，专用型数字集成电路的设计和制造成本很高，且周期较长。

可编程逻辑器件（Programmable Logic Device，PLD）是 20 世纪 70 年代发展起来的新型逻辑器件。它是被作为一种通用型器件来生产的，但逻辑功能是由用户通过对器件编程来自行设定，可以实现在一片 PLD 芯片上对数字系统的集成。它是大规模集成电路技术与计算机辅助设计（CAD）、计算机辅助生产（CAM）和计算机辅助测试（CAT）相结合的产物，是现代数字电子系统向超高集成度、低功耗、超小型化和专用化方向发展的重要基础。

可编程逻辑器件的出现，给数字电路系统的设计方法带来了革命性的变化。通过定义器件内部的逻辑关系和输入、输出引出端，将原来在电路印刷线路板设计中完成的大部分工作放在芯片设计中进行，降低了电路图设计和印刷线路板设计的工作量和难度，改变了传统的数字电路系统设计方法，增强了设计的灵活性，提高了工作效率。

9.1 概　　述

1. 可编程逻辑器件的发展及分类

1）可编程逻辑器件的发展

PLD 器件的最基本结构是"与-或"阵列，可以通过编程改变"与阵列"和"或阵列"的内部连接，实现不同的逻辑功能。前面介绍的 PROM 电路，其与阵列不可编程，而或阵列可编程，这是最早的一种可编程器件，可编程逻辑器件从最初的 PROM 发展到复杂的 PLD 器件，大体经历了如下四个发展阶段：

第一阶段：PROM、PLA（Programmable Logic Array）

PROM 是 20 世纪 70 年代初出现的第一代 PLD，可实现任何由"与—或"形式表示的组合逻辑功能，采用熔丝工艺编程，不能重复擦写。随着技术和工艺的不断发展，出现了 EPROM、E^2PROM，它们也是一种可编程逻辑器件，具有价格低、易于编程的特点，适合于存储函数和数据表格。

PLA 是 20 世纪 70 年代中期推出的一种基于"与—或"阵列的一次性编程器件，只能用于组合逻辑电路设计。器件内部的资源利用率低，没有得到广泛应用。

第二阶段：PAL（Programmable Array Logic）

PAL 是 20 世纪 70 年代末出现的一种可编程逻辑器件，由可编程的与逻辑阵列、固定的或逻辑阵列和输出电路三部分组成，具有多种输出结构形式，适用于各种组合和时序逻辑电路的设计。后来出现的用 CMOS 工艺制作的 PAL，可进行紫外线擦除和电擦除，并能进行多次编程，同时又随之推出了通用编程器，受到较好的软件支持，因而得到了广泛的应用。

第三阶段：GAL（Generic Array Logic）、EPLD

GAL 是 20 世纪 80 年代初发展起来的可电擦除、可重复编程的可编程逻辑器件，在电路的基本结构上与 PAL 相同，即有一可编程的与阵列和固定的或阵列；但在输出结构上采用了可编程输出逻辑宏单元（OLMC），使输出结构可以灵活变化，提供了实现复杂逻辑设计的可能性；在工艺上吸收了 EEPROM 的浮栅技术，使其具有电可擦写、重复编程、数据可长期保存、可设置加密位的特点，比 PAL 器件的功能更全面，结构更灵活，可以取代大部分中、小规模的数字集成电路和 PAL 器件。

EPLD 的结构与 GAL 相似，但集成度比 GAL 高得多，具有更大的设计灵活性。

第四阶段：CPLD、FPGA

CPLD（Complex Programmable Logic Device）是 20 世纪 90 年代初由 GAL 器件发展而来的，采用了 CMOS、EPROM、EEPROM，FLASH 和 SRAM 等编程技术，构成了高密度、高速度和低功耗的可编程逻辑器件。因其主体仍为与–或阵列，所以称之为阵列型 HDPLD。

FPGA（Field Programmable Gate Array）的电路结构形式与其他的 PLD 完全不同，它由若干独立的可编程逻辑模块（PLB）排列为阵列组成，通过可编程的内部连接这些模块来实现一定的逻辑功能，因而也称之为单元型 HDPLD。FPGA 的功能由逻辑结构的配置数据决定，这些配置数据存放在片内的 SRAM 上，断电后数据便会丢失。

随着微电子技术的不断发展，可编程逻辑器件的集成度、速度和灵活性不断提高，应用越来越广泛，已成为当今电子产品设计变革的主流器件。

2）可编程逻辑器件的分类

可编程逻辑器件可由其集成度分为低密度器件和高密度器件两种，如图 9-1 所示。

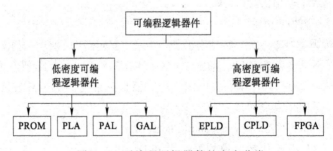

图 9-1　可编程逻辑器件的密度分类

可编程逻辑器件还可由内部的可编程情况进行分类。分类比较情况如表 9-1 所示。

表 9-1　分类比较

		PROM	PLA	PAL	GAL
研制时间		20世纪70年代初期	20世纪70年代中期	20世纪70年代末期	20世纪80年代初期
阵列结构	与	固定	可编程	可编程	可编程
	或	可编程	可编程	固定	固定
输出		三态（TS）、集电极开路（OC）	三态（TS）、集电极开路（OC）	三态（TS）、集电极开路（OC）、与或非（L）、输入输出两用（I/O）、寄存器（R）、互补（C）	输出逻辑宏单元（OLMC）有五种输出组态，用户可通过编程定义
使用		主要用于存储器	用于组成逻辑电路，一般的只能一次编程。缺少高质量的支持软件和编程工具，价格较高，应用不广泛	用于组成逻辑电路，多数为双极型，只能一次编程，有些CMOSPAL可擦除和多次编程，有高级编程软件和编程器支持，应用广泛	用于组成逻辑电路。可电擦除，重复编程。输出结构可通过逻辑宏单元编程，灵活多变。对研制开发逻辑电路系统极为方便。有高级编程软件和编程器支持，应用广泛

2. PLD 的逻辑符号和基本结构的一般画法

为了便于对 PLD 器件进行分析，先介绍一下描述 PLD 内部基本结构的逻辑符号。PLD 大都为国外的产品，因此，内部基本结构的逻辑符号一般延用国外的传统画法表示，如图 9-2 所示。

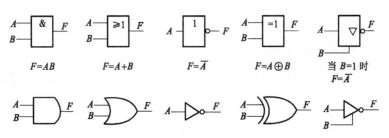

图 9-2　PLD 内部基本结构的逻辑符号

为了使 PLD 的逻辑图更加简单易读，与门、或门通常采用如图 9-3 的画法。缓冲器采用互补输出结构，其表示方法和逻辑关系如图 9-4 所示。

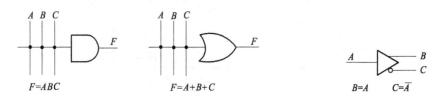

图 9-3　PLD 与门和或门电路的表示方法　　图 9-4　PLD 缓冲器的表示方法和逻辑关系

PLD 内部阵列各支路交叉点的连接分三种情况如图 9-5 所示。交叉点有实心黑点时为固定的硬件连接，不能编程；交叉点为"×"时，表示已被编程连接；跨交叉点表示编程后已断开的状态，完整的没被编程的 PLD 器件，其阵列交叉点也用此方法表示。

第 9 章　可编程逻辑器件

编程与门的表示方法如图 9-6 所示。输出为 D 的与门，输入端已被全部编程连接，$D=A\overline{A}B\overline{B}=0$。当输入端很多时可简化成 E 的方法表示，即 $E=A\overline{A}B\overline{B}=0$；与门 F 表示输入全未被编程，仍处于断开状态，$F=1$。同理 $Z=A\overline{B}$。

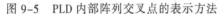

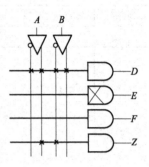

图 9-5　PLD 内部阵列交叉点的表示方法　　　　图 9-6　编程与门的表示方法

9.2　可编程阵列逻辑（PAL）

PAL 是 70 年代末 MMI 公司推出的产品，采用双极型工艺制作，熔丝编程方式，近年来研制生产了 CMO 器件，其内部逻辑关系可擦除和重写。

PAL 属于与阵列可编程而或阵列不可编程器件。未编程前，空白 PAL 的与逻辑阵列中所有交叉点处都有熔丝接通，为实现某种逻辑功能在编程过程中将无用的熔丝烧断，将有用的熔丝保留。

9.2.1　PAL 的基本电路结构

PAL 的基本电路结构如图 9-7 所示，它包含可编程与阵列、固定的或阵列和输出电路。

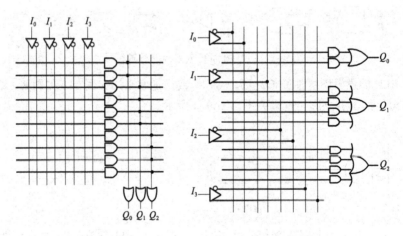

（a）基本电路结构　　　　　　　　（b）一般画法

图 9-7　PAL 器件的基本电路结构及一般画法

一个已编程的 PAL 电路如图 9-8 所示，它实现的函数为

$$Y_1 = I_1I_2I_3 + I_2I_3I_4 + I_1I_3I_4 + I_1I_2I_4$$

$$Y_2 = \overline{I_1}I_2\overline{I_3} + \overline{I_2}\overline{I_3} + \overline{I_3}\overline{I_4} + \overline{I_1}\overline{I_4}$$

$$Y_3 = I_1\overline{I_2} + \overline{I_1}I_2$$

$$Y_4 = I_1I_2 + \overline{I_1}\overline{I_2}$$

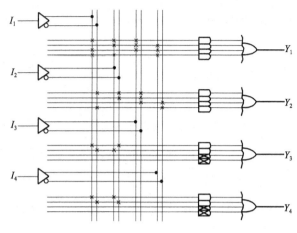

图 9-8　编程后的 PAL 电路

目前常见的 PAL 器件中，输入变量可达 20 个，与逻辑阵列的与项可达 80 个，或逻辑输出端可达 10 个，每个或门输入端可达 16 个，不同型号的 PAL 器件设有不同的输出电路。

9.2.2　PAL 的集中输出电路结构

1）基本输出结构

基本输出结构有或门输出、或非门输出及互补输出。互补输出结构如图 9-9 所示。

2）可编程输入/输出结构

可编程输入/输出（即可编程 I/O）结构，如图 9-24 所示，它的输出端是三态缓冲器，控制信号由与阵列的可编程与项提供。同时，输出端又经过一个互补输出的缓冲器反馈到与阵列上，在图 9-10 所示的编程状态下，门 G_1 受 C_1 的控制，$C_1 = I_1I_2$。若 $I_1 = I_2 = 1$，则 G_1 处于输出工作状态。门

G_2 受 C_2 的控制，$C_2 = I_1\overline{I_1}I_2\overline{I_2}G_3\overline{G_3}G_4\overline{G_4} = 0$ 呈高阻态，可把 I/O$_2$ 作变量输入端使用。

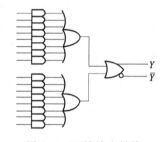

图 9-9　互补输出结构

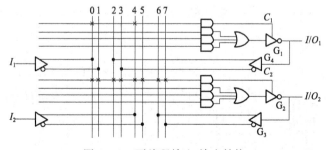

图 9-10　可编程输入/输出结构

属于这种输出结构的 PAL 器件有 PAL16L8、PAL20L10 等。

3）寄存器输出结构

输出电路中的触发器可存储与一 或阵列输出的状态，将其反馈到可编程的输入端，可方便地组成各种时序电路，电路结构如图 9-11 所示，图中，$D_1=I_1$、$D_2=Q_1$。两个 D 触发器和与一或阵列一起组成了移位寄存器。

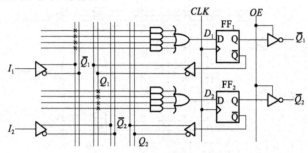

图 9-11 寄存器输出结构

属于这种输出结构的 PAL 器件有 PAL16R4、PAL16R6、PAL16R8 等。

4）异或输出结构

异或输出结构如图 9-12 所示。利用与一或阵列的一个输出可以控制异或门一输入端函数的极性，还可以对寄存器状态进行保持操作。在图 8-26 的编程情况下，对 FF_1 来说，当 $I_1=1$ 时，$D_1=\overline{Y_1}=\overline{Q_1}$，$Q_{1(n+1)}=\overline{Q_{1n}}$，得到反函数。当 $I_1=0$ 时，$D_1=Y_1=Q_1$，$Q_{1(n+1)}=Q_{1n}$，寄存器的状态得到保持具有异或输出结构的 PAL 器件有 PAL20×4、PAL20×8、PAL20×10 等。

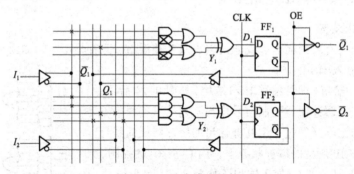

图 9-12 异或输出结构

5）运算选通反馈结构

如图 9-13 所示的运算选通反馈电路分别给出了输入变量 B 和反馈变量 A 产生的$(A+B)$、$(A+\overline{B})$、$(\overline{A}+B)$、$(\overline{A}+\overline{B})$ 运算四个反馈量，并接至与阵列的输入端，通过对与阵列的编程，能产生 A 和 B 的 16 种算术运算和逻辑运算，对实现快速运算操作很有用。

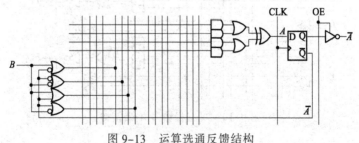

图 9-13 运算选通反馈结构

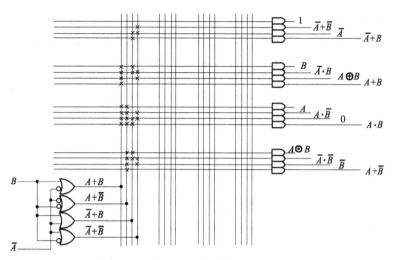

图 9-14　产生 16 种运算的编程情况

属于运算选通反馈结构的 PAL 器件有 PAL16X4、PAL16A4 等。

6）PAL 的命名方法

PAL 器件一般采用助记符命名的方法，以表示器件的一些基本性能，不同厂家的命名方法有些不同，同一厂家的新旧产品也有差异。现以 MMI 公司的产品命名方法为例进行说明，各产品的详细内容请查阅有关产品说明书。

MMI 公司的产品命名方法如图 9-15 所示。

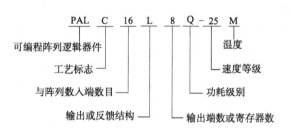

图 9-15　MMI 公司对 PAL 产品的命名方法

工艺标志：空白时表示为 TTL 熔丝工艺，C 为 CMOS 工艺，10H 或 100H 表示为 ECL 工艺。

与阵列输入端数目：指接入与阵列的专用输入端和反馈输入端的数目总和，它反映了每个乘积项中变量个数的多少，例如，标号为 16 时，表示每个乘积项有 16 个输入因子，正负变量共为 32 个，从器件逻辑图横向看有 32 个交叉点。

输出或反馈结构：

L——低电平有效；　H——高电平有效；

C——互补输出；　　P——输出极性可编程；

R——寄存器输出；　X——异或结构；

A——算术运算型；　S——乘积项公用输出；

V——每个单元乘积项数目不同；

在一些结构复杂的器件中，往往采用复合法表示，如 20XRP6 表示为异或结构、寄存器输出、输出极性可编程。

输出端数或寄存器数：当器件输出端无寄存器时，该项指总输出端数目；而当输出端为寄存器输出或兼有非寄存器输出时，该项指总寄存器输出数目。

功耗级别：表示空载时所消耗的功耗。空白时为全功耗 180～210 mA；H 为半功耗 90～105 mA；Q 为 1/4 功耗 45～55 mA；Z 为 0 功耗（0.1 mA 的维持电流，CMOS 产品）。

速度等级：-25 表示 25 ns，-15 表示 15 ns，-10 表示 10 ns。

温度：C 表示温度范围为 0～75℃（民用），M 表示温度范围为-55～+125℃（军用）。

9.2.3 PAL 的应用

用 PAL 器件设计逻辑电路的步骤如下：

（1）对逻辑功能进行描述。这一步的关键是正确表示出输出与输入的逻辑关系。可用真值表、逻辑方程以及状态图，尽量选择简单的表达方式。

（2）选择合适的 PAL 芯片，根据输入与输出的逻辑关系特点，如组合电路或时序电路，以及输入个数和输出个数的多少来选择合适的芯片。还要考虑其他技术指标条件是否满足要求，如温度、速度、功耗及各种特性等，可通过查看手册进行选择。

（3）按照所应用的对器件进行设计的语言要求，将源文件输入微机，形成编程文件，然后进行仿真测试。

（4）用编程器编程。用微机生成的编程文件对器件进行编程。

【例 9-1】用 PAL 器件实现一个一位二进制全加器和全减器。

解：（1）描述逻辑功能：

全加器的输入变量有三个：被加数 A_n，加数 B_n，较低位的进位 C_n；输出变量有两个：全加和 S_n，向高位的进位 C_{n+1}。

全减器的输入变量有三个：被减数 D_n，减数 E_n，较低位的借位 F_n；输出变量有两个：差数 G_n，向高位的借位 F_{n+1}。

全加器与全减器的真值表如表 9-2 所示。

表 9-2 全加器与全减器的真值表

A_n	B_n	C_n	S_n	C_{n+1}	D_n	E_n	F_n	G_n	F_{n+1}
0	0	0	0	0	0	0	0	0	0
0	0	1	1	0	0	0	1	1	1
0	1	0	1	0	0	1	0	1	1
0	1	1	0	1	0	1	1	0	1
1	0	0	1	0	1	0	0	1	0
1	0	1	0	1	1	0	1	0	0
1	1	0	0	1	1	1	0	0	0
1	1	1	1	1	1	1	1	1	1

列出最简与或表达式

$$S_n = \overline{A_n}\,\overline{B_n}C_n + \overline{A_n}B_n\overline{C_n} + A_n\overline{B_n}\,\overline{C_n} + A_nB_nC_n$$

$$C_{n+1}=\overline{B_nC_n}+\overline{A_nC_n}+\overline{A_nB_n}$$

$$G_n=\overline{D_nE_n}F_n+\overline{D_n}E_n\overline{F_n}+D_n\overline{E_nF_n}+D_nE_nF_n$$

$$F_{n+1}=\overline{D_n}F_n+\overline{D_n}E_n+E_nF_n$$

（2）选择器件。由真值表和逻辑表达式可知，选择器件的条件是：6个输入，4个输出，高电平输出有效，属于组合逻辑电路，每个输出有 3～4 个乘积项。综合这些条件，可选择 PAL14H4。如果选择 PAL10H8 或 PAL12II6，虽然输入输出端个数满足条件，但乘积项个数不满足要求。

（3）按要求写成源文件，输入微机，形成编程文件。目前的开发软件有很多种，由专用高级语言和一组把逻辑描述转换为编程器下载文件的语言处理程序组成。

源程序是按软件的语言要求格式写出的表示输入与输出之间逻辑关系的程序。关于源文件的编写可参照有关资料。

（4）用开发系统的编程器对器件编程。按照设计要求将对应的熔丝烧断，所形成的逻辑图如图 9-16 所示。

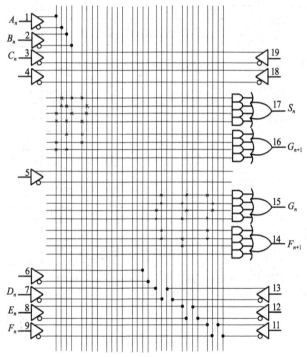

图 9-16　用 PAL14H4 实现的全加、全减器的逻辑图

9.3　通用阵列逻辑（GAL）

1985 年 Lattice 公司首先推出了当时属于新型产品的可编程逻辑器件——通用阵列逻辑（GAL）。GAL 采用电可擦除工艺制作，可用电压信号擦除并可重新编程。GAL 器件的输出端设置了可编程的输出逻辑宏单元 OLMC（ Output Logic Macrocell 的缩写 ）。通过编程可将 OLMC 设成不同的工作状态，从而可以用同一种型号的 GAL 器件实现多种输出电路工作模式。

9.3.1 GAL 的电路结构

我们以常用的 GAL16V8 为例，介绍 GAL 器件的一般电路结构。

图 9-17 所示为 GAL16V8 的电路结构图。它有一个 64×32 位的可编程与逻辑阵列，八个 OLMC，十个输入缓冲器，八个三态输出缓冲器和八个反馈／输入缓冲器。

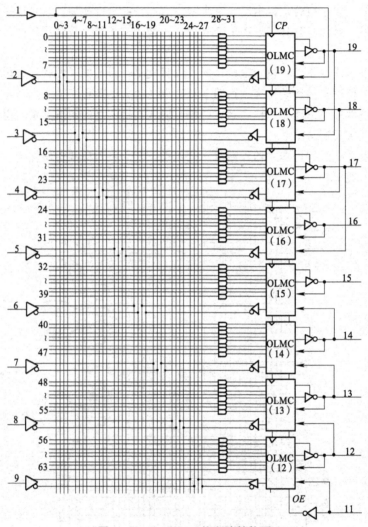

图 9-17　GAL16V8 的电路结构图

与逻辑阵列的每个交叉点上设有编程单元。

GAL 器件中组成或逻辑阵列的八个或门分别包含在八个 OLMC 中，它们和与逻辑阵列的连接是固定的。在 GAL16V8 中除了与逻辑阵列以外还有一些编程单元，这些编程单元可划分为 64 行，经过编程后可实现一些比较重要的功能。

9.3.2 输出逻辑宏单元（OLMC）

OLMC 中包含一个或门、一个 D 触发器、四个数据选择器和由一些门电路构成的控制电路。输出逻辑宏单元的结构框图如图 9-18 所示。

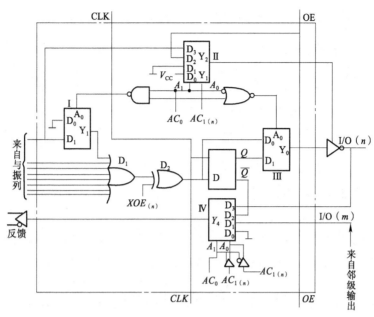

图 9-18　输出逻辑宏单元（OLMC）的结构框图

或门、异或门、D 触发器的作用和 PAL 中的相同，下面分析四个数据选择器的作用。

1）乘积项多路选择器 I

或门有 8 个输入端，来自与阵列的乘积项，其中有 7 个乘积项直接作为或门的输入，而第一乘积项通过多路选择器传送给或门。多路选择器 I 在 AC_0、AC_1 的控制下选择该项是否作为或门的一个输入。当 $\overline{AC_0 \cdot AC_1} = A_0 = 1$ 时，乘积项与或门接通，否则，将地信号送入或门，此乘积项不起作用。式中，控制信号位 AC_0 为各 OLMC 共用，$AC_{1(n)}$ 为第 n 个 OLMC 专用。

2）输出允许控制多路选择器 II

它在 AC_0，$AC_{1(n)}$ 的控制下，分别选择 V_{cc}、地、第一乘积项和 OE 信号作为三态输出缓冲的控制信号。

$AC_0 AC_{1(n)} = 00$ 时，V_{CC} 控制三态门开门。

$AC_0 AC_{1(n)} = 01$ 时，控制端接地，输出呈高阻态。

$AC_0 AC_{1(n)} = 10$ 时，控制端接 OE。

$AC_0 AC_{1(n)} = 11$ 时，控制端接第一乘积项。

3）输出多路选择器 III

它在 AC_0 和 $AC_{1(n)}$ 的控制下，可选择组合型输出（直接从异或门输出）或寄存器输出。

当 $\overline{AC_0 + AC_{1(n)}} = 0$ 时，选择组合型输出，$Y_0 = D_0$。

当 $\overline{AC_0 + AC_{1(n)}} = 1$ 时，选择寄存器输出，$Y_0 = D_1$。

4）反馈多路选择器 IV

它通过 AC_0、$AC_{1(n)}$、$AC_{1(m)}$ 选择不同的信号反馈给与阵列。

当 $AC_0 = 0$ 时，由 AC_0、$AC_{1(m)}$ 来控制，$AC_{1(m)}$ 是邻级单元的 AC_1 控制信号，当 $AC_0 AC_{1(m)} = 00$ 时，反馈信号为 D_0 接地，即无反馈信号；当 $AC_0 AC_{1(m)} = 01$ 时，反馈信号为邻级单元的输出 I/O$_{(m)}$。当 $AC_0 = 1$ 时由 $AC_0 AC_{1(n)}$ 来控制，当 $AC_0 AC_{1(n)} = 10$ 时，反馈信号为本级寄存器

的 $\overline{Q}$ 端；当 $AC_0 \, AC_{1(n)}=11$ 时，反馈信号为本级单元的输出 $I/O_{(n)}$ 端。

注意

n 为本级单元 I/O 端的引脚号，m 为邻级单元 I/O 端的引脚号，当 $n=16\sim18$ 时，$m=n+1$；当 $n=13\sim15$ 时，$m=n-1$；当 $n=19$ 时，$m=1$；当 $n=12$ 时，$m=11$。因为 OLMC(19) 和 OLMC(12) 没有相邻单元，不存在 AC1 值，故它们的 AC1(m) 由另一个控制信号 SYN 代替，AC0 由 $\overline{SYN}$ 代替，这样做使所形成的熔丝图与 PLA 器件完全一致，可以互换，保持了 GAL 器件与 PLA 器件的兼容性。

9.3.3　GAL 的输入和输出特性

通过对内部控制信号 AC_0、$AC_{1(n)}$、$AC_{1(m)}$、SYN 及 $XOR_{(n)}$ 的编程，可以使 OLMC 构成各种不同的输出模式。SYN 除了代替 OLMC(19) 和 OLMC(12) 的 $AC_{1(m)}$ 外，还有一个重要的作用，即它可以决定整个 GAL 是否有寄存器输出功能。当 SYN=0 时，GAL 中的八个输出端至少有一个或全部为寄存器输出；当 SYN=1 时，GAL 的八个输出端均为组合逻辑输出，并可以组合成不同的组态。

表 9-3 列出了在 SYN、AC_0、$AC_{1(n)}$、$XOR_{(n)}$ 的控制下构成的 $OLMC_{(n)}$ 的五种输出模式。

表 9-3　$OLMC_{(n)}$ 的输出模式

输出模式	SYN	AC$_0$	AC$_{1(n)}$	XOR$_{(n)}$	输出极性	备　注
纯输入	1	0	1			端口做输入使用；1 脚和 11 脚也为输入端，三态门常态
基本组合输出	1	0	0	0 1	低电平有效 高电平有效	所有输出为组合输出，1 脚和 11 脚为输入端；三态门常态
带反馈组合输出	1	1	1	0 1	低电平有效 高电平有效	所有输出为组合输出，三态门由第一与门选通，13~18 脚为带反馈组合输出，1、11 脚为输入端
整片有寄存器的组合输出	0	1	1	0 1	低电平有效 高电平有效	三态门由第一与门选通，1 脚=CLK，11 脚=$\overline{OE}$，本 OLMC 是带反馈组合输出，但其他至少有一个为寄存器输出
全寄存器输出	0	1	0	0 1	低电平有效 高电平有效	三态门由 OE 选通，1 脚=CLK，11 脚=$\overline{OE}$，8 个 I/O 端均为寄存器输出

各种输出模式的等效逻辑图如图 9-19 所示。

1. 行地址图

在 GAL 器件中，除了供用户编程用的与阵列外，还包含一些其他功能的编程单元，有的可以由用户编程，有的不能由用户编程。这些编程单元可用行地址图来表示。行地址图如图 9-20 所示。行地址编程单元有 64 行，编程后可实现一些重要功能。

1）用户阵列

行地址的第 0~31 行对应与阵列的 32 个输入变量，每行为 64 位，与 64 个乘积项对应，可供用户编程。

2）电子标签

第 32 行是电子标签，它是一个可重复编程的存储器，能保存用户定义的数据，其中包含器件使用说明编码、修改的次数或目录管理等。

3）结构控制字

第60行是结构控制字，长度为82位。如图9-21所示。

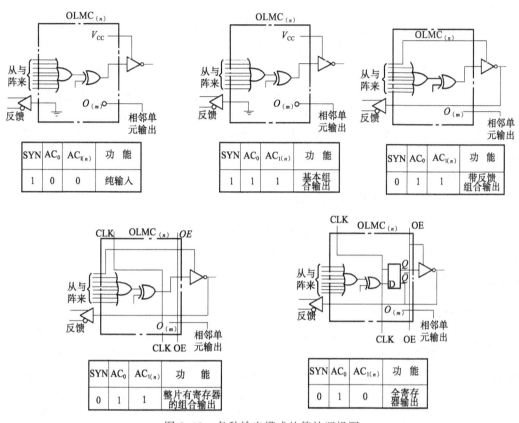

图 9-19　各种输出模式的等效逻辑图

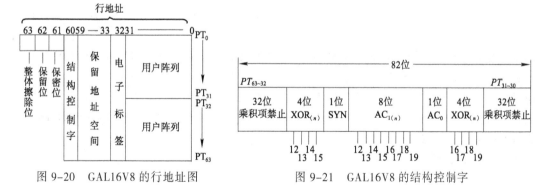

图 9-20　GAL16V8 的行地址图　　　　图 9-21　GAL16V8 的结构控制字

对结构控制字编程可控制 OLMC 的输出模式，其中有 1 位同步位 SYN，1 位结构控制位 AC_0，8 位结构控制位 $AC_{1(n)}$，它们之间的不同组合可控制各 OLMC 的输出模式。极性控制位 $XOR_{(n)}$ 有 8 位，单独控制各级输出极性。乘积项禁止位有 64 位，分别控制 64 个与项 $PT_0 \sim PT_{63}$，以便屏蔽某些不用的与项，保持该与门的各可编程单元的原始状态不变。被屏蔽的与门输出为 0。$XOR_{(n)}$ 和 $AC_{1(n)}$ 下面的数字分别表示其对应的 OLMC 的引脚号。

4）保密位

第 61 行为保密位，只有一位，一般在器件设计编程，再经仿真测试无误后，最后对该位编程，可防止对器件的检查和复制。

5）整体擦除位

如果将第 63 行的整体擦除位清除，阵列中所有单元都将被擦除，使芯片恢复到初态，以备再用。行地址的第 33～59 行、62 行由制造厂家保留备用。

2. GAL 的设计与编程

用 GAL 器件设计逻辑电路的方法与步骤和 PAL 基本相同。目前 GAL 的编程设计软件有很多种，其中 ABEL、CUPL 是通用软件，功能很强，不但能产生熔丝图，面且还能帮助开发逻辑方程。大多数情况下，只按真值表或状态图提供简单的程序就能自行产生逻辑方程式，并自动产生编程文件。

因为 GAL 器件通用性强，因此，种类很少，在器件的选择上较为简单。GAL 器件一般都可擦除 100 次以上，写入后的数据可保持 20 年之久。

9.4　现场可编程门阵列

9.4.1　现场可编程门阵列（CPLD）

1. CPLD 的基本结构和特点

CPLD[1]将简单 PLD(PAL、GAL 等)的概念作了进一步的扩展，并提高了器件的集成度。和简单的 PLD 相比，CPLD 允许有更多的输入信号、更多的乘积项和更多的宏单元，CPLD 器件内部含有多个逻辑单元块，每个逻辑块就相当于一个 GAL 器件，这些逻辑块之间可以使用可编程内部连线实现相互连接。目前，生产 CPLD 器件著名的公司有多家[2]，尽管各个公司的器件结构千差万别，但它们仍有共同之处，图 9-22 为通用的 CPLD 器件的结构框图。

下面以 LATTICE 公司生产的在系统可编程大规模集成逻辑器件 ispLSI1016 为例，介绍 CPLD 的电路结构及其工作原理。这种器件的最大特点是"在系统可编程(ISP[4])"特性。所谓在系统可编程是指未编程的 ISP 器件可以直接焊接在印制电路板上，然后通过计算机的并行口和专用的编程电缆对焊接在电路板上的 ISP 器件直接多次编程，从而使器件具有所需要的逻辑功能。这种编程不需要使用专用的编程器，因为已将原来属于编程器的编程电路及升压电路集成在 ISP 器件内部了。ISP 技术使得调试过程不需要反复拔插芯片，从而不会产生引脚弯曲变形现象，提高了可靠性，而且可以随时对焊接在电路板上的 ISP 器件的逻辑功能进行修改，从而加快了数字系统的调试过程。除了 LATTICE 公司外，其他公司生产的 CPLD 器件也具有在系统编程的功能。

---

① Complex Programmable Logic Device 的缩写；

② Complex Programmable Logic Device 的缩写如 ALTERA、AMD/VANTIS、LATTICE、CYPRESS 和 XILINX；

③ In-System Programmability 的缩写；

④ In-System Programmability 的缩写。

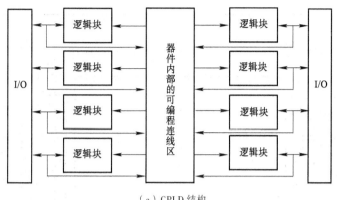

（a）CPLD 结构

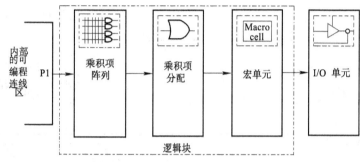

（b）逻辑块结构图

图 9-22　通用的 CPLD 器件的结构框图

IspLSI1016 的结构如图 9-23 所示。它由 16 个相同的通用逻辑块 GLB[1](A0~A7、B0~B7)、32 个相同的输入、输出单元(I/O0~I/O31)、可编程的集总布线区 GRP[2]、时钟分配网络以及在系统编程控制电路等部分组成(图中未画出编程控制电路)。在 GRP 的左边和右边各形成一个宏模块。每个宏模块包括：八个 GLB、16 个 I／O 单元、两个专用输入引脚(SDI／IN0, SDO/IN1 或 MODE／IN2,IN3)、一个输出布线区 ORP 以及 16 位的输入总线。

集总布线区 GRP 位于两个宏模块的中央，它由众多的可编程 E^2CMOS 构成，内部逻辑的连接都是通过这一区域完成的。它接收输入总线送来的输入信号和各 GLB 的输出信号，同时向每个宏模块输出信号。因此，任何一个 GLB 的输出信号和任何一个通过 I/O 单元的输入号都能送到任何一个 GLB 的输入端。这种结构使得信号的传输延迟时间是可预知的，有利于获得高性能的数字系统。

下面简要介绍通用逻辑块 GLB、输入输出 I/O 单元、输出布线区和时钟分配网络的结构和功能。

GLB 由与阵列、乘积项共享阵列、输出逻辑宏单元 OLMC 和功能控制四部分组成。它可实现类似 GAL 的功能。简化的 GLB 逻辑图如图 9-24 所示。四部分具体功能如下：

---

① Generic Routing Block 的缩写；

② Global Routing Pool 的缩写。

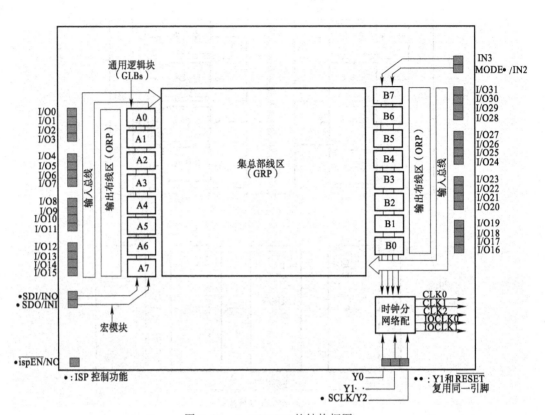

图 9-23　ispLSI1016 的结构框图

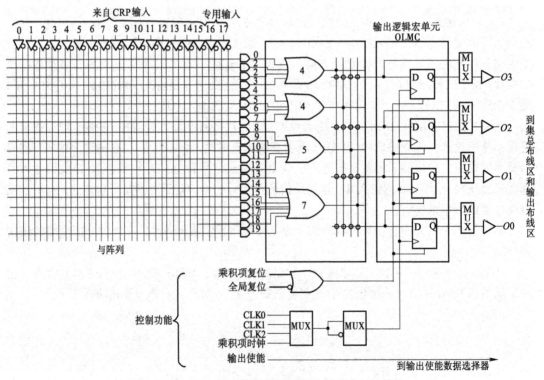

图 9-24　ispLSI 1016 器件通用逻辑块（GLB）的结构

1）与阵列

与阵列有 18 个输入，其中有 16 个来自集总布线区 GRP（它们可以是来自 I/O 引脚的信号、也可以是 GLB 的反馈信号），另外两个来自专用输入引脚，它们经过输入缓冲器后，都产生互补信号。通过对与阵列编程，可以产生 20 个乘积项（0～19）。

2）乘积项共享阵列

这一阵列可以把 20 个乘积项分组送到 4 个或门，其输出经过乘积项共享阵列的编程，可以按需要连至 GLB 的任何一个输出。乘积项共享阵列具有"线或"功能，如果输出函数需要的乘积项多于 7 个，可将两个或两个以上的或门输出的乘积项再次相或，最多可以实现 20 个乘积项的输出。这种同一个的乘积项可以被多个输出宏单元使用的情况，称为乘积项共享。乘积项共享阵列可以灵活地配置以满足用户不同的需要，同一个 GLB 中的 4 个输出可以采用相同的配置形式，也可以采用不同的配置形式（混合配置），图 9-25 采用的是混合配置。图中，O3 配置为异或模式，第一个或门输出的 3 个乘积项与第三个或门输出的 4 个乘积项进行"线或"组成 7 个乘积项，然后再与第 0 个乘积项"异或"，"异或"的结果送到属于 O3 的 D 触发器输入端。O2 配置为高速旁路模式，第二个或门的输出直接送到 OLMC。O1 配置为单乘积项旁路模式，可以获得最快的信号传输速度。00 的配置为共享下面两个或门的 11 个乘积项，实现 11 个乘积项相或的运算。

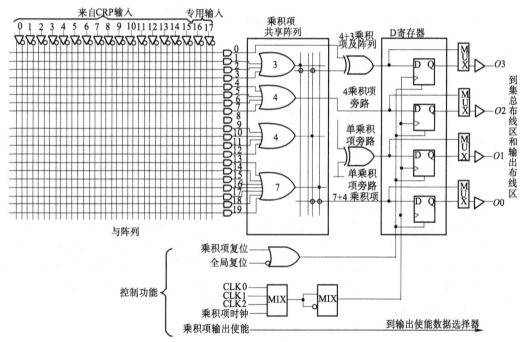

图 9-25　ispLSI 1016 器件通用逻辑模块（GLB）的配置

3）输出逻辑宏单元 OLMC

与 GAL 中的 OLMC 类似，它由 4 个 D 触发器构成，其输入端接异或门（图 9-24 中未画出）。异或门可以作为逻辑单元来使用，也可以把它与 D 触发器结合构成 JK 触发器或 T 触发器。如果需要组合逻辑输出，可以通过数据选择器把触发器旁路掉。

4）功能控制

寄存器的时钟信号分为同步时钟和异步时钟信号两种。同步时钟信号由时钟分配网络供给，它可以在 CLK0、CLK1 及 CLK2 中选择一个；异步时钟信号由 GLB 中的第 12 乘积项提供。寄存器的复位信号由全局复位引脚或 GLB 中的第 12 或 19 乘积项提供。另外，第 19 乘积项还可以作为输出三态门的输出使能控制信号。因此，若在设计中使用第 12 或第 19 乘积项作为控制信号，那么这一乘积项就不能用于实现其他逻辑功能。乘积项时钟是通过输入项相"与"产生的时钟，也是 ispLSI 器件最有特色的性质之一。

2. 输入输出单元 I/O (Input Output cell)单元结构

I/O 单元是 CPLD 外部封装引脚和内部逻辑间的接口。每个 I/O 单元对应一个封装引脚，通过对 I/O 单元中可编程单元的编程，可将引脚定义为输入、输出和双向功能。ispLSI1016I/O 单元简化原理框图如图 9-26 所示。

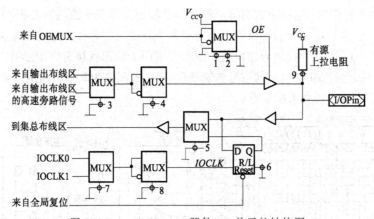

图 9-26　ispLSI 1016 器件 I/O 单元的结构图

I/O 单元中有输入和输出两条信号通路。当 I/O 引脚作输出时，三态输出缓冲器的输入信号来自输出布线区，由可编程单元的 3、4 控制数据选择器 MUX，选择输入信号的来源和极性。三态输出缓冲器的使能控制信号 OE，由可编程单元 1、2 控制数据选择器 MUX 选择来源；当 OE 为低电平时，I/O 引脚可用做输入，引脚上的输入信号经过输入缓冲器，由可编程单元 5 控制数据选择器 MUX 选择是直接送到集总布线区，还是经过 D 触发器寄存后输入到集总布线区。由可编程单元 6 控制 D 寄存器工作在寄存器方式或锁存方式。可编程单元 7、8 控制 D 触发器的时钟信号 IOCLK 的来源及极性。通过对上述 8 个可编程单元的编程，可使 I/O 单元配置为如图 9-27 所示的 8 种形式。每一个 I/O 单元都接有上拉电阻，如果某一个 I/O 引脚未使用，通过可编程单元 9 可使上拉电阻接至该引脚，防止该引脚浮空，避免了噪声进入该电路和消耗额外的功率。

3. 输出布线区 ORP (Output Routing Pool)

输出布线区（ORP）的结构如图 9-28 所示，其作用是把 GLB 的输出信号接到 I/O 单元。8 个通用逻辑块和 16 个 I/O 单元共用一个输出布线区，每个 GLB 的输出可以分别接到 4 个 I/O 单元。例如，通过对输出布线区的编程，各个 GLB 的输出 O3 都可以接到 I/O3、I/O7、I/O11、I/O15 中的任何一个。而对 GLB 中乘积项共享阵列的编程，可使 GLB 中的 4 个输出位置互换。因此，实际上能够做到把每个 GLB 的输出送到本宏模块内任意一个 I/O 单元。这些工作是由开发软件的布线程序自动完成

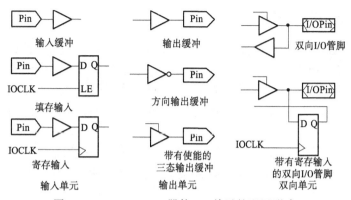

图 9-27　ispLSI 1016 器件 I/O 单元的配置形式

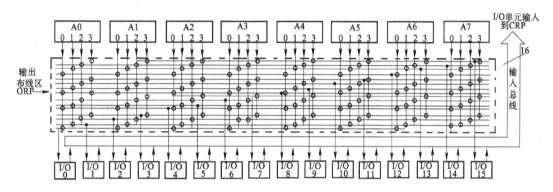

图 9-28　ispLSI 1016 器件输出布线区（ORP）的结构

4. 时钟分配网络 CDN (Clock Distribution Network)

ispLSI1016 器件时钟分配网络如图 9-29 所示。它有 3 个外部时钟引脚，其中 Y0 脚直接连到 CLK0，Y1 连到全局复位和时钟分配网络，Y2 也连到时钟分配网络。在每个器件内部都有一个确定的 GLB 和时钟分配网络相连接，这个 GLB 既可以作为普通的 GLB 使用（此时不与时钟分配网络相连），又可以用来产生时钟。在 ispLSI 内部，GLBB0 的 4 个输出 00～03 和时钟分配网络相连，产生 CLK1、CLK2、IOCLK0 和 IOCLK1 时钟。在这种情况下，这 4 个时钟是用户定义的内部时钟。其中 IOCLK0 和 IOCLK1 用做 I/O 单元的时钟。

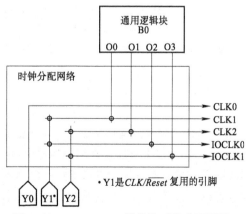

图 9-29　ispLSI1016 器件的时钟分配网络

9.4.2　现场可编程门阵列（FPGA）

现场可编程门阵列（FPGA）是 20 世纪 80 年代中期发展起来的另一种类型的可编程器件。它不像 CPLD 那样采用可编程的"与–或"阵列来实现逻辑函数，而是采用查找表（LUT）实现逻辑函数。这种不同于 CPLD 结构的特点，使 FPGA 中可以包含数量众多的 LUT 和触发器，从而能够实现更大规模，更复杂的逻辑电路，避免了"与–或"阵列结构上的限制和触发器及 I/O 段数量上的限制。

近年来，生产工艺上的进步大大降低了 FPGA 的成本，其功能及性能上的优越性更为突出。因此，FPGA 以成为目前设计数字电路或是系统的首选器件之一。

1. FPGA 中编程实现逻辑功能的基本原理

在 FPGA 中，实现组合逻辑功能的基本电路是 LUT 和数据选择器，而触发仍然是实现时序逻辑功能的基本电路。LUT 本质上就是一个 SRAM。目前 FPGA 中多使用 4 个输入，1 个输出的 LUT，所以每个 LUT 可以看成是一个有 4 根地址线的 16×1 位的 SRAM。SRAM 实现组合逻辑函数的原理与 8.2 节 ROM 的实现原理相同。例如，要实现逻辑函数 $F = \overline{A}BC + \overline{ABCD} + B\overline{C}$，则可以列出 F 的真值表 9-4 所示。以 ABCD 作为地址，将 F 的值写入 SRAM 中（见图 9-4），这样，每输入一组 ABCD 信号进行逻辑运算，就相当于输入一个地址进行查表，找出地址对应的内容输出，在 F 端便得到该组输入信号逻辑运算的结果。

表 9-4　F 的真值表

地址				内容	地址				内容
A	B	C	D	F	A	B	C	D	F
0	0	0	0	0	1	0	0	0	0
0	0	0	1	0	1	0	0	1	0
0	0	1	0	0	1	0	1	0	1
0	0	1	1	0	1	0	1	1	1
0	1	0	0	1	1	1	0	0	1
0	1	0	1	1	1	1	0	1	1
0	1	1	0	1	1	1	1	0	1
0	1	1	1	1	1	1	1	1	0

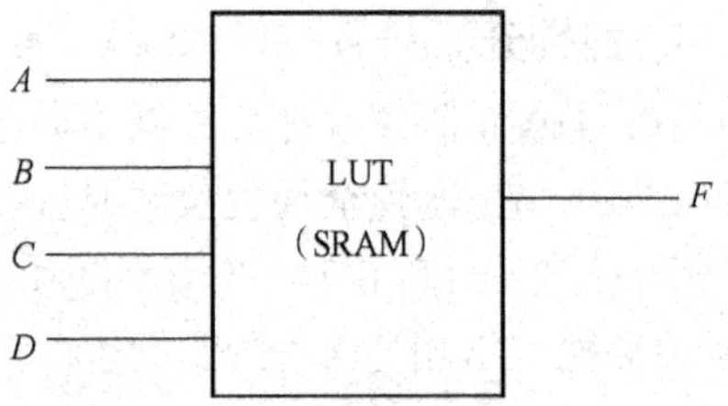

图 9-22　4 输入查找表

当用户通过原理图或 HDL 语言描述了一个逻辑电路以后，FPGA 开发软件会自动计算逻辑电路的所有可能的结果（真值表），并把结果写入 SRAM，这一过程就是所谓的编程。此后，SRAM 中的内容始终保持不变，LUT 就是具有了确定的逻辑功能。由于 SRAM 具有数据易失行，即一旦断电，其原有的逻辑功能将丢失。所以 FPGA 一般需要一个外部的 PROM 保存编程数据。上电后，FPGA 首先从 PROM 中读入编程数据进行初始化，然后才开始正常工作。

由于一般的 LUT 为 4 输入结构，所以，当要实现多于 4 变量的逻辑函数时，就需要用多个 LUT 级联来实现。一般 FPGA 中的 LUT 是通过数据选择器完成级联的。图 9-23 为由 4 个 LUT 和若干个 2 选 1 数据选择器实现 6 变量任意逻辑函数的原理图。该电路实际上将 4 个 16 $\times 1$ 位的 LUT 扩展为 64×1 位。A，B 相当于 6 位地址的最高 2 位，它们取不同值时，输出与 LUT 的关系如图 9-23 所示。

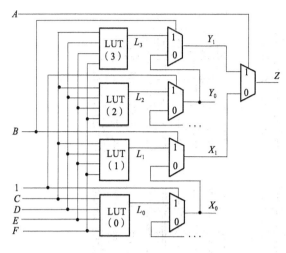

图 9-23　LUT 通过级联实现 6 变量逻辑函数

表 9-5　字扩展关系

高位地址		输　　出
A	B	Z
0	0	选通 LUT（0）
0	1	选通 LUT（1）
1	0	选通 LUT（2）
1	1	选通 LUT（3）

在 LUT 和数据选择器的基础上再增加触发器，便可构成既可实现组合逻辑功能又可实现时序逻辑功能的基础逻辑单元电路。FPGA 中就是有由很多类似这样的基础逻辑单元来实现各种复杂逻辑功能的。

可编程数据选择器 MUX 在 FPGA 中也充当着重要角色。例如，在图 9-24（a）中，编程时在 SRAM 存储单元 M_1、M_2 中写入 0 或 1，就可以确定被选中的输入通道与输出相连。此时 MUX 就是可编程的数据开关，编程后，开关的位置也就确定了。为简明起见，在 FPGA 逻辑图中，通常采用图 9-24（b）所示的简化符号。

由于 SRAM 中的数据理论上可以进行无限次写入，所以，基于 SRAM 技术的 FPGA 可以进行无限次的编程。

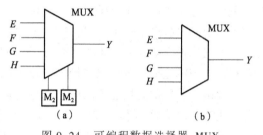

图 9-24　可编程数据选择器 MUX

（a）可编程四选一 MUX　　　（b）可编程 MUX 简化符号

2. FPGA 的结构

目前，虽然 FPGA 产品种类较多，但 Xilinx 公司的 FPGA 最为典型。这里以该公司的产品为例，介绍 FPGA 的内部结构及各模块的功能。

FPGA 的结构示意图如图 9-25 所示。它主要由可编程逻辑模块（CLB[①]）、RAM 块（Block RAM）、输入/输出模块（IOB[②]）、延时锁环（DLL[③]）和可编程布线矩阵（PRM[④]，图 9-25 中未画）等组成。FPGA 的规模不同，其所包含模块的数量也不同。可编程逻辑模块 CLB 是实现各种逻辑功能的基本单元，包括组合逻辑、时序逻辑，加法器等运算功能。可编程的输入/输出模块 IOB 是芯片外部引脚数据与内部数据进行交换的接口电路，通过编程可将 I/O 引脚

① Configurable Logic Block 的缩写，又称可配置逻辑模块；
② Input/output Block 的缩写；
③ Delay-Locked Loop 的缩写；
④ Programmable Routing Matrix 的缩写。

设置成输入，输出和双向等不同的功能。IOB 分布在芯片的四周。

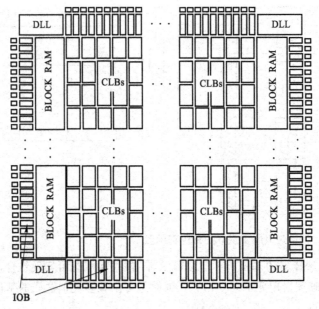

图 9-25　Spartan－Ⅱ系列 FPGA 的结构示意图

延时锁环 DLL 可以控制和修正内部各部分时钟的传输延迟时间，保证逻辑电路可靠地工作。同时，也可以产生相位滞后 0°、90°、180° 和 270° 的时钟脉冲，还可产生倍频或分频时钟，分频系数可以是 1.5、2、2.5、3、4、5、8、16 等。

CLB 之间的空隙部分是布线区[①]，分布着可编程布线资源，通过它们实现 CLB 与 CLB 之间，CLB 与 IOB 之间以及全局时钟等信号与 CLB 和 IOB 之间的连接。

在 Xilinx 公司的高性能产品中，已将乘法器、数字信号处理器等集成在 FPGA 中，大大增强了 FPGA 的功能。同时，为了使芯片稳定可靠地工作，其内部都设有数字时钟管理模块。由于这些内容已超出本书讨论范围，所以此处只介绍 FPGA 中几个最重要的基本的功能模块。

1）可编程逻辑模块 CLB

CLB 是 FPGA 中的基础逻辑模块，它可以实现绝大多数的逻辑功能，其简化的原理框图如图 9-26 所示，构成 CLB 的基础是逻辑单元（LC[②]），一个 LC 中包括一个 4 输入 LUT、进位及控制逻辑和一个 D 触发器（EC 为时钟使能控制端）。每个 CLB 包含 4 个 LC，并将每 2 个 LC 组织在 1 个微片（Slice）中，图中可见有 2 个微片。在 Virtex－Ⅱ和 Spartan－3 系列中，CLB 包含 4 个微片，即含有 8 个 LC。CLB 的输入来自可编程布线区，其输入再回送到内部布线区。

为了进一步了解 CLB 实现各种逻辑功能的原理，图 9-27 绘出了更详细的单个微片原理图。图中数据选择其除了 CY、F5、F6 外均为可编程 MUX。由图看出，微片有 15 个输入端和 8 个输出端。15 个输入包括两组 4 变量逻辑函数输入端 $F_1 \sim F_4$ 和 $G_1 \sim G_4$，3 个触发器控制及时钟信号输入端 SR、CLK 和 CE，1 个级联输入端 F5IN，2 个旁路输入端 BX，BY 和 1

---

① 实际上，FPGA 采用多层布局布线结构，并非只能在模块间的空隙处布线；
② Logic Cell 的缩写。

个进位链输入端 CIN。8 个输出包括 2 个组合逻辑输出端 X 和 Y，2 个寄存器输出端 XQ 和
YQ，2 个算术运算进位端 BX 和 BY，1 个级联输出端 F5 和 1 个进位链输出端 COUT。微片中
上下两个 LC 结构基本相同，现以下面的 LC 为主介绍电路功能。

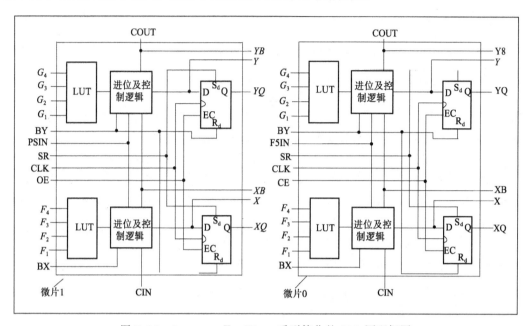

图 9-26　Spartan-Ⅱ、Virtex 系列简化的 CLB 原理框图

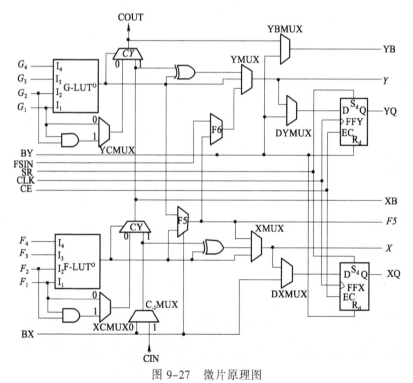

图 9-27　微片原理图

注：图中未画出作为同步 SRAM 和移位寄存器使用时的读写控制电路

（1）实现4变量任意逻辑函数。来自CLB以外布线区的4个输入变量送入$F_1 \sim F_4$，在F – LUT的O端得到4变量逻辑函数。该结果可经XMUX直接从X端输出，也可经DXMUX和D触发器由XQ端输出。

（2）实现5变量任意逻辑函数。来自CLB以外布线区的4个输入变量同时送入$F_1 \sim F_4$和相应的$G_1 \sim G_4$，第5个输入变量送至BX端。F – LUT、G – LUT的输出和BX经数据选择器F5扩展为5变量逻辑函数。该结果可直接由F5端输出，也可经XMUX、DXMUX和D触发器，由X和／或XQ端输出。

（3）实现6变量任意逻辑函数。实现6变量任意逻辑函数需用2个微片。在实现5变量函数基础上，将另一个微片的F5的输出，经数F5IN和BY据选择器F6扩展为6变量逻辑函数。该结果经YMUX、DYMUX和D触发器，由Y和／或YQ端输出。

（4）2位二进制加法器。由于加法运算涉及进位问题，所以CLB中专门设计了进位链，一个微片可以完成2位二进制数的加法运算。实现加法运算时，加数A_1A_0和被加法B_1B_0分别送入G_2F_2和G_1F_1，即$G_2 = A_1$，$G_1 = B_1$，$F_2 = A_0$，$F_1 = B_0$。通过编程使两个LUT分别实现$F_2 \oplus F_1$和$G_2 \oplus G_1$，同时编程使XMUX和YMUX选通异或门的输出，使XCMUX和YCMUX选通与门的输出，使YBMUX选通上端CY的输出。这样，图9-27可以简化为图9-28的形式。其中，低位的和$S_0 = A_0 \oplus B_0 \oplus C_{-1}$进位$C_0$为

$$C_0 = (\overline{A_0 \oplus B_0})A_0B_0 + (A_0 \oplus B_0)C_{-1}$$
$$= (A_0B_0 + \overline{A_0}\,\overline{B_0})A_0B_0 + (A_0 \oplus B_0)C_{-1}$$
$$= A_0B_0 + (A_0 \oplus B_0)C_{-1}$$

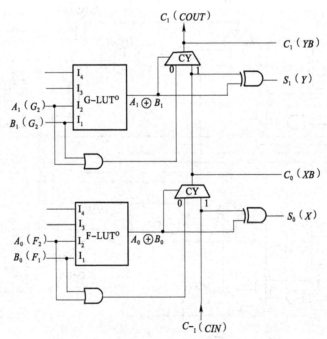

图9-28　实现2位二进制加法运算电路

高位的和及进位有相同的结果，由此看出，电路上，下两部分分别为两个全加器。

图 9-27 所示电路中的**与门**，XCMUX，YCMUX，C_{-1}MUX 和 CY 构成进位逻辑电路，也称进位链，可以与其他微片串联实现更多位的加法运算。当此微片为最低位时，通过编程使 C_{-1}MUX 选通 BX，且使 BX=0。

（5）时序逻辑的实现。图 9-27 中触发器的输出，经布线区反馈给输入，再经 LUT 产生激励函数驱动触发器的 D 端，从而构成时序逻辑电路。触发器的激励函数也可通过 DXMUX（DYMUX）直接取自 BX(BY)。由多个 CLB 便可构成复杂的时序逻辑电路。

由于 LUT 就是一个 16×1 位的 SRAM，所以 CLB 也可用来作存储器使用，不过此时 LUT 中的内容不再是预先配置好的，而是在正常工作时可以随时读写的，而且 LUT 不能在作为逻辑函数产生器使用。LUT 也可以被设置成 16 位移位寄存器使用。另外，为弥补 LUT 构成 RAM 在容量上的不足，在 FPGA 中在增加了 RAM 块。这些 RAM 块以列的形式排列，而 Spartan-Ⅱ系列中有两列这样的 RAM 块，分布在垂直方向的边沿（见图 9-25）。每个 RAM 块与 4 个 CLB 等高。每列与整个芯片等高。每个 RAM 块工作在全同步双工方式中。每个口有独立的读写控制信号，且可编程配置成不同字×位的结构形式。在密度更高的 FPGA 中，有更多列的 RAM 块，详细内容可以参见厂商器件数据手册。

2）输入/输出模块 IOB

IOB 是 FPGA 外部封装引脚和内部逻辑间的接口。每个 IOB 对应一个封装引脚。通过对 IOB 编程。可将引脚分别定义为输入、输出和双向功能。IOB 的简化原理如图 9-29 所示。图中的 V_{CCO} 和 V_{REF} 引脚与其他 IOB 共用。

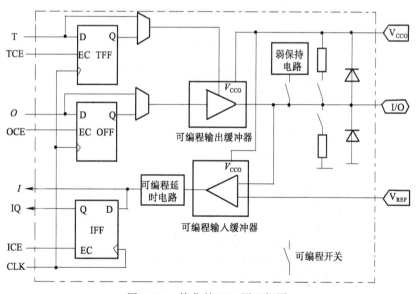

图 9-29 简化的 IOB 原理框图

IOB 中有输入和输出两个信号通路。当 I/O 引脚用做输出时，内部逻辑信号由 O 端进入 IOB 模块，由可编程数据选择器确定是直接送输出缓冲器还是经过 D 触发器寄存后再送输出缓冲器。输出缓冲器使能控制信号 T 可以直接控制输出缓冲器，也可以通过触发器 TFF 后在控制输出缓冲器。当 I/O 引脚用做输入时，引脚上的输入信号经过输入缓冲器，可以直接由

I 进入内部逻辑电路，也可以经触发器 IFF 寄存后由 IQ 输入到内部逻辑电路中。没有用到的引脚被预置为高阻态。

可编程延时电路可以控制输入信号进入的时机，保证内部逻辑电路协调工作。其最短延迟时间为零。

三个触发器均可编程配置为边沿触发或电平触发方式，它们共用一个时钟信号 CLK，但有各自的时钟使能控制信号，通过它们可以实现同步输入/输出。

输入、输出缓冲器和 IOB 中说有的信号。均有独立的极性控制电路（图 9-29 中未画出），可以控制信号是否反向，使能信号是高有效还是低有效，触发器是上升沿触发还是下降沿触发等。

图 9-29 中两个钳位二极管具有瞬时过压保护和静电保护作用。上拉电阻、下拉电阻和弱保持电路（Weak-keeper Circuit）可通过编程配置给 I/O 引脚。弱保持电路监视并跟踪 I/O 引脚输入电压的变化，当连至引脚总线上所有的驱动信号全部失效时，弱保持电路将维持在引脚最后一个状态的逻辑电平上，可以避免总线处于悬浮状态，去除总线抖动，

为使 FPGA 能在不同电源系统中正常工作，IOB 中设计了两个电压输入端 V_{CCO} 和 V_{REF}（它们由多个 IOB 共用）。V_{REF} 为逻辑电平的参考电压，在执行某些 I/O 标准时，需要输入 V_{REF}。大约每六个 I/O 有一个 V_{REF} 引脚。

在此基础上，为了增强 FPGA 的适应性和灵活性。将若干个 IOB 组织在一起，构成一个组（Bank），如图 9-30 所示。一般 FPGA 的 I/O 划分为八个 Bank。同一个 Bank 中 V_{CCO} 引脚只能用同一个电平值，V_{REF} 也只能用一个电压值。但不是所有 V_{REF} 引脚数量也不相同。不同的 Bank 可以与不同 I/O 信号传输标准的逻辑电路进行接口。这一特性可以使 FPGA 工作在由不同工作电源构成的复杂系统中，而 FPGA 内部逻辑电路则在其所谓的核心电源（Core Power Supply）下工作。

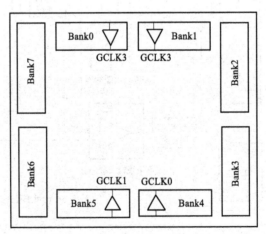

图 9-30　Spartan-II、Virtex 系列 FPGA 中的 Bank 分布

注：Bank、Bank1、Bank4、和 Bank5 中各包含 1 个全局时钟输入缓冲器

3）可编程布线资源

FPGA 中有多种布线资源，包括局部布线资源、通用布线资源、I/O 布线资源、专用布线资源和全局布线资源等，它们分担承担了不同的连线任务。

（1）局部布线资源。局部布线资源是指进出 CLB 信号的连线资源，其示意图如图 9-31 所示。其中 GRM 为通用布线矩阵。局部布线资源主要包括三部分连接：CLB 到 GRM 之间的连接；CLB 的输出到自身输入的高速反馈连接；CLB 到水平相邻 CLB 间的直通快速连接，避免了通过 GRM 产生的延时。

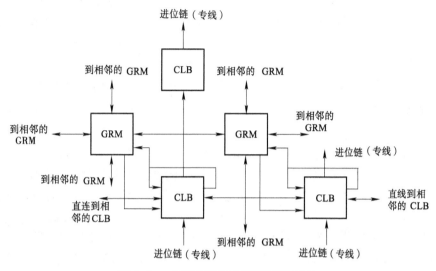

图 9-31 局部可编程布线资源示意图

（2）通用布线区。通用布线区由 GRM 及其连线构成。GRM 是行线资源与列线资源互联的开关矩阵，其结构如图 9-32 所示。通用布线区是 FPGA 中主要的内连资源。GRM 的规模与 FPGA 的规模大小有关。

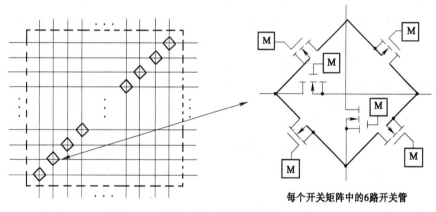

图 9-32 GRM 的结构

（3）I/O 布线资源。在 CLB 阵列与 IOB 接口的外围，有附加的布线资源，称为万能环（VersaRing）。通过对这些布线资源的编程，可以方便地实现引脚的交换和锁定。使引脚位置的变动与内部逻辑无关。

（4）专用布线资源。除了以上布线资源，FPGA 中还包含具有特殊用途的横向片内三态总线和纵向进位链（见图 9-31）的专用布线资源。

（5）全局布线资源。全局布线资源主要用于分配时钟信号和其他贯穿整个器件的高扇出信号。这些布线资源为主，次两级。主全局布线资源与提供高扇出时钟信号的专用输入引脚构成4个专用全局网络，每一个全局时钟网络可以驱动所有的CLB、IOB和RAM块的时钟引脚。有4个全局缓冲器分别驱动这4个主全局网络。

次全局布线资源由24根干线组成，12根穿越芯片顶部，12根穿越底部。它们可由纵向长线连至列中。由于不受时钟引脚的限制，所以次全局布线资源比主布线资源使用更灵活。

信号的传输延时是限制器件工作速度的根本原因。在FPGA的设计过程中，由软件进行优化，确定电路布局的位置和线路选择，以减小传输延迟时间，提高工作速度。

3. FPGA 编程简介

1）配置（编程）数据

由上面FPGA结构小结看出，FPGA中的CLB、IOB的功能和布线资源的连接，都是由它们相应的存储单元中的数据确定的。这些数据也称为配置数据或编程数据。将配置数据写入FPGA芯片后，该芯片便具有了所设计的功能。FPGA的规模不同。其所需配置数据也不同，表9-6所示为Spartan-Ⅱ系列芯片的几个例子。

配置数据由FPGA开发软件自动生成。开发系统将设计输入转换成网络表文件，并自动对逻辑电路进行划分、布局和布线，然后按PROM格式生成配置数据流文件。可以用通用或专用编程器将配置数据写入PROM中。根据FPGA芯片型号所需配置数据量的多少选择相应容量的PROM。

表 9-6　几种芯片的配置数据量

型　　号	配置数据量/bit
XC2S30	336 768
XC2X50	559 200
XC2S100	781 216
XC2S200	1 335 840

2）配置数据的装入

由于SRAM在掉电后其内部的数据会丢失，所以在基于SRAM的FPGA必须配置一个PROM芯片，用以存放FPGA的配置数据。每次上电后，FPGA可以自动将PROM中的配置数据装载到FPGA中，或通过控制FPGA相应的编程引脚，将配置数据装载到FPGA中。装载完成后，FPGA按照配置好的逻辑功能开始工作。为实现上述过程，FPGA中都设有相应的引脚，主要包括编程使能、数据输入、数据输出、状态指示、时钟等信号。表9-7所示为Spartan-Ⅱ, Spartan-ⅡE、Virtex、Virtex-E系列FPGA芯片用于装载配置数据的相关引脚说明

表 9-7　FPGA 中用于装载配置数据的相关引脚

引　　脚	是否专用	方　　向	描　　述
M0,M1,M2	是	输入	用于指定配置模式
CCLK	是	输入/输出	配置时钟的输入/输出引脚当采用从配置模式时为输入，采用主配置模式时为输出。配置完成后为输入方式，但处于无关逻辑电平
PROGRAM	是	输入	低电平时开始配置过程
DONE	是	双向	由低到高时表示配置装载完成。输入低电平时可以推迟启动工作。输出可以为漏极开路方式

引　　脚	是否专用	方　　向	描　　述
INIT	否	双向（漏极开路）	为低电平时表示配置存储单元正在清零，配置结束后可作为用户 I/O
BUSY/DOUT	否	输出	在从并模式下，BUSY 控制配置数据的装载速率。在串行模式下，多个器件采用链式配置时，DOUT 作为向下一级传递数据流的出口。配置完成后都可以作为用户的 I/O
D0/DIN, D1, D2, D3, D4, D5, D6, D7	否	输入/输出	在从并模式下，D0～D7 为配置数据输入端。在串行模式下，DIN 为串行数据输入端。配置完成后可为用户的 I/O
WRITE	否	输入	在从并模式下，写使能信号，低电平有效。配置完成后可作为用户的 I/O
CS	否	输入	在从并模式下，片选信号，低电平有效。配置完成后可作为用户的 I/O
VCCINT	是	输入	内部核心逻辑电源引脚
VCCO	是	输入	输出驱动电源引脚

当在 FPGA 的三个专用引脚 M2、M1 和 M0 上输入不同逻辑电平时，便可以选择一种配置模式进行数据装入。配置模式如表 9-8 所示。主模式利用 FPGA 内部振荡器产生配置时钟信号 CCLK 来驱动装有编程数据的 PROM。而从模式则需要外部电路提供时钟信号来驱动 CCLK 和装有编程数据的 PROM。

表 9-8　配置模式

型　号	M2 M1 M0	配置前相关引脚是否上拉	CCLK 方向	数据宽度	DOUT
主串	0　0 0　1	是 否	输出	1	串行输出
从串	1　0 1　1	是 否	输入	1	串行输出
从并	1　0 1　1	是 否	输入	8	无

当选择串行模式时，编程数据从 PROM 中以串行方式装入 FPGA 中，此时必须用有串行功能的 PROM。主串装入模式电路如图 9-33 所示。当选择并行模式时，除了时钟信号外，还需提供其他读写控制信号。

FPGA 不仅能够直接从 PROM 中读取配置数据，而且可以由其他微处理器和单片机控制装入配置数据。

近年来，随着半导体工艺的进一步提高，FPGA 的发展速度也相当快。Xilinx 公司的早期产品 XC2000、XC3000 系列已经淘汰，XC4000 系列也已进入淘汰行列。淘汰的主要原因是受

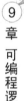

第 9 章　可编程逻辑器件

当时工艺所限，精密度低，单位逻辑单元的成本较高，且使用的工作电压较高，功耗大。另外就是 I/O 接口的适应性差，无法满足目前低压系统工作的要求。目前，两个新型系列 Spartan 和 Virtex 已经取代了早期产品。Spartan 系列属于高密度低价 FPGA，其中 Spartan-Ⅱ(2.5V 核心工作电压)和 Spartan E（1.8 V 核心工作电压）已成为主流产品。可适应 5 V,3.3 V,2.5 V,1.8 V,1.5 V 等电源系列的 I/O 接口。最高工作频率达 200 MHz。

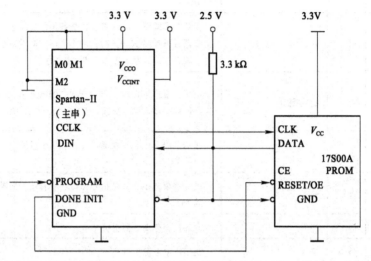

图 9-33 主串模式电路

Virtex 系列为高密度,高性能产品,其中 Virtex-E(1.8V 核心工作电压)和 Virtex-Ⅱ(1.5V 核心工作电压) 也已逐渐成为主流产品。Virtex-Ⅱ内部时钟工作频率可达 420MHz,且内部及集成了 18 × 18 乘法器。表 9-9 所示为几种典型的 FPGA 产品规模。与表中看出,XC2V8000 最大可用引脚数已达 1108 个。

表 9-9　Xilinx 公司几种典型的 FPGA

系　列	型　号	系统门数	LC 数量	CLB 阵列	分散在 CLB 中 RAM/bit	RAM 块容量 / Kbit	乘法器块数	最大可用引脚数
Spartan—Ⅱ	XC2S30	30 000	972	12 × 18	13 824	24	—	92
	XC2S200	200 000	5 292	28 × 42	75 264	56		284
Spartan—ⅡE	XC2S200E	200 000	5 292	28 × 42	75 264	56	—	289
	XC2S600E	600 000	15552	48 × 72	221 184	288		514
Virtex—E	XCVl00E	128 236	2 700	20 × 30	38 400	80		196
	XCV3200E	4 074 387	73 008	104 × 156	1 038 336	832		804
Virtex—Ⅱ	XC2V1000	1 M	10240	40 × 32	160 K	720	40	432
	XC2V8000	8 M	93184	112 × 104	1 456 K	3 024	168	1 108

除了 Xilinx 公司外，Altera 也是最大的可编程逻辑器件供应商之一，其 FPGA 实现逻辑功能基本原理类似于 Xilinx 公司的 FPGA。它们的主要区别是逻辑单元的组织方式和内部连接布线方式不同。Altera 的 FPGA 中逻辑块所包含的逻辑单元的组织方式和内部连接采用纵横交错的快速互联通道（Fast-Track），没有用开关矩阵，信号的传输延时一致性较好。Altera

FPGA 的产品主要有 FLEX、APEX、Stratix、Cyclone、MAXⅡ等。其中 FLEX 和 APEX 属于 20 世纪 90 年代末的产品，目前逐渐被 Stratix 和 Cyclone 取代。

9.5 VHDL 语言

9.5.1 QuartusII 软件安装

Altera 公司的 QuartusII 软件提供了可编程片上系统（SOPC）设计的一个综合开发环境，是进行 SOPC 设计的基础。QuartusII 集成环境包括以下内容：系统级设计，嵌入式软件开发，可编程逻辑器件（PLD）设计，综合，布局和布线，验证与仿真。

QuartusII 设计软件根据设计者需要提供了一个完整的多平台开发环境，它包含整个 FPGA 和 CPLD 设计阶段的解决方案。图 9-34 说明了 QuartusII 软件的开发流程。

此外，QuartusII 软件允许用户在设计流程的每个阶段使用 QuartusII 图形用户界面、EDA 工具界面或命令行界面。在整个设计流程中可以使用这些界面中的一个，也可以在不同的设计阶段使用不同的界面。

Altera 技术领先的 QuartusII 设计软件配合一系列可供客户选择的 IP 核，可使设计人员在开发和推出 FPGA、CPLD 和结构化的 ASIC 设计的同时，获得无与伦比的设计性能、一流的易用性以及最短的市场推出时间。这是设计人员首次将 FPGA 移植到结构化的 ASIC 中，能够对移植后的性能和功耗进行准确的估算。

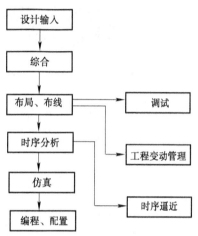

图 9-34　QuartusII 软件的开发流程

QuartusII 软件支持 VHDL 和 Verilog 硬件描述语言（HDL）的设计输入、基于图形的设计输入方式以及集成系统设计工具。QuartusII 软件可以将设计、综合、布局和布线以及系统的验证全部整合到一个无缝的环境之中。其中还包括第三方 EDA 工具的接口如 MATLAB 等。

QuartusII 软件包括 SOPC Builder 工具。SOPC Builder 针对可编程片上系统（SOPC）的各种应用自动完成 IP 核（包括嵌入式处理器、协处理器、外设、数字信号处理器、存储器和用户设定的逻辑）的添加、参数设置和连接进行操作。SOPC Builder 节约了原先系统集成工作中所需要大量时间，使设计人员能够在同几分钟内将概念转化成真正可运行的系统。

QuartusII 与 MAXPLUSII 的设计方式基本一致。但在器件支持以及其它功能方面都有了很大的改进。其版本从 QuartusII3.0 一直升级到目前的 QuartusII10.0。其操作和功能还在不但的改进。

下面我们以 QuartusII5.1 为例对 QuartusII 的安装进行说明，因为 QuartusII 对计算机的配置要求有一定要求所以在满足系统配置的计算机上，可以按照以下的步骤来安装 QuartusII 软件。

（1）将 QuartusII 设计软件的光盘放入计算机的光驱中，打开光盘并运行光盘中的安装程序 INSTALL.EXE 文件，出现图 9-35 所示的安装界面。

（2）在图 1-2 中有四个安装选项，第一项表示安装 QuartusII 和其它应用软件（Intall QuartusII and Related software）；第二项表示安装 Programmer 软件（IntallStand-Alone Programmer）；第三项表示安装授权管理服务器（Intall FLEXLM Server）第四项表示打开 QuartusII 的自述文件。首先选取第一项安装 QuartusII 软件，出现图 9-36 和图 9-37 装信息界面。

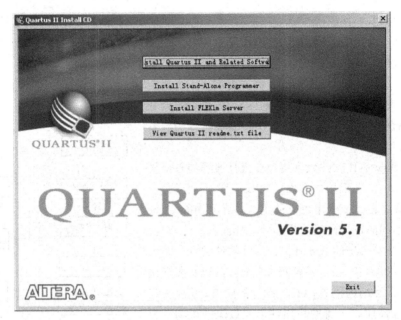

图9-35　安装选项界面

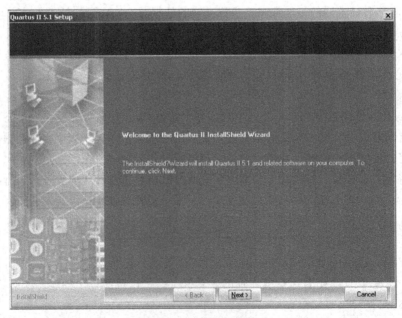

图9-36　安装信息界面

（3）图 9-37 安装信息界面的 NEXT 选项出现图 9-38 所示的界面。在图 9-38 安装向导中，根据光盘的安装内容和用户的需要来选择要安装的项目。如只安装 QuartusII5.1 则只选取第一项进行安装。

图9-37　安装信息界面

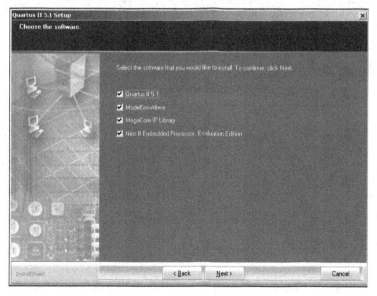

图9-38　安装向导界面

（4）选取要安装的项目后单击 Next 按钮继续安装，进入公司声明的一个界面如图 9-39 所示。

在图 9-39 所示的界面中如果同意其公司声名则选取第一项继续进行安装，如果不同意其公司声名则选取第二项退出安装。

（5）选取第一项同意其公司声名，单击 Next 按钮继续进行安装出现如图 9-40 所示计算机有关信息界面。

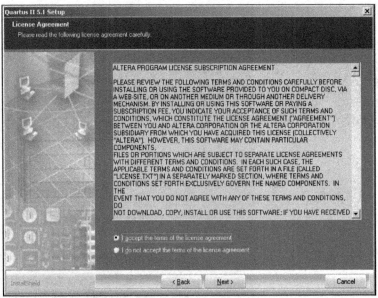

图9-39　公司声明信息界面

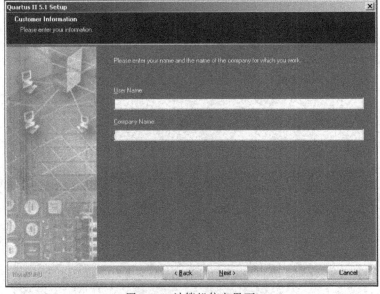

图9-40　计算机信息界面

（6）单击图 9-40 中 Next 按钮继续安装，进行如下图 9-41 所示安装路径选择 界面。用户可以单击上图 9-41 中的 Browse 按钮，根据用户自己的需要来选取和设定要安装的软件的路径。设定好后单击 Next 进行其他安装路径的选取和设定，其方法与图 9-41 的方法一致。

（7）经过一系列的安装路径的选取和设定之后，可以进入如图 9-42 所示的安装类型选择界面。用户可以选择完全安装模式（需要最大的用户空间）或用户自定义模式安装。

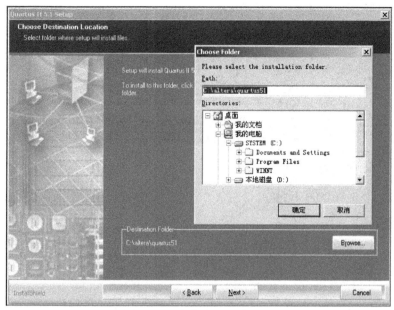

图 9-41　安装路径选择界面

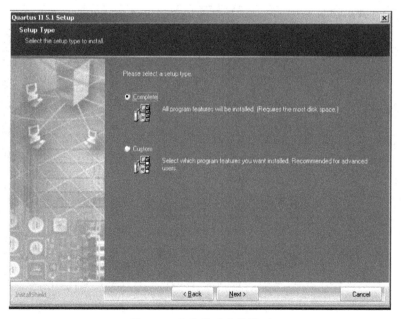

图9-42　安装类型选择界面

（8）如果用户的安装硬盘空间足够大，建议选取完全安装模式进行安装。选取后，单击 Next 按钮进入程序组名称设定界面如图 9-43 所示。

（9）在图 9-43 中用户可以在 Program Folder 项目下输入 QuartusII 所在程序组名称。输入完后，单击 Next 按钮完成所有的安装设定，显示前面所设定的信 息界面如图 9-44 所示。

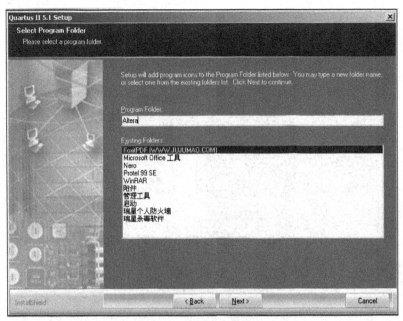

图9-43　程序组名称设定

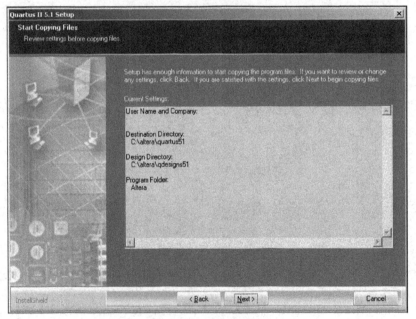

图9-44　安装设定信息

（10）单击Next按钮进行程序的安装过程如图9-45所示

（11）在图9-45所示的图中，直到安装进度条显示安装完成，则整个QuartusII的安装完成，出现如图9-46所示界面。

（12）在图9-46中有两个复选框，如果选中取其中的选项，单击Finish按钮则打开相应的自述文件，不选取其中的选项，单击Finish按钮则完成整个QuartusII的安装。QuartusII软件安装完成后，将显示安装成功与否的提示信息，应仔细阅读所提示的相关信息。

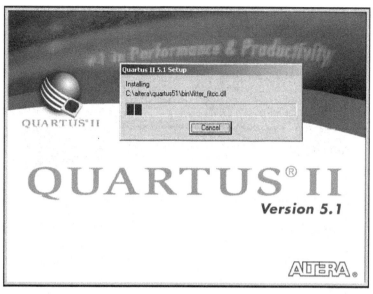

图 9-45 安装过程界面

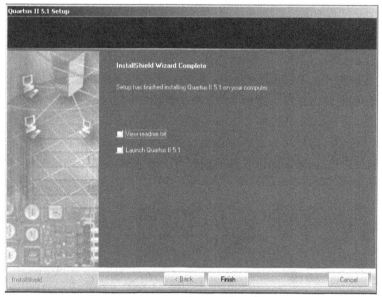

图 9-46 安装完成界面

QuartusII5.1 的授权

完成完 QuartusII5.1 软件安装之后，为了让软件能够正常运行，还必须给软件进行适当的设置和安装授权文件。Altera 公司对 QuartusII 软件的授权有两种形式：一种是单用户的授权，另一种是多用户的授权。不管是哪一种授权，QuartusII 都需要有一个有效的、未过期的授权文件 License.dat。授权文件包括对 Altera 综合与仿真的授权。

如果使用的是单用版的授权，需要安装软件狗。如果是多用户版的授权，需要对授权文件进行简单的改动，并且需要安装和配置 FLEXlm 授权管理服务器。下面以使用多用户版式的授权进行简单的安装说明。

（1）将 QuartusII 设计软件的光盘放入计算机的光驱中，打开光盘并运行光盘中的安装程序 INSTALL.EXE 文件，出现图 9-47 所示的安装界面。

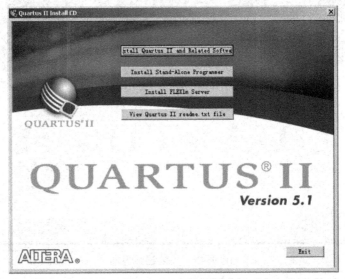

图 9-47　安装界面

选择第三项进行授权管理服务器的安装。根据安装提示，确认安装路径等选项，直到安装成功。

（2）将光盘中的 SYS-CTP.DLL 文件复制到 QuartusII5.1 所在的安装路径下的 BIN 子目录下。如按照上面的按装信息则应将该文件复制到路径 C：/altera/ quartus51/Bin 目录下，覆盖原来该目录下的 SYS-CTP.dll 文件。

（3）在计算机的开始菜单中或者双击电脑桌面上 QuartusII 软件的图标，打开已安装好的 QuartusII 软件来进行 QuartusII 软件的授权与注册，第一次打开 QuartusII 软件则会出现如图 8-48 所示的提示信息。

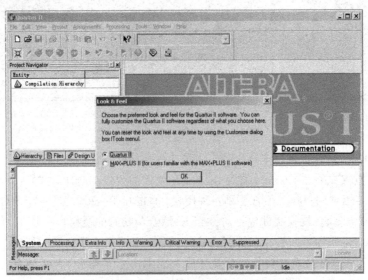

图 9-48　QUARTUSII 软件打开界面

（4）在图 8-48 所出现的提示信息是表示 QuartusII 软件是用 QuartusII 的界面打还是用 MAXPLUSII 的界面来打开 QuartusII 软件。选取其中的一项后，单击 OK 按钮出现图 9-49 所示的授权方式选择界面。

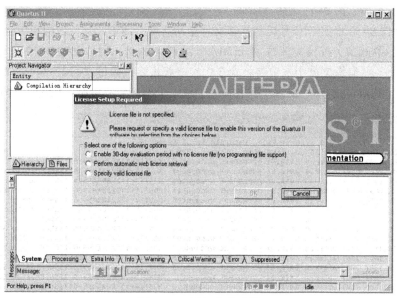

图 9-49　授权方式选择

（5）首次启动 QuartusII 软件，因为还没有安装授权文件，会出现如图 9-49 的提示信息。给出了三种选项：第一项为执行 30 天的评估版模式，第二项为从 altera 公司网站自动提取授权以及指定一个有效的授权文件的位置。第三项为授权文件 的安装选项。选取第三项，出现如图 9-50 所示的提示对话框。

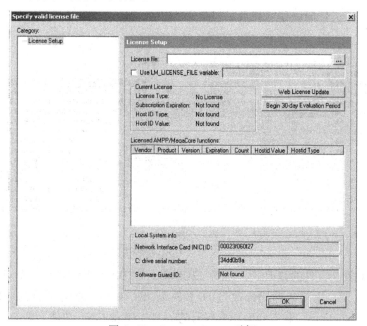

图 9-50　License Setup 对框

（6）在图 9-50 的对话框中，软件会检测到计算机的 NIC 号码，使用者必须用这个号码将软件安装光盘提供的 License.dat 文件中的服务器的主机号码替换。其步骤如下：

① 找到安装光盘中的 License.dat 文件，用记事本等编辑软件打开，下面以用记事本打开为例，会出现如下图 9-51 所示界面。

② 用如图 9-50 中的 NIC 号码替换掉文件中所有的"HOSTID="后的相应号码。如我的 NIC 为 00023f060f27，授权文件的 HOSTID=112233445566。则用 00023f060f27 替换所有的 112233445566。在编辑菜单中选取替换命令，在查找内容框内输"112233445566"在替换为框内输入"00023f060f27"。单击全部替换，完成 HOSTID 号的替换，如图 9-52 所示。

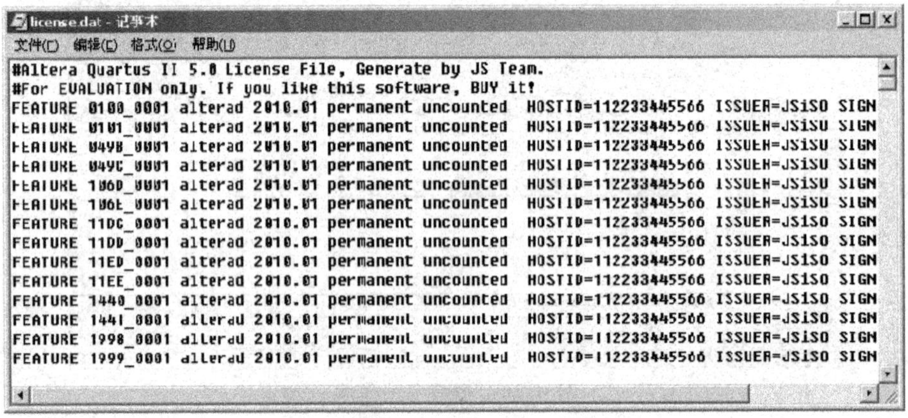

图 9-51　License 文件

③ 替换完成后，要重新对这个授权文件进行保存。其授权文件必须满足下面的条件：授权文件必须以.dat 为扩展名，避免在记事本中修改后保存为 License.dat.txt。在文件下拉菜单中选取"另存为"命令，在其对话框中 设定保存的路径、文件名、以及文件类型等选项。单击保存按钮完成文件的保存。其设定如图 9-53 所示。

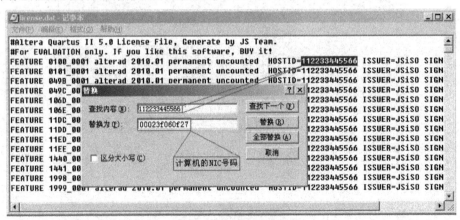

图 9-52　NIC 号码的

（7）完成对授权文件的修改后，回到 LICENSE SETUP 对话框继续对软件的授权。在对话框的 License file 选项选择刚修改过的 License.dat 文件，在对话框的中间的"License AMPP/MegaCore functions"框中会出现授权后的 AMPP/MegaCore 功能。单击 OK 按钮完成软件的授权，如图 9-54 所示。

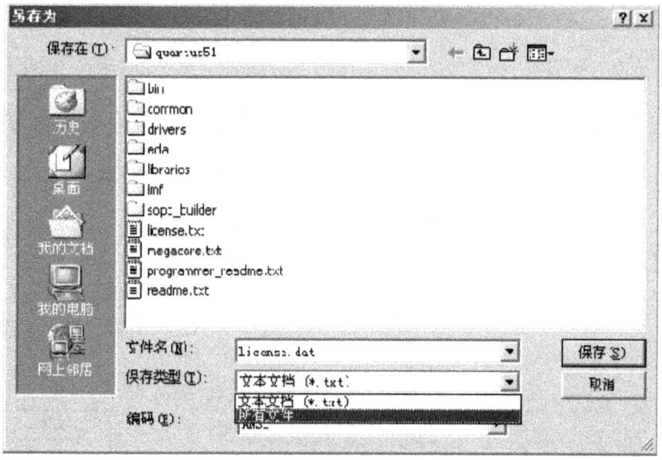

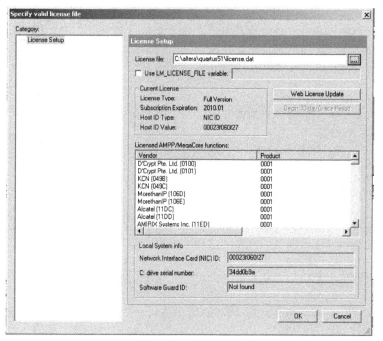

图 9-53　License 的文件保存

图 9-54　授权设置

9.5.2　QuartusII 软件的应用举例

　　7 段数码是纯组合电路，通常的小规模专用 IC，如 74 或 4000 系列的器件只能作十进制 BCD 码译码，然而数字系统中的数据处理和运算都是二进制的，所以输出表达都是十六进制的，为了满足十六进制数的译码显示，最方便的方法就是利用译码程序在 FPGA/CPLD 中来实现。例 9-2 作为 7 段译码器，输出信号 LED7S 的 7 位分别接图 9-56 数码管的 7 个段，高位在左，低位在右。例如当 LED7S 输出为"1101101"时，数码管的 7 个段：g、f、e、d、c、b、a 分别接 1、1、0、1、1、0、1；接有高电平的段发亮，于是数码管显示"5"。注意，这里没有考虑表示小数点的发光管，如果要考虑，需要增加段 h，例 9-2 中的 LED7S:OUT

STD_LOGIC_VECTOR(6 DOWNTO 0)应改为…(7 DOWNTO 0)。

 提示

用输入总线的方式给出输入信号仿真数据，仿真波形示例图如图 9-55 所示。

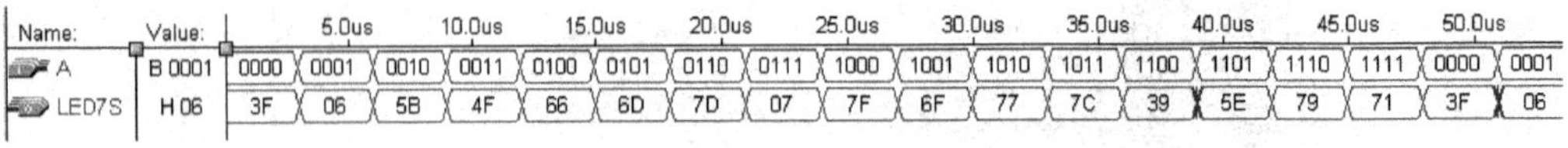

Name:	Value:	5.0us	10.0us	15.0us	20.0us	25.0us	30.0us	35.0us	40.0us	45.0us	50.0us
A	B 0001	0000 0001 0010 0011	0100 0101 0110 0111	1000 1001 1010 1011	1100 1101 1110 1111	0000 0001
LED7S	H 06	3F 06 5B 4F	66 6D 7D 07	7F 6F 77 7C	39 5E 79 71	3F 06

图 9-55　7 段译码器仿真波形

【例 9-2】

```
LIBRARY IEEE ;
USE IEEE.STD_LOGIC_1164.ALL ;
ENTITY DECL7S IS
PORT ( A : IN STD_LOGIC_VECTOR(3 DOWNTO 0);
LED7S : OUT STD_LOGIC_VECTOR(6 DOWNTO 0) ) ;
END ;
ARCHITECTURE one OF DECL7S IS
BEGIN
PROCESS( A )
BEGIN
CASE A IS
WHEN "0000" => LED7S <= "0111111" ;
WHEN "0001" => LED7S <= "0000110" ;
WHEN "0010" => LED7S <= "1011011" ;
WHEN "0011" => LED7S <= "1001111" ;
WHEN "0100" => LED7S <= "1100110" ;
WHEN "0101" => LED7S <= "1101101" ;
WHEN "0110" => LED7S <= "1111101" ;
WHEN "0111" => LED7S <= "0000111" ;
WHEN "1000" => LED7S <= "1111111" ;
WHEN "1001" => LED7S <= "1101111" ;
WHEN "1010" => LED7S <= "1110111" ;
WHEN "1011" => LED7S <= "1111100" ;
WHEN "1100" => LED7S <= "0111001" ;
WHEN "1101" => LED7S <= "1011110" ;
WHEN "1110" => LED7S <= "1111001" ;
WHEN "1111" => LED7S <= "1110001" ;
WHEN OTHERS => NULL ;
END CASE ;
END PROCESS ;
END ;
```

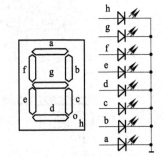

图 9-56　共阴数码管及其电路

本 章 小 结

1. 可编程逻辑器件（PLD）可通过用户编程来确定器件内部的逻辑结构，从而实现所需要的逻辑功能。在四种 PLD（PROM，PLA，PAL，GAL）中，使用较为广泛的是 PAL 和 GAL，它们均可用计算机进行设计和编程，并具有较好的开发设计软件和开发系统支持。

2. CPLD 是在 GAL 基础上发展起来的复杂可编程逻辑器件，其电路结构的核心是与—或阵列和触发器，采用先进的 E^2CMOS 工艺，集成度更高，且可以在线系统编程（ISP 特性）。

3. FPGA 是基于 LUT 实现逻辑函数的可编程器件，且大部分 FPGA 的 LUT 由 SRAM 构成。它以功能很强大的 CLB 为基础逻辑单元，可以实现各种复杂的逻辑功能，同时还可以兼作 RAM 使用。FPGA 是目前规模最大，密度最高的可编程器件。

4. Quartus II 是 Altera 公司的综合性 PLD 开发软件，支持原理图、VHDL、VerilogHDL 以及 AHDL（Altera Hardware Description Language）等多种设计输入形式，内嵌自有的综合器以及仿真器，可以完成从设计输入到硬件配置的完整 PLD 设计流程。

思考题与练习题 9

9-1. PAL 的输出和反馈有哪些类型，各有什么作用？

9-2. GAL 的 OLMC 输出模式有哪些？

9-3. 分析图 9-57 给出的由 PAL16R4 构成的时序逻辑电路，写出电路的驱动方程、状态方程，画出电路的状态转换图。工作时，11 脚接低电平。

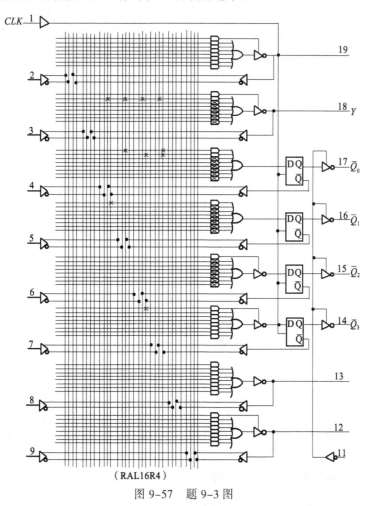

图 9-57　题 9-3 图

9-4. 若某 CPLD 中的逻辑块有 36 个输入（不含全局时钟、全局使能控制等），16 个宏单元。理论上，该逻辑块可以实现多少个逻辑函数?每个逻辑函数最多可有多少个变量?如果每个宏单元包含 5 个乘积项，通过乘积项扩展，逻辑函数中所能包含的乘积项数目最多是多少?

9-5. 设 CPLD 中某宏单元编程后电路如 9-58 所示，图中画出了 $S_1 \sim S_8$ 和 M_1、M_3 编程后的连接。数据分配器 $S_1 \sim S_8$ 未被选中的输出为 0。

（1）此时宏单元的输出 Y 是组合型输出还是寄存器型输出?

（2）写出 X 和 Y 的逻辑函数表达式。

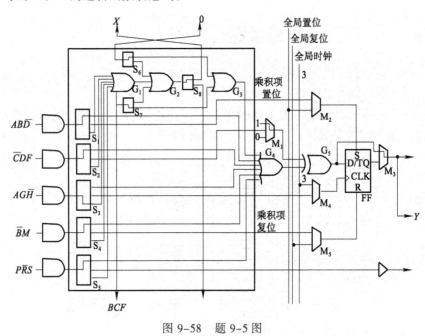

图 9-58　题 9-5 图

小制作：EDA 技术在智能晶闸管触发电路中的应用

EDA 技术是一种可编程控制数字移相晶闸管触发电路，使用 FPGA（现场可编程门阵列）芯片，采用 VHDL 硬件描述语言编程。此电路具有相序自适应功能，稳定性好，适用于三相全控整流、调压场合。

移相触发器是控制晶闸管电力电子装置的一个重要部件，其性能的优劣直接关系到整个电力电子装置的性能指标，因而历来受到人们的重视。过去常用的模拟触发电路具有很多缺点，给调试和使用带来许多不便。近年来，数字移相触发技术发展极为迅速，出现了以单片机、专用微处理器以及可编程门阵列为核心的多种触发器集成电路。本文使用 ALTERA 公司的 EPF10K10 芯片，采用 VHDL 语言设计了一种以全数字移相技术为核心、具有相序自适应以及针对调压与整流的模式识别功能的双脉冲列式三相晶闸管数字移相触发电路。

1. 三相晶闸管相控触发电路工作原理

触发电路的主要功能是根据电源同步信号以及控制信号来实现对晶闸管的移相控制。

对于三相全控整流或调压电路，要求顺序输出的触发脉冲依次间隔 60°。本设计采用三相同步绝对式触发方式。根据单相同步信号的上升沿和下降沿，形成两个同步点，分别发出两个相位互差 180°的触发脉冲。然后由分属三相的此种电路组成脉冲形成单元输出 6 路脉冲，再经补脉冲形成及分配单元形成补脉冲并按顺序输出 6 路脉冲。

2. EDA 设计的实现

此单元模块包括 PULSE（脉冲形成、调制及保护）模块和 PULSE_ASSIGN（补脉冲形成及脉冲分配）模块。整个电路由三组相同的单相触发脉冲形成电路组成，各相形成正负两路触发脉冲，6 路脉冲经补脉冲形成及分配模块形成 6 路双窄补脉冲输出。根据同步信号 a_input（或 b_input，c_input）输入的上升沿或下降沿到来时刻，采用九位计数器计数。当计数值与 pulse_input 端（相位控制信号输入端）输入的数值相等时则输出相应的触发脉冲。将外接系统时钟进行分频作为调制脉冲对触发脉冲进行调制。当保护端 pulse_enable 输入为"1"时，不输出触发脉冲，为"0"时则正常输出，以此来实现保护功能。基本原理框图如图 9-59 所示。

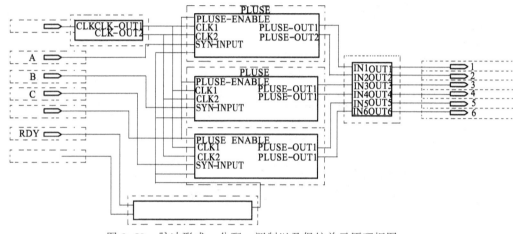

图 9-59　脉冲形成、分配、调制以及保护单元原理框图

1）PULSE 模块

此模块完成脉冲形成、调制及保护功能。次模块电路如图 9-60 所示，分为 4 部分，即 A 部分将同步控制脉冲信号 Syn_A 转换为正负半周同步控制电平。

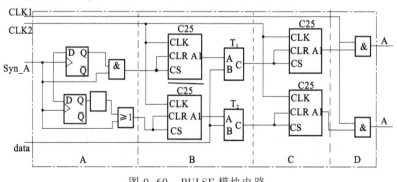

图 9-60　PULSE 模块电路

B 部分完成移相功能。C255 是 255 进制的计数器，其时钟 Clk2 为 25kHz，计数结果通过比较器 T_1 及 T_2 与输入相位控制信号 data 进行比较。以此实现移相功能。

C 部分通过 25 进制计数器 C25 实现脉宽形成功能。通过在线改变内部参数还可以改变脉冲宽度。

D 部分实现脉宽调制功能。

下面给出 B 部分 VHDL 硬件描述语言程序:

```
LIBRARY    ieee;
USE  ieee.std_logic_1164.all;
USE  ieee.std_logic_arith.all;
USE  ieee.std_logic_unsigned.all;
ENTITY  pulse  IS
PORT
    (    clk2              :  in  std_logic;
         syn_output1       :  in  std_logic;
         syn_output2       :  in  std_logic;
         pulse_data        :  in  std_logic_vector(7downto0);
         out1,out2         :  outs td_logic
    );
END pulse;
ARCHITECTURE  a  OF  pulse  IS
        signal   out1,out2:std_logic;
        signal   count1,count2:std_logic_vector(7downto0);
    BEGIN
    pulse_generator1:process(clk2)
      begin
        IF syn_output1='0'THEN
            count1<="11111110";
            out1<='0';
        elsif(clk2'eventandclk2='1')then
                count1<=count1-1;
            if(count1>pulse_data)then
                out1<='0';
else
                out1<='1';
                count1<="00000000";
            end if;
    end if;
    END PROCESS pulse_generator1;
    pulse_generator2:process(clk2)
        begin
          IF syn_output2-'1'THEN
                count2<="11111110";
                out2<='0';
        elsif(clk2'eventandclk2='1')then
                count2<=count2-1;
                if(count2>pulse_data)then
                out2<='0';
          else
                out2<='1';
                count2<="00000000";
            end if;
```

```
        end if;
END   PROCESS pulse_generator2;
    end  a;
```

2）PULSE_ASSIGN 模块

此模块完成补脉冲形成及脉冲分配功能。为了保证整流桥合闸后共阴极组和共阳极组各有一晶闸管导电，必须对两组中应导通的一对晶闸管同时发触发脉冲。例如当要求 V_{T1} 导通时，除了给 V_{T1} 发触发脉冲外，还要同时给 V_{T6} 发一触发脉冲；触发 V_{T2} 时，必须给 V_{T1} 同时发一触发脉冲等。

补脉冲形成方案如下：

```
out1<=in1orin6;
out2<=in6orin3;
out3<=in3orin2;
out4<=in2orin5;
out5<=in5orin4;
out6<=in4orin1;
```

其中：in1，in2，in3，in4，in5，in6 分别对应 PULSE 模块的 A 相正负脉冲，B 相正负脉冲、C 相正负脉冲输出。out1，out2，out3，out4，out5，out6 输出到对应整流电路中的 1－6 号晶闸管。

3. 仿真及实验结果

为了检验上述设计的有效性及可行性，分别按程序软件仿真、单相实际电路测试和三相闭环系统对该触发器的性能进行了检验，并取得了良好的仿真及实验结果。

1）仿真结果

应用 ALTERA 公司的 MAXPLUSII 软件对上述程序进行了仿真。图 9-61 是 6 路触发脉冲电路的仿真波形。a_input，b_input 及 c_input 分别是间隔 120°的三相同步输入信号；1，2，3，4，5，6 分别是对应 1～6 号晶闸管门极的触发器输出信号，可见该结果是比较理想的。

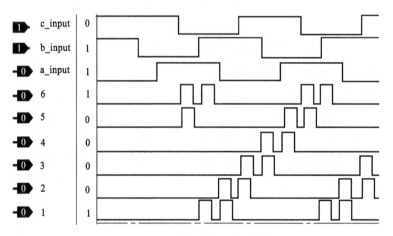

图 9-61　6 路脉冲输出仿真波形

2）单相实验测试波形

针对上述的仿真结果，组成硬件实验电路进行了测试。图 9-62 给出了典型控制角时 A 相同步信号及其相应的 1 号晶闸管触发脉冲波形。为了使波形更清楚些，此处给出的是没有进行调制的触发脉冲波形。

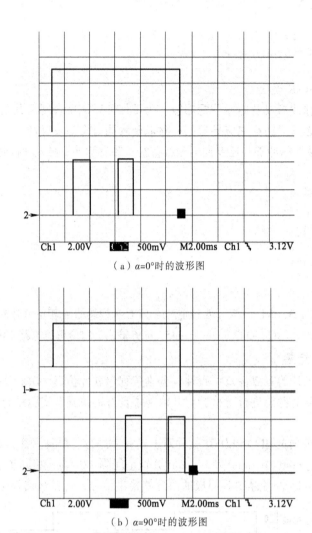

（a）α=0°时的波形图

（b）α=90°时的波形图

图 9-62　典型控制角的同步信号和输出脉中的波形图

4. 在三相整流系统中的应用情况

应用前述触发脉冲形成电路及所编程序构成三相晶闸管触发器，用于三相全控整流系统中。所用晶闸管型号为日本三社电机公司生产的 PK55F120，阻性负载。结果获得输出电压的连续调节，调压范围可以从 0V 到额定输出电压 510V 内调节，对应触发控制角 α 为 0°～120°，实验证明了该触发器可以稳定运行，其调节输出连续平滑，效果令人满意。图 9-63（a）与 9-63（b）分别给出了通过霍尔电压传感器测得的 α=60° 及 α=0° 的三相全控整流电路的输出波形。

5. 总结

综上所述，应用三相电源同步，以 FPGA 器件为核心，通过软件在线编程的方法，可以制作成三相相序自适应晶闸管触发器。理论分析和仿真及实验结果都证明了该三相触发器设计简单可行。这种方法使整个触发器的功能用一片集成电路芯片实现，因而抗干扰能力强，并且硬件和软件都十分节省，毫无疑问其在以晶闸管为主功率器件的电力电子变流设备中有广阔的应用前景。

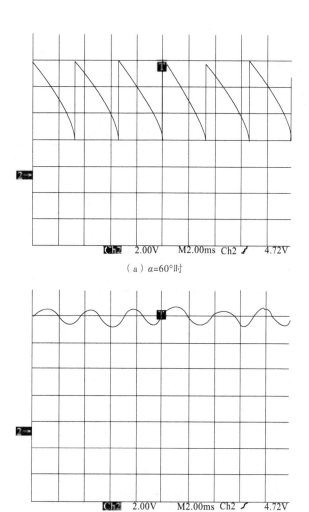

（a）α=60°时

（b）α=0°时

图 9-63　典型输出电压波形图

附录 A

半导体集成电路型号命名方法（国家标准 GB 3430—1989）

第 零 部 分		第 一 部 分		第 二 部 分		第 三 部 分		第 四 部 分	
用字母表示器件符合国家标准		用字母表示器件的类型		用阿拉伯数字和用字母表示器件的系列品种代号		用字母表示器件的工作温度范围		用字母表示器件的封装形式	
符号	意义	符号	意 义	符号	意义	符号	意 义	符号	意 义
C	中国制造	T	TTL			C	0 ~70℃	W	陶瓷封装
		H	HTL			E	–48 ~75℃	B	塑料封装
		E	ECL			R	–55 ~85℃	F	全密封扁平
		C	CMOS			M	–55~125℃	D	陶瓷直插
		F	线性放大器					P	塑料直插
		D	音响、电视电路					J	黑陶瓷扁平
		W	稳压器					K	金属菱形
		J	接口电路					T	金属圆形
		B	非线性电路						
		M	存储器						
		μ	微型电路						

附录 B

常用逻辑电路图形符号对照表

表 B-1　常用逻辑电路图形符号对照表（一）

名称	国家标准符号	曾用符号	国外流行符号	名称	国家标准符号	曾用符号	国外流行符号
与门	&	□	⟩	传输门	n p a ⏋X1 1 1 b	TC	⋈
或门	≥1	+	⟩	双向模拟开关	SW	SW	—
非门	1	□	▷○	半加器	Σ CO	HA	HA
与非门	&	□○	⟩○	全加器	Σ CI CO	FA	FA
或非门	≥1	+○	⟩○	基本 RS 触发器	S Q R Q̄	S_d Q R_d Q̄	S_d Q R_d Q̄
与或非门	& ≥1	+	⟩	同步 RS 触发器	S Q CI R Q̄	S_d Q CP R_d Q̄	S_d Q CP R_d Q̄
异或门	=1	⊕	⟩	边沿 D 触发器	S D CI R Q Q̄	D S_d Q CP K R_d Q̄	D S_d Q CP K R_d Q̄
同或门	=1	⊙	⟩	边沿 JK 触发器	S IJ CI IK R	J S_d Q CP K R_d Q̄	J S_d Q CK K R_d Q̄
集电极开路与门	& ◇	□	—	脉冲触发 JK 触发器	S IJ CI IK R	J S_d Q CP K R_d Q̄	J S_d Q CK K R_d Q̄

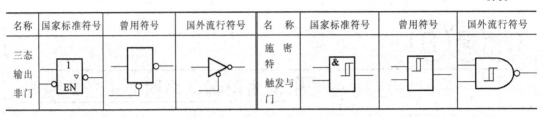

名称	国家标准符号	曾用符号	国外流行符号	名　称	国家标准符号	曾用符号	国外流行符号
三态输出非门				施密特触发与门			

表 B-2　常用逻辑电路图形符号对照表（二）

元 件 名 称	国家标准符号	美国标准符号	非标准符号
与门			
或门			
非门			
与非门			
或非门			
与或非门			
异或门			
同或门 异或非门			
OC/OD 与非门 （具有开路输出的与非门）			
三态输出与非门			
施密特与非门			

读懂电路图是人们从事电子技术工作的基本技能，是分析和解决技术问题的基础。只有读懂电路图，才能搞清电路系统本身的工作原理以及工作过程，进而对其进行测试、维修，改进，开发和研制。

一、数字电子电路读图方法

1. 数字电子电路图的基本种类

一般数字电路系统的技术资料通常给出以下三种电路图。

1）电路原理图

将系统的各种元器件用规定的符号表示，标出其规格型号和参数，并画出它们之间的连接情况，这张图称为电路原理图。在数字系统中，电路原理图通常就是用逻辑符号表示各信号间逻辑关系的逻辑电路图，主要用于电路系统的工作原理分析。

2）电路方框图

将电路系统划分为若干功能相对独立的部分，每一部分用一方框表示，方框内标明其功能和作用，各方框间用连线表明相互之间的关系，并附有简练的文字和符号说明。电路方框图具有简单、直观、易读的特点，可快速、宏观、粗略地了解系统总体的工作原理和工作过程，对系统进行定性分析。分析系统前，先读电路方框图，可为进一步读懂电路原理图起到引路的作用。

3）电路接线图

电路接线图就是安装图。即将组成系统的元器件按其分布位置和连线规则绘制的图。各元器件的位置上有其名称和标号。在数字电路中，电路接线图就是印刷线路版图，这种图主要用于电子设备的安装调试，线路故障的检查和维修。

二、数字电子电路图的一般读图方法

读图的目的是搞清电路系统中各元器件和单元电路的作用，弄清电路各元器件之间的关系，分析系统的工作原理和工作过程。读图一般采用下列方法和步骤。

第一步，了解电路的用途和功能。

首先从读电路方框图入手，大致了解电路的用途和总体功能。这一步要注意电路说明书的信息或通过电路的输入输出特点及相互关系进行分析。

第二步，查清各集成电路的逻辑功能。

集成电路是组成数字电子系统的基本元器件，特别是大规模集成电路，往往器件本身的逻辑功能就很复杂和完善，无法从其符号和参数中得到完全的了解，这时读者必须借助集成电路手册和其他资料查出这些器件的逻辑功能，以便对电路做进一步的分析。

第三步，将电路划分为若干功能块。

根据电路中信号的传送和控制流向，参照已有的方框图，结合已学过的知识将电路原理图划分为若干功能块，粗略地分析每个功能块的输入与输出之间的逻辑关系。

第四步，将各功能块联系起来，分析整个电路从输入到输出在各种输入信号作用下的完整工作过程。必要时，还要画出电路的工作时序图，以搞清各部分电路信号的波形与时间顺序上的相互关系。

当电路系统的方框图没有给出时，可从信号流向和查清各集成电路的逻辑功能入手，将电路原理图划分为若干个功能块，得到电路的大框图。

因为各数字电路系统的复杂程度、组成结构、使用器件的集成度各不相同，再加上目前数字集成电路的发展非常迅速，上述读图方法和步骤并不是唯一的，读图时，可根据具体情况灵活运用，不必拘泥于上述步骤。

三、$3\frac{1}{2}$ 位双积分型数字电压表的读图

图 C-1 为 $3\frac{1}{2}$ 位双积分型数字电压表电路原理图。下面根据我们介绍的读图方法，分析其工作原理和工作过程。

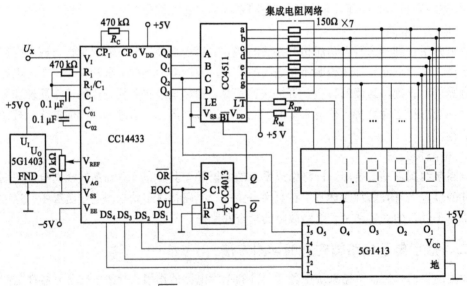

图 C-1　$3\frac{1}{2}$ 位双积分型数字电压表电路原理图

1. 了解电路的用途和功能

由电路原理图的名称可知，它是 $3\frac{1}{2}$ 位双积分型数字电压表，能够把被测的模拟电压取样，通过双积分型 A/D 转换器，用四位十进制数显示其电压值。因为低三位能表示 0～9 十种状态，称为全位，而最高位只能表示 0 和 1 两种状态，称为 $\frac{1}{2}$ 位，整个表的读数显示方式

称为 $3\frac{1}{2}$ 位。电路的各部分都是为完成上述功能而设置的。

2. 查清各集成电路的逻辑功能

电路原理图中共有五种集成芯片，可通过集成电路手册和相关资料查出各芯片的逻辑功能。

（1）5G1403 为基准电压源，能够提供 2.5V 高稳定度输出电压，作精密电压源用，其外部引线图和使用接线图如图 C-2 所示

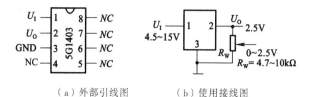

（a）外部引线图　　（b）使用接线图

图 C-2　基准电压源 5G1403

引脚 1、2、3 分别为输入、输出和公共接地端，其余为空脚。使用时 1 脚接入 +4.5～+15V 电压；2 脚通过外接 4.7～10kΩ 电位器，获得向 CC14433 提供的 $V_{REF}=2V$ 的标准参考电压。

（2）CC14433 是 $3\frac{1}{2}$ 位双积分型 A/D 转换器。它的引脚图如图 C-3 所示

CC14433 是采用 CMOS 工艺制作的大规模数字模拟混合集成电路。当参考电压取 2V 和 200 mV 时，输入被测模拟电压范围分别为 0～1.999 9 V 和 0～199.9 mV。转换速度为 3～10 次/s。

CC14433 采用双电源供电，V_{DD} 为 +5V，V_{EE} 为 -5V，V_{SS} 为电源公共端，V_{REF} 为参考电压主输入端，V_1 为被测模拟电压输入端，V_{AG} 为 V_{REF} 和 V_1 的公共端。

Q_3～Q_0 为 BCD 码数据输出端。

CP$_I$、CP$_O$ 为时钟信号的输入与输出端。在其两端外接电阻 R_c，改变 R_c 的阻值可调节芯片内部振荡器的振荡频率。当 R_c 取 470 kΩ 时，时钟频率 f_c=66 kHz。因为 CC14433A/D 转换器完成一次转换周期约需 16400 个时钟脉冲，当时钟频率为 66 kHz 时，每秒钟可完成 4 次转换。

R_1、R_1/C_1、C_1 端为外接积分电阻、积分电容的接线端。R_1、C_1 的取值与时钟频率和量程有关，当时钟频率 f_c=66 kHz、量程分别为 1.999 V 和 199.9 mV 时，若 C_1 取 0.1 μF，则 R_1 分别取 470 kΩ 和 270 kΩ。图中 R_1 取 470 kΩ，故量程为 0～1.999 V。

C_{01}、C_{02} 为外接失调电压补偿电容接线端。一般补偿电容取 0.1 μF。

EOC 为转换结束信号输出端。在每个转换周期结束时，EOC 输出一个脉宽为 $\frac{1}{2}$ 时钟周期 T_{cp} 的正脉冲。

DU 为实时输出控制端。如果在双积分电路放电前从 DU 端加入一个正脉冲，则转换结束时新的结果才能输出，否则输出的仍是原来的结果。将 EOC 输出信号接到 *DU* 端，输出将是

每次转换后的新结果。

$\overline{OR}$ 为过量程信号输出端。在量程范围内，$\overline{OR}$ 为高电平；当输入被测电压 U_x 超出量程范围，即 $|U_x| > |V_{REF}|$ 时，$\overline{OR}$ 输出为低电平。

$DS_1 \sim DS_4$ 为输出数据位选通端。它们可依次发出对应输出数据的千位、百位、十位和个位的高电平选通信号，当 $DS_1 = 1$ 时，测量转换结果的千位数的数据被送到输出端 $Q_3 \sim Q_0$；当 $DS_2 = 1$ 时，百位数的数据被送到输出端；当 $DS_3 = 1$ 时，十位数的数据被送到输出端；当 $DS_4 = 1$ 时，个位数的数据被送到输出端。图 C-4 为 CC14433 的工作时序图，由图可知，在每个转换周期结束时，首先发出 EOC 正脉冲，它的宽度为 $\frac{1}{2}$ 时钟周期，随后依次发出 $DS_1 \sim DS_4$ 正脉冲，每个 DS 脉宽为 18 个时钟周期，相互间隔两个时钟周期，因此，每经过 80 个时钟周期完成一次从千位到个位的循环显示。若时钟周期频率为 $f_c = 66\,kHz$，则显示扫描频率为

$$f_s = \frac{f_c}{80} = 825\,Hz。$$

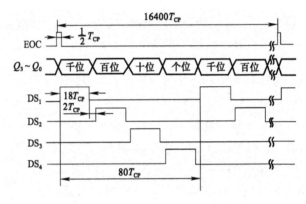

图 C-4 CC14433 的工作时序图

在 $DS_2 \sim DS_4$ 选通期间，$Q_3 \sim Q_0$ 输出百位、十位、个位的 BCD 码全位数据，即以 8421 码方式输出十进制数的 $0 \sim 9$。而在 DS_1 期间，$Q_3 \sim Q_0$ 除了输出最高位即千位的 0 和 1 之外，同时还输出过量程、欠量程和极性标志信号，其输出形式如表 C-1 所示。

表 C-1 DS_1 期间 Q_3、Q_2、Q_1、Q_0 的编码表

最高位编码内容	Q_3	Q_2	Q_1	Q_0	外接 8421 七段字型译码器输出
+0	1	1	1	0	
-0	1	0	1	0	作误码处理，$a \sim g$ 七段输出均为 0，
+0 欠量程	1	1	1	1	不显示
-0 欠量程	1	0	1	1	
+1	0	1	0	0	4 ⎫
-1	0	0	0	0	0 ⎬ 七段字型显示器只接 b、c
+1 过程量	0	1	1	1	7 ⎬ 段使其只显示 "1"
-1 过程量	0	0	1	1	3 ⎭

由表可知：在 DS_1 选通输出最高位期间，$Q_3 \sim Q_0$ 中 Q_3 的状态表示千位数的数值。当千位为 1 时，$Q_3 = 0$；当千位为 0 时，$Q_3 = 1$。

Q_2 的状态表示被测电压极性，正极性时 $Q_2=1$，负极性时 $Q_2=0$。

Q_0 的状态表示是否超出量程。超出量程时 $Q_0=1$；正常量程时 $Q_0=0$。在 $Q_0=1$ 超出量程时，又分两种情况：$Q_3=1$ 时为欠量程，即在 1.999V 量程时，$U_x < 1.999V$；$Q_3=0$ 时为过量程，即 $Ux > 1.999V$，因此，可用 $Q_3Q_0=01$ 和 $Q_3Q_0=11$ 作为切换量程的控制信号（为了扩大电路的测量范围，一般在 V_1 端前接量程转换电路，然后用该信号自动控制量程转换，此电路未画出）。

Q_1 的状态不表示任何意义，只是为了和其他 Q 端配合凑成适当的编码，便于显示在千位为 0 时，$Q_3\sim Q_0$ 的四种编码为 1110、1010、1111、1011，均大于 1001，8421 七段字型译码器按误码处理，$a\sim g$ 信号均为低电平，七段字型显示器不显示。千位数为 1 时，使 $Q_3\sim Q_0$ 四种编码凑成 0100、0000、0111、0011，经 8421 七段字型译码后分别是如下字段为高电平：4，0，7，3，若只将 b、c 段接七段字型显示器，即可显示"1"。

（3）CC4511 是 BCD 码七段显示译码器。内部设有锁存器和输出驱动器，它的引脚图如图 C-5 所示。

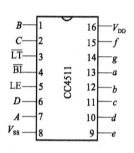

图 C-5　CC4511 引脚排列图

其中，A、B、C、D 为 BCD 码（四位十进制数码）输入端。引脚 a, b, c, d, e, f, g 为译码输出驱动端，用来驱动七段数码管。LE 为锁存控制端，当 LE=0 时，输出状态与输入状态对应；当 $LE=1$ 时，输入端被封锁，输出保持原状态不变。$\overline{BI}$ 为灭灯信号控制端，低电平有效，当 $\overline{BI}=0$ 时，$a\sim g$ 输出全为 0。$\overline{LT}$ 为测灯信号控制端，低电平有效，当 $\overline{LT}=0$ 时，$a\sim g$ 输出全为 1。CC4511 的逻辑真值表如表 C-2 所示。

表 C-2　CC4511 的逻辑真值表

输		入					输				出			
LE	$\overline{BI}$	$\overline{LT}$	D	C	B	A	a	b	c	d	d	f	g	显示字形
×	×	0	×	×	×	×	1	1	1	1	1	1	1	8
×	0	1	×	×	×	×	0	0	0	0	0	0	0	暗
0	1	1	0	0	0	0	1	1	1	1	1	1	0	0
0	1	1	0	0	0	1	0	1	1	0	0	0	0	1
0	1	1	0	0	1	0	1	1	0	1	1	0	1	2
0	1	1	0	0	1	1	1	1	1	1	0	0	1	3
0	1	1	0	1	0	0	0	1	1	0	0	1	1	4
0	1	1	0	1	0	1	1	0	1	1	0	1	1	5
0	1	1	0	1	1	0	0	0	1	1	1	1	1	6
0	1	1	0	1	1	1	1	1	1	0	0	0	0	7
0	1	1	1	0	0	0	1	1	1	1	1	1	1	8
0	1	1	1	0	0	1	1	1	1	0	0	1	1	9
0	1	1	1	0	1	0	0	0	0	0	0	0	0	暗
0	1	1	1	0	1	1	0	0	0	0	0	0	0	暗
0	1	1	1	1	0	0	0	0	0	0	0	0	0	暗
0	1	1	1	1	0	1	0	0	0	0	0	0	0	暗
0	1	1	1	1	1	0	0	0	0	0	0	0	0	暗
0	1	1	1	1	1	1	0	0	0	0	0	0	0	暗
1	1	1	×	×	×	×	取决于原来 LE=0 时的 BCD 码							

（4）5G1413为反相驱动器，内含七组达林顿结构驱动电路，引脚图和单元驱动电路如图 C-6 所示

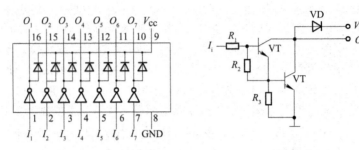

（a）引脚及内部逻辑结构　　　　（b）单元驱动电路

图 C-6　5G1413 的引脚图和单元驱动电路

单元驱动电路的输出均为集电极开路结构。为了避免外接感性负载时产生瞬时高压将电路击穿，每个输出端均有起保护作用的续流二极管 VD，使用时公共阴极接电源端。当 I_i 为高电平时，VT_1、VT_2 导通，输出 O_i 为低电平；当 I_i 为低电平时，VT_1、VT_2 截止，输出 O_i 为高电平。

（5）CC4013 为双 D 触发器，用来控制过量程报警。

（6）LED 数码管为共阴极结构，当某管阴极为低电平且某段阳极加高电平时，该段有显示。

3. 将电路划分为若干功能块，组成功能框图

本系统几乎均由中、大规模集成电路组成，功能块比较好分，功能框图如图 C-7 所示。

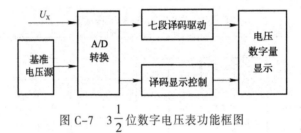

图 C-7　$3\frac{1}{2}$ 位数字电压表功能框图

功能框图分为五部分：基准电压源、A/D 转换、七段译码驱动、译码显示控制、电压数字量显示，各部分之间的关系如图中箭头所示。

4. 电路的工作过程分析

将功能框图和电路原理图联系起来，分析电路的工作过程。

$3\frac{1}{2}$ 位 A/D 转换器是 $3\frac{1}{2}$ 位数字电压表的核心芯片，它完成将输入模拟电压转换为 $3\frac{1}{2}$ 位数字信号的功能。从 $Q_3 \sim Q_0$ 端先高位后低位依次输出 BCD 码，同时对应依次输出 DS_1、DS_2、DS_3、DS_4 选通信号。

5G1403 通过调整可变电阻 R_w 的阻值，将 +5V 电压转换为高精度和高稳定度的 2V 电压，接入 CC14433 的 V_{REF} 端，为 CC14433 提供积分参考电压。

CC4511 接收 CC14433 输出的 BCD 码，并把它译成七段字形信号 $a \sim g$，通过限流电阻网络接入四个 LED 七段数码管。接法是低位 3 个数码管的各段阳极对应并接 $a \sim g$ 信号，得到全位显示；最高位（千位）数码管只接 b、c 两段阳极，以显示"1"或不显示。

5G1413 的四个输出端 $O_4 \sim O_1$ 分别接四个数码管的阴极，接收 CC14433 发出的选通脉冲信号 $DS_1 \sim DS_4$，使其输出 $O_4 \sim O_1$ 轮流为低电平，从而控制数码管轮流导通，实现逐位扫描显示。显示符号的数码管的阴极也接到 O_4 端，而其 g 段阳极接到反映被测电压极性 Q_2 经过反相的 Q_5 端。如果 CC14433 输出的电压为负，则当 $DS_1 = 1$ 时，$Q_2 = 0$，O_4 输出低电平，而 Q_5 输出高电平，符号管显示"–"号；反之，若 CC14433 输出的电压为正，则当 $DS_1 = 1$ 时，$Q_2 = 1$，Q_4、Q_5 输出低电平，"–"号不亮，千位数码管的小数点的阳极经 R_{DP} 电阻与+5V 电源连接。使扫描千位时，$DS_1 = 1$ 时被点亮。

CC4013 用于过量程报警控制。在量程范围内，过量程信号输出端 $\overline{OR} = 1$，这时 D 触发器的 $S=1$、$R=0$，则 $Q=1$，使译码器 CC4511 的灭灯信号控制端 $\overline{BI} = 1$，译码器正常译码。当过量程时，$\overline{OR} = 0$，D 触发器的 $S=0$、$R=0$，这时 CC14433 的转换结束信号 EOC 作为 D 触发器的 CP 脉冲，由于 $\overline{Q}$ 和 D 端相连接，来一个转换结束信号，触发器翻转一次，在翻转过程中，$\overline{BI} = Q = 0$ 时，数码管不亮，$\overline{BT} = Q = 1$ 时，数码管显示。这样，数码管以 EOC=2 分频的频率闪烁，作为过量程报警。

参 考 文 献

[1] 郝波. 电子技术基础——数字电子技术[M].西安:西安电子科技大学出版社，2004.

[2] 孙津平. 数字电子技术[M].2 版.西安:西安电子科技大学出版社，2006.

[3] 常桂兰. 数字电子技术[M].北京:中国铁道出版社，2005.

[4] 吕国泰. 电子技术[M].3 版.北京:高等教育出版社，2008.

[5] 阎石. 数字电子技术基础[M].4 版.北京:高等教育出版社，1998.

[6] 易沅屏. 电工学[M].北京:高等教育出版社，2009.

[7] 刘江海. 数字电子技术[M].武汉:华中科技大学出版社，2008.

[8] 范爱平 周常森. 数字电子技术基础[M].北京:清华大学出版社，2008.

[9] 余孟尝. 数字电子技术基础简明教程[M].北京:高等学校教材，2005.

[10] 侯建军. 数字电子技术基础[M].北京:高等教育出版社，2003.

[11] 于晓平. 数字电子技术[M].北京:清华大学出版社，2006.

[12] 康华光. 电子技术基础数字部分[M].5 版.北京:高等教育出版社，2005.

[13] 李景华. 可编程逻辑器件与 EDA 技术[M].沈阳:东北大学出版社，2005.

[14] 齐洪喜.VHDL 电路设计[M].北京:清华大学出版社，2004.